# 浮式圆柱型结构物涡激运动特性研究

孙洪源　李　磊　林海花　著

中国水利水电出版社
www.waterpub.com.cn
·北京·

## 内 容 提 要

浮式圆柱型海洋结构物在海流作用下会发生涡激运动，在特定流速范围内，涡激运动频率锁定在自身固有频率上而造成共振，会引起海洋平台的大幅位移。本书介绍了海洋资源开发中常见的浮式圆柱型结构；从涡激运动基本原理入手，采用数值模拟和模型实验方法相结合，研究了圆柱绕流与强迫运动、单圆柱涡激运动特性、多圆柱涡激运动特性、涡激运动抑制方法，并提出了考虑尾流影响的张力腿平台涡激力计算模型。本书涉及面广，内容详实，能够为浮式海洋结构物设计建造提供参考与帮助。

**图书在版编目（ＣＩＰ）数据**

浮式圆柱型结构物涡激运动特性研究 / 孙洪源，李磊，林海花著. -- 北京 : 中国水利水电出版社，2022.5
ISBN 978-7-5226-0629-3

Ⅰ．①浮… Ⅱ．①孙… ②李… ③林… Ⅲ．①浮式建筑物－风致振动－研究 Ⅳ．①P618.13

中国版本图书馆CIP数据核字(2022)第068422号

策划编辑：杜 威　责任编辑：陈红华　加工编辑：刘 瑜　封面设计：梁 燕

| 书 名 | 浮式圆柱型结构物涡激运动特性研究<br>FUSHI YUANZHUXING JIEGOUWU WOJI YUNDONG TEXING YANJIU |
| --- | --- |
| 作 者 | 孙洪源 李 磊 林海花 著 |
| 出版发行 | 中国水利水电出版社<br>（北京市海淀区玉渊潭南路 1 号 D 座　100038）<br>网址：www.waterpub.com.cn<br>E-mail: mchannel@263.net（万水）<br>　　　 sales@mwr.gov.cn<br>电话：（010）68545888（营销中心）、82562819（万水） |
| 经 售 | 北京科水图书销售有限公司<br>电话：（010）68545874、63202643<br>全国各地新华书店和相关出版物销售网点 |
| 排 版 | 北京万水电子信息有限公司 |
| 印 刷 | 三河市华晨印务有限公司 |
| 规 格 | 184mm×260mm　16 开本　15.5 印张　319 千字 |
| 版 次 | 2022 年 5 月第 1 版　2022 年 5 月第 1 次印刷 |
| 定 价 | 80.00 元 |

# 前　　言

2020 年，十九届五中全会提出"发展海洋经济，建设海洋强国"。我国海域面积约 300 万平方公里，拥有广泛的海洋资源。随着国家的快速发展和能源需求的不断增加，加速开发海洋资源已经成为未来能源战略的重中之重。在海洋资源开发中，特别是油气和风能资源开发领域，圆柱型结构被大量应用。如半潜式海洋平台、张力腿海洋平台的桩腿结构为圆柱型结构，而 Spar 海洋平台、Spar 型浮式风机、Monocolumn 海洋平台的主体自身就是一个漂浮的圆柱型结构。

流体在经过圆柱等钝体结构时，会在其下游产生交替泄放的旋涡，形成激振力。如果结构为弹性支撑，在此激励作用下，会发生周期性振动，称为涡激振动（Vortex Induced Vibrations，VIV）。2020 年虎门大桥异常抖动事件、1940 年美国塔科马大桥风毁事件，皆是由于风致涡激振动。在海洋工程中，涡激振动的研究主要集中在细、长、柔性结构，如立管、海底管线等。随着近十年来立柱型海洋浮式结构物的广泛应用，人们发现其在海流作用下，下游同样会生成一定频率的旋涡泄放并引发独特的运动现象。此外，其较低的长径比、较高的阻尼比、整个结构的刚性特征以及漂浮于水面的水动力性能，使得相对于立管、海底管线等大长径比柔性结构的涡激振动具有更大的运动周期与幅值。为了加以区别，将此特有的运动现象称为涡激运动（Vortex Induced Motions，VIM）。

自 20 世纪 90 年代第一座 Spar 海洋平台投产使用以来，已多次出现涡激运动现象。2001 年，Genesis Spar 在其作业海域多次发生大幅度的涡激运动响应，极大地超出了设计预报值。针对我国南海油田特点提出的新概念深水钻采储运平台（Spar Drilling Production Storage Offloading，SDPSO），采用深吃水立柱结构，同样存在着涡激运动幅值偏大的问题，对系泊系统和立管系统的疲劳寿命带来不利影响。半潜平台、张力腿平台等多圆柱型浮式结构物亦会发生涡激运动问题。如果忽略涡激运动，仅考虑一阶六自由度运动和二阶水平运动，那么疲劳分析及锚链张力数据均偏小。

本书基于作者前期的研究成果，对浮式结构的涡激运动问题进行详细讨论：首先介绍了海洋资源种类，重点介绍了油气资源和风能资源开发中应用的浮式海洋结构物；其次，从涡激运动问题的提出切入，阐述了相关基础理论，对比圆柱绕流、强迫运动、涡激运动的异同点；再次，采用数值模拟和模型实验相结合的方法，针对浮式单圆柱、多圆柱海洋结构物，从涡激受力、运动幅值、运动频率、运动轨迹、涡泄模式等多个方面研究涡激运动特征；最后，提出考虑尾流影响的张力腿平台涡激力计算模型，并对涡激运动的抑制方法进行了总结。

本书在写作过程中，得到了许多老师、领导、同学、同事、朋友、学生的大力帮助和支持，在此表示由衷的感谢！

由于时间仓促和作者水平有限，书中难免有错误和不当之处，敬请读者批评指正。

作　者
2021 年 12 月

# 目　　录

# 第 1 章　海洋资源开发现状

海洋是一座巨大的资源宝库，它能够为人类社会发展提供所需要的各种物质资源。随着科技的不断发展和人类社会的不断进步，特别是勘探技术和钻井技术的迅猛发展，无论是在沙漠、戈壁滩或是山区，都有勘探者的足迹，这使得以前无法勘探的深海都可以被驾驭，进而使海洋资源的开发利用规模迅速扩大，因此海底资源勘探开发变得愈加激烈[1]。

## 1.1　海洋资源种类

能源推动人类社会不断进步。近些年大规模的开发使陆地资源越来越少，但人类对能源的需求却只增不减，所以人们把能源开发的目光逐渐转移到海洋区域。由早期的浅海区域，到现在的深海区域，如今对深海资源的开发又掀起了新的高潮[2]。海洋拥有地球上最丰富的资源，其大体分为生物资源、矿物资源、海洋能资源和化学资源[3]。

### 1.1.1　生物资源

生物资源，是指有生命的能自行增殖和不断更新的海洋资源，又被称为海洋渔业资源或海洋水产资源[4]。海洋中的生物资源是最为珍贵且利用最广泛的宝藏，同时也是海洋中动植物群体数量的总称。它与海洋中的化学资源、海洋能资源和大多数海底矿物资源不同，其主要特点是通过生物个体和种群的繁殖、发育、生长和新老替代，来使资源不断更新和种群不断获得补充，并通过一定的自我调节能力而达到生态上的平衡，确保数量上的相对稳定。在有利条件下，种群数量能迅速扩大；在不利条件下（包括不合理的捕捞等），种群数量会急剧下降，资源趋于衰落。据统计，海洋生物有 20 多万种，其中动物 18 万种，植物 25000 多种。在 18 万种动物中，鱼类有 25000 种，贝类 10 多万种，而鱼类中可食用的有 200 多种[5]。据估计，海洋每年可为人类提供各种鱼 2 亿吨，为目前世界渔业年产量的三倍。海洋植物绝大多数为藻类，其中在浅海区固着生长的约有 4500 种，现被广泛利用的约有 50 种，如海带、紫菜、石花菜等。

一般来说，海洋生物资源可以通过一定的自我调节能力，维持数量的相对稳定和种类的相对平衡。但是其极易受到外界环境的影响，当外界环境遭到破坏时，生物数量就会急剧下降[6]。因此，基于现阶段海洋生物资源开发利用的现状，为充分应对开发不当、不到位带来的问题及挑战，我们应当制定相应的政策和措施，如：大力发展大陆架水域的养殖和增殖业，转变过度捕捞的理念，以生产农牧化经营理念开发海洋生物资源，减少对海洋生态环境和海洋生物资源相对平衡状态的影响和破坏，鼓励发展我国海洋生物产业，利用先进技术实现开发的可持续性；改革传统的资源开发利用方式并充分实现对有限海洋生物资源的保护和利用等。

### 1.1.2　矿物资源

矿物资源是重要的自然资源，是经过几百万年，甚至几亿年的地质变化才形成的，它是社会生产发展的重要物质基础，现代社会人们的生产和生活都离不开矿物资源。矿物资源最主要的有两种：石油和锰结核。据初步调查，大陆架海底石油可采储量约为 2500 亿吨（其中包括天然气折算的石油产量），相当于陆地石油藏量的三倍[7]。锰结核是大洋底蕴藏的矿产，经济价值很高。据估计，全世界锰结核的总储量达万亿吨，仅太平洋就有 17000亿吨，并正以每年 1000 万吨左右的速度增长着。

海洋矿产资源的开发有着举足轻重的地位，尤其是石油和天然气已达到商业性大规模开发的阶段。其次是锰结核和热液矿床加紧开发的呼声最高。海洋石油和天然气的储量极为丰富，在海洋矿产资源中处于领先的地位。世界各国海洋石油与天然气勘探和开发的进程加快，其速度比专家们所预计的还要快。到目前为止，海洋油气产值接近 2000 亿美元，占世界海洋经济总产值的 70%，占海洋矿产总产值的 90%以上[8]。海洋石油和天然气的勘探与开发，已逐渐形成一门完整的现代科学技术。

随着矿物资源需求的增加，为保证矿物资源开发的顺利进行，先进的采矿技术就必不可少，目前已经出现了很多海底采矿装置，如连续链斗式采矿系统、液压（气压）提升采矿系统和海底自动采矿系统等。

### 1.1.3　海洋能资源

海洋是一座巨大的能源宝库，海洋能主要包括潮汐能、潮流能、海流能、波浪能、温差能和盐差能等，是一种可再生的巨大能源。仅以潮汐能为例，世界海洋潮汐能蕴藏量约有 10 亿多亿瓦，如果全部利用每年可生产 12000 多亿度电。这些能量是蕴藏于海上、海中和海底的可再生能源，属新能源范畴。人们可以把这些海洋能以各种手段转换成电能、机械能或其他形式的能来供人类使用。海洋能绝大部分来源于太阳辐射能，较小部分来源于天体（主要是月球和太阳）与地球相对运动中的万有引力。蕴藏于海水中的海洋能储量是十分巨大的，其理论储量是全世界各国每年耗能量的几百倍甚至几千倍。

海洋能有以下特点：①海洋整体蕴含的能量很大，但单位体积、单位面积和单位长度所拥有的能量较小，想得到巨大的能量，则需要大量的海水；②海洋能是可再生的，海洋能来源于太阳辐射能与天体间的万有引力，只要太阳和月球等天体与地球共存，那么这种能源就会再生，且取之不尽，用之不竭；③海洋能有较稳定与不稳定之分。

### 1.1.4　化学资源

海洋资源中潜力最大的是化学资源。海洋化学资源指海水中所含的大量化学物质。地球表面海水的总储量为 13.18 亿 $km^3$，占地球总水量的 97%。目前陆地上发现的一百多种化学元素中，有八十多种在海水中也能找到，有七十多种可以提取。其中，含量较高的有氯（1900 万 $t/km^3$）、钠（1050 万 $t/km^3$）、镁（135 万 $t/km^3$）、硫（88.5 万 $t/km^3$）、钙（40 万 $t/km^3$），其余还有锂、铷、磷、碘、钡、铟、锌、铁、铅和铝等。上述元素大都呈化合物状态存在，如氯化钠、氯化镁和硫酸钙等，其中氯化钠约占海洋盐类总质量（约 5 亿亿吨）的 80%。据估计，铀在海水中的含量为 40 多亿吨，相当于陆地上储量的近两千倍。

海洋化学资源的开发利用历史悠久，主要包括：海水制盐及卤水综合利用（回收镁化合物等），海水制镁和制溴，从海水中提取铀、钾、碘以及海水淡化等。此外，20 世纪 60 年代以来，随着科学技术的进步，海洋天然有机物质的研究和利用（如从海洋动植物中提取天然有机生理活性物质）也得到了迅速发展[9]。

## 1.2　海洋油气资源

### 1.2.1　海洋油气资源开发的现状

进入 21 世纪，人口增长、资源消耗以及经济发展之间的矛盾日益突出。全球人口数量在 2011 年突破 70 亿，由 60 亿增长至 70 亿仅用了十多年的时间。随着全球经济快速增长和人口的急剧膨胀，人类对能源的需求也日益高涨。石油作为现代经济的重要能源，必须每年增产七百万桶才能基本满足日益高涨的能源需求。陆上油气勘探日趋成熟，使得全球油气储量增长减缓，同时发现的油气资源的规模也越来越小且难度越来越大[10]。由于上述原因，人们逐渐将目光投向海洋。

根据美国地质调查局统计，全球海洋待发现的石油和天然气储量分别占全球待发现油气资源的 47% 和 46%，其中石油为 548 亿吨，天然气为 78.5 万亿立方米。石油和天然气资源在海洋中的分布并不均衡，其主要分布在波斯湾、墨西哥湾、委内瑞拉马拉开波湖、北海和中国南海等区域。在已经探查明确的海上石油及天然气储量当中，近八成是在浅海区域，而超过海洋总面积九成的深海及超深海海域还少有开发。除了较少部分地区，多数浅海区域的石油及天然气资源难以供应社会经济的飞速发展，在深水海域开发石油和天然气成为未来发展的趋势[11]。

研究和勘探实践表明：尽管深水区油气勘探与开发受到恶劣环境、高风险和高技术的限制，但是其勘探前景好，所以受到世界各国的广泛关注[12]。因此，通过对世界上各个区域的海洋油气资源进行了解和认识，有助于我国把握未来油气资源的开发方向，有利于提高我国获得海洋油气资源的效率，为我国国民经济的稳定发展提供有力能源保障。

我国油气资源的基本状况是：开发工作起步较晚，最早的国内海洋资源开发出现于 20世纪的 60 年代。这个时期海洋石油工业开始出现，借助于冲击钻打孔的方式来进行海洋平台的构建，并取得了最初的 150kg 重质原油。1971 年，我国在渤海"海四油田"正式建立了两座固定式采油平台，这是国内第一个海上油田。随后，经过多年的发展，我国的海洋油气资源勘查工作取得了重大突破，在许多地区都陆续建立了海洋开采平台。其中，海洋油气资源勘查工作取得成果最为集中的区域是渤海盆地，而海洋油气资源勘查过程中发现的天然气含量最高的区域是东海凹陷盆地，东海凹陷盆地有 4 亿立方米的天然气储备量，能够满足我国相当长时期内的油气资源使用需求。

我国的石油年产量虽居全球第四，但储量总体呈下降趋势，进口量大，对外依存度高[13]。

### 1.2.2 海洋油气资源分布特征

研究和实践表明，海洋油气资源主要分布在大陆架，约占全球海洋油气资源的一半以上，但大陆架的深水、超深水海域的油气资源潜力可观，约占 1/3，从区域看，海洋油气资源主要分布在墨西哥湾、北海、中东、西非、巴西以及东南亚海域等，约占全球海洋油气资源的 60%以上，两级大陆架也蕴藏着丰富的油气资源。

海洋中含油气资源的沉积盆地面积约 $7800 \times 10^4 \, km^2$，与陆地相当。油气沉积盆地既包含跨海洋与陆地的盆地，也包括里海等大型湖泊区的盆地。根据美国勘探开发数据库的钻探信息和油气田统计资料可知：全球共有含油气盆地 533 个，其中位于海上或海边的含油气盆地为 318 个（不包括美国和北极地区），海域发现的油气储量占全球含油气盆地总储量的 35.8%；待发现的油气资源约占全球的一半；而绝大部分常规油气资源分布在几个地区的几十个含油气盆地中，多数地区油气共生富集。

全球深水盆地呈"两竖两横"分布格局，"第一竖"指南北走向的大西洋深水盆地群，包括西非陆缘深水盆地、巴西东部陆缘盆地、墨西哥湾盆地等；"第二竖"指太平洋深水盆地群，包括日本海盆地、澳大利亚东南部的吉普斯兰盆地等；"第一横"指近东西走向的新特提斯深水盆地，包括澳大利亚西北深水盆地、中国南海深水盆地等；"第二横"指环北极深水盆地群，该地区待发现油气资源量集中分布在少数的 7 个主要盆地，占据了北极地区待发现油气总量的 87.4%。

在含油气盆地中，富油盆地群主要沿大西洋呈南北向分布，以巴西东部的坎波斯盆地和桑托斯盆地资源最为丰富，西非深水盆地和墨西哥湾盆地也是主要的深水富油盆地。富气盆地群则主要沿特提斯呈东西向分布。澳大利亚西北陆架缘深水区是目前全球油气勘探开发热点地区之一，总体"富气贫油"，另外，孟加拉湾和我国南海深水区含油气盆地也是世界上重要的含油气盆地。其中，南海的浅海区以油为主，深水区以气为主。

总体来说，全球海洋油气资源储量主要集中在波斯湾、北海、几内亚湾、马拉开波湖、墨西哥湾、加利福尼亚西海岸等几个地区，这些地区的油气总储量占世界海上探明储量的80%左右。未探明的油气区主要集中在北极地区，以及南极、非洲、南美洲和澳大利亚周围海域。

我国油气资源相对匮乏，且随着勘探开发的推进，在一些勘探相对成熟的海域发现大型油气田的概率不断降低。另外一些边际油气田，由于规模小、利润低、经济效益差等原因，长期不被人重视。然而，在近年来，随着技术的进步，边际油气田在北海等开发日趋成熟的海域越来越受关注，开发这些边际油气田将推动油气行业焕发新的生机。据统计，在我国近海探明的原油储量中，仅边际油田就有13亿吨，有效开采这些油气资源对缓解国家石油供需矛盾具有重大的战略意义。同时，深水油气是石油公司未来重要的资源接替区，开发深水油气资源对保障我国油气供给安全意义重大。加强深水研发顶层设计，全面提升深水开发能力，为未来我国南海和周边海域深水油气开发奠定坚实基础。

### 1.2.3　世界海洋重点盆地勘探与开发现状

受台风等恶劣天气的影响，海洋勘探工作会受到极大的阻碍，使投资成本受到限制，而地震勘探法对投资要求较低，也是近些年来常用的方法。根据上述待发现油气资源分布特征看，全球海洋资源勘探潜力较大的盆地为28个重点盆地。至今，这些重点盆地的勘探工作都已从陆上到了浅水，并计划进军深水区域。全球海洋重点盆地正处于油气勘探的高峰期，有着极为丰富的油气资源。从全球最有潜力的28个含油气盆地的油气资源探明程度看，4个处于高勘探阶段，10个处于勘探中期阶段，14个处于勘探初期阶段。处于勘探中期阶段的10个盆地油气待发现资源占全球海域的42%，处于勘探初期阶段的14个盆地的油气待发现资源占36%，处于高勘探阶段的4个盆地仅占7%。

全球28个重点盆地中，南里海盆地是进行油气开发最早的盆地。通过对28个海洋重点盆地历年油气田开发状况进行统计，我们可以从中得出，20世纪80年代是发现油气田最为频繁的时期，当时共发现油气田80多个。在这之前，油气田开发基本上处于不断增长趋势；20世纪80年代至今，重点盆地的油气田发现趋势整体上处于减少阶段，2009年发现油气田40多个。

### 1.2.4　海洋油气资源勘探技术特征及常见问题

勘探海洋油气资源是一项高风险、高技术、高投入的系统工程，主要有以下特征。

（1）有限期性。对海洋油气资源的勘探，并不是没有时间限制的。在勘探工作开始之前，首先要对计划勘探的水域进行地质研究和物理勘探，明确海底的地形地貌、构造及油气生成条件等，通过探测分析油气分布的深度、面积等因素，确定安置钻井的井位，做好这些准备工作的同时，要做好记录，并编写可行性研究报告。由于海上与陆上的勘探环境相比，其具有更高的挑战性。因此，海上勘探工作要加快进度，提高采油效率，且要尽可能地保证经济效益。

（2）高风险性。首先，海上环境与陆地相比更为复杂，环境恶劣多变，地质条件复杂，勘探工作的可控性低。因此，与陆地相比，海上勘探开发工作变得更加困难。由于海上大风产生海浪，也会对钻井平台产生一定冲击，如我国东海和南海每年都有十多次十二级以上的台风来袭，渤海北部海域每年冻冰期都在三个月以上，冰厚达 50cm 之多，海水和海冰的冲击力使平台难以承受。其次，投资回报也具有高风险性。由于海上环境复杂，海上勘探的有限期性，包括一些其他的因素，使得勘探工程需要前期投入大量的资金，与陆地相比，每口井的成本要高出 3～10 倍，若最终没有开采油气的价值或者价值较低，前期的投入将得不到回报。

（3）复杂性。由于海上环境恶劣，因而油气资源的勘探工作也变得十分复杂、困难。海水波涛汹涌，随着水深增加，勘探工作的难度也不断加大，这使得之前在陆地上使用的许多勘探方法都不再适用，这就要求我们快速地研究出合适的勘探手段，并使用最先进的科学技术和设备。例如，海上钻勘探井和开发井须采用专门的钻井平台，海上采油与集输也要采用高技术性能的采油、集输工艺与装备等。

由于海洋油气资源勘查工作属于复杂度较高且跨多专业的勘查工作，相比于陆地勘查工作需要更为专业的勘查技术与经验。因此，海洋油气资源勘探与开发技术还处于实验和摸索的阶段，必然也就存在一些问题，常见问题如下。

（1）油价波动。根据我国多个海洋油气资源勘查项目的实际经验来看，油价波动是阻碍行业发展的主要原因。我们很清楚，海洋油气资源勘探存在投资成本高、风险大以及实现难度高的特征，并且投资和收益并不一定成正比，在这种情况下，如果勘查的结果不理想，就会导致入不敷出的问题。另外，近些年来国际油价的波动幅度较大，经常会出现勘查过程中油价下滑的问题，同样也会给企业带来巨大的风险与损失，甚至会给产业链的发展带来影响[14]。

（2）海洋环境问题。随着改革开放的成果不断凸显，我国的社会发展和经济水平都有明显提升，随之而来的是能源的产量和消耗量的日益增长，此时海洋油气资源勘查工作就不再是一个企业的问题，而是整个国家能源结构发展平衡的问题。海洋油气资源勘查工作将所有注意力都放在效益上，往往会忽视整个过程中对海洋环境的破坏与影响，包括：①海洋油气资源在开采过程中可能发生泄漏；②海水养殖区可能会遭到极大破坏，而导致海洋浮游生物受到影响，使得水产大大减产并影响品质；③可能会破坏海床稳定性，导致地质灾害以及各种沉积物强度下降问题。此外，湿地区域也会受到油气污染，导致工农业生产出现损失。因此，在海洋油气资源勘探和开发的过程中，必须关注环境的适应性问题，只有找到有效维护海洋生态平衡、防止环境变差的方法，才能确保油气资源勘查的成果。

（3）地缘政治问题。近些年来，由于海上资源紧张，掠夺海上油气资源的国际问题频繁发生。印度尼西亚、越南等国家不顾中国政府的主张，公然对中国的岛屿进行侵犯，甚至触及到中国的底线。根据相关统计数据显示，近些年来周围国家盗采我国领海油气资源占到我国开采量的25%以上。所以，进一步加强海洋资源的管理与监控，积极维护海洋权益，确保产业发展的稳定性也是海洋油气资源勘查过程中必不可少的工作。

### 1.2.5　海洋油气资源开发技术

海洋油气资源勘查过程中需要借助于多种关键技术，对主要技术分析如下。

（1）勘查分析技术，该技术是勘查过程中使用次数最多的一种技术。通过应用该技术不仅有利于行业的稳定与发展，而且通过对该项技术的更新改造，还可以直接影响经济效益和生态效益。现阶段，通过不断的改进和创新，尽管勘查技术取得了阶段性的突破与成果，但是相比于西方国家而言我们还存在一定的差距，在精度和结果预测的精准度上仍存在问题，要解决这些问题来缩小差距，还需要大量的成本投资，同时做好技术规划，合理调整，满足生产实践的需求。图 1-1 为海上石油勘探过程示意图。

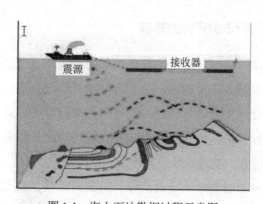

图 1-1　海上石油勘探过程示意图

（2）深水开采技术，由于人们对能源的需求日益增长，陆上油气资源的勘探已达到一定的饱和度。尽管深水区勘探环境恶劣、风险高，但是其资源潜力很大且前景好，所以吸引了许多国家的目光。因此，深水开采成为了油气资源勘查的一个重要趋势，深水开采技术也成为了技术研发的热门领域。事实上，目前真正能够掌握深水开采技术的国家还是少数，我国作为其中之一，也没有完全攻克油层深度、复杂原油物性等问题，而且当遇到一些复杂恶劣的地理环境时，仍然没有很好的应对措施，该技术还需要进一步的研究。因此，该技术具有广阔的应用前景和较高的具有研发价值。

（3）三次采油技术，该技术借助一种聚合物进行驱油，通过采用三次采油技术，能够有效提升原油的综合采收率，可以在正常条件下提升采油率 10%以上，在该项技术应用与实践后，其综合采收率有望达到 15%以上，大大提高了油气的采收量，提高了收益，为企业节约大量的成本。由于是新技术，所以在生产实践过程中仍然存在许多问题。因此，还需要进一步进行技术改造和创新，才能够推广使用。

（4）水平井开采技术主要借助于地质导向钻井的技术来满足设计优化的要求。现阶段该技术已经不再针对单一的方向进行处理，而是可以针对开采的模式来进行开采。不过，该技术也存在一些局限性，在分级注水等方面存在一些问题，需要进一步进行技术完善才能够实现。

对低渗透油田的开采也是未来需要关注的一个方向。根据相关统计数据显示，在我国的油田体系当中，存在大量的低渗透油田，这些油田的开发利用率不高，浪费严重，导致我国的许多不可再生资源被浪费。现阶段海洋油气资源勘查过程中，开始关注低渗透油田的勘查与分析工作，借助于快速、高强度的支撑，来解决水力压裂的问题，同时也可以进一步强化海洋油气资源勘查工作的效率，满足后期生产的要求。

含水油田开采评估主要是通过科学的潜力评估来对优良分布、开采价值进行分析的技术。在该技术应用后，可以评估出海洋油气资源勘查资源的开采价值，从而分析出企业能否盈利，这也是提高海洋油气资源综合利用率的重要技术条件。

### 1.2.6　海洋油气资源开发对环境的影响

在海上进行油气资源开采时，由于位置和地域的限制，不像在陆地上一样可以将产生的废物集中在某个区域来减少环境破坏，由于各种废弃物没有进行回收处理，直接排放到海中，使得海洋环境遭受到极大破坏。与此同时，由于操作不当或者设备老化等原因，海上油气事故多次发生，油气泄露使得海水受到极大的污染，这些都导致海水清洁难度不断加大，进而使渔业、旅游业、交通运输业都受到巨大的影响。

海洋油气资源的开发会对渔业的发展造成一定的影响[15]。各类鱼虾蟹都选择在浅海水域产卵繁殖，而在这片区域进行大规模的开发，会产生大量的污染物，使得鱼卵受到油气污染。若为浮游性鱼卵，那么它们遭受污染的概率将变得更大，甚至这些散发到海水的污染物会危及他们的生命，影响鱼虾蟹的繁殖，使得其数量大大降低。因此，若在渔业养殖区发生了石油泄漏，将会对渔业的发展造成极大的影响。实验表明，当海水中含油浓度超过一定数值后，鱼体便会出现异臭，影响到养殖鱼种的质量。由于海洋软体动物和甲壳类动物长期生活于海底，因此，长此以往，体内就会积累大量的石油烃，造成大量减产，并影响质量。

沿海地区的旅游业也会受到海洋油气资源开发的影响。清洁干净的环境是发展旅游业的基础。而油气资源的开发产生的大量废弃物和污染，成为了旅游业发展的一大阻碍。按照 GB 3097—1997《海水水质标准》，海边旅游业的发展要满足三类海水水质，沙滩浴场和与人体直接接触的水上运动应该满足二类海水水质。若在旅游区发生石油泄漏，则会污染海水，使得滩涂遭受损害，不但影响游客的观赏效果，还会降低景区口碑，给当地带来巨大的经济损失，甚至会使接触海水的人们染上皮肤病。

此外，油气资源的开发勘探也会影响海上交通运输业的发展。在很多地区，以海洋港口为主的交通运输业能给当地带来巨大的经济效益，已经成为当地的支柱性产业。然而带来高收益的同时，也面临着较高的环境风险，输送过程中，一旦出现油气泄漏，控制清理将会影响航运的正常进行，不能按时到达目的地。若燃油为轻质油等其他易燃油时，还会存在火灾的危险。

### 1.2.7　海洋油气资源未来发展方向

在海洋油气资源勘查开发过程中，若将所有注意力都放在效益上，往往会忽视整个过程中对海洋环境的破坏与影响，而如何合理开发，如何有效地维护海洋环境的平衡，防止海洋环境变差，是我们应该共同关注的问题。在海洋油气资源开发过程中，要想做到趋利避害，必须确定良性的发展方向。

（1）将海洋产业布局重新规划，使其更加合理，这是维护海洋生态平衡的前提。将海洋产业之间的关系缕清，清楚它们的联系与区别，使海洋产生更大的经济效益，在进行海洋油气开发时，要提前对海域进行勘查，做好准备工作。例如在打井时，多打密集型丛式井，从而降低占海的面积等。

（2）重点关注海洋油污的防治清理工作，做好清理和检测，这是确保各种海洋产业发挥经济效益的关键。此外，要加强对工作人员的管理和培训，提高工作人员的责任心。要保质保量地完成海上环境保护工作，经常检测海上环境，在进行勘探开发生产作业之前，必须做好相应的准备工作，对整个项目所产生的破坏性进行准确的评估，包括整个项目过程中产生的废气、废渣等。相关管理部门要制定管理制度，以重点环节为主，进行有效的监督和管理。同时要增加对海洋环保的投入，更新海上环保设备，确保环保设备工作状态正常，确保勘探工作的正常进行，杜绝重大污染事故的发生。

（3）执法部门也要增强责任意识，加大监督力度，这是确保海洋经济环境发展不可或缺的一步。执法部门与其他相关部门相互配合，共同为维护海洋环境定制度、想对策，为海洋经济环境构建良好氛围。与此同时，各产业部门要密切联系，共享海洋环境的监测调查、研究、管理数据。在油田开采过程中，对污染排放状况要做好记录，定时交给相关部门，将数据资料进行搜集和统计，确保海洋生态系统的良性循环。

人类进入 21 世纪，由于陆地油气资源的开采日趋饱和，海洋上的各种油气资源对发展起着至关重要的作用。要想保证海洋经济环境的平衡发展，就要加大监管力度，使油气资源得到有效的开发和利用。因此提高海洋经济环境氛围，加强海洋环境建设，走可持续发展之路，是我们今后的发展方向。

# 1.3  海洋能资源

### 1.3.1  海洋能

海洋能包括潮汐能、潮流能、波浪能、温差能和盐差能等，它是一种可再生的巨大能源[16-18]。据估算，世界上仅仅利用潮汐能这一项，就可发电约 260 万亿度。

根据潮汐能的发电原理，一般潮汐发电站建在潮差比较大的地方。20 世纪 50 年代后期，潮汐能是我国建立电站主要应用的能源，这些电站主要分布在沿海城市，总量达 40 多座，总装机容量 500kW。到 20 世纪 70 年代初再度出现潮汐发电热潮，至今仍在使用的潮汐电站共有 8 座，总装机容量 500kW。选好建站址后就要开始修建水库，因为海洋里的水是相连一体的。为了利用它发电，首先要将海水蓄存起来，这样便可以利用海水出现落差产生的能量来带动发电机进行发电。我国的潮汐能量也相当可观，蕴藏量为 1.1 亿 kW，可开发利用量约为 2100 万 kW。浙江、福建两省海岸线曲折，落差较大，这两地的潮汐能占全国的 80%。尤其是浙江省的钱塘江口，是建设潮汐电站最理想的河口。

波浪的能量也可以转换为可利用的能源，这也是一种发展前景很好的能源，据计算，在全世界，海洋中可开发利用的波浪能约为 30 亿 kW 左右，而在我国海域中，蕴藏量就达 1.5 亿 kW，可开发利用量为 3000 万～3500 万 kW[19]。目前，一些发达国家已经开始建造小型的波浪发电站。然而，对于温差能和盐差能这两种能量，仍处于研究探索阶段。

### 1.3.2  海洋能的应用

在海洋能的各种能源当中，潮汐能技术发展最早，也最为成熟，目前好多国家已经建成发电站并已经进入商业开发阶段[20-21]。如法国朗斯电站、中国的江厦电站等。

波浪能和潮流能还处于技术研发和示范实验阶段。2020 年，"南海兆瓦级波浪能示范工程建设"项目首台 500kW 鹰式波浪能发电装置"舟山号"正式交付。如图 1-2 所示。2020 年，我国首个潮流能实验平台——舟山潮流能发电示范工程完成海上机组吊装，进入调试发电阶段。

温差能是通过热能进行发电，目前处于研究的初级阶段。2012 年，国家海洋局第一海洋研究所承担的"十一五"国际科技支撑计划——15kW 温差能发电装置研究及实验项目通过验收，标志着中国成为继美国、日本后，第三个掌握海水温差能发电技术的国家。温差能发电的同时，还能够产生淡水，对世界能源开发有着较大的吸引力。

图 1-2　500kW 鹰式波浪能发电装置

### 1.3.3　海洋能的应用原理

波浪能的原理是将波浪本身的动能转换成机械能，利用波浪高度的变化转换成水的势能。波浪能发电过程大致分为三部分：第一步是将波浪能转换成机械能；第二步将机械能转换成旋转能；第三步就是将旋转能转换成电能[22]。震荡水柱技术有着它自身的优越性，可以不与海水直接接触，防腐性好。该技术主要是将空气作为媒介，分为两级能源转换装置：①一级转换装置是通过气室与海水相连，上口与大气相通，气室内部有一个水柱，在波浪的作用下使水柱上下振动，产生气压，把海洋能转换为液压能和动能；②二级能源转换装置内部有发电轴，一级转换装置产生的液压能和动能带动发电轴运动，从而发电。而阀式技术大体分为三级能源转换装置：一级能源转换装置是将波浪能转换成阀体运动的机械能；二级能源转换装置就是利用一级能源驱动液压泵，产生液压能，驱动电动机转动转换成为机械能；三级能源转换装置就是利用二级转换装置产生的机械能带动发电机产生电能。

人类接触最早的海洋能源就是潮汐能，它的原理是根据海水在月球和太阳引潮力的作用下周期性的涨落规律来进行电能开发[23-24]。潮汐能之所以得到广泛应用，是因为它有十分明显的规律性，根据海洋周期的变化而变化，海洋周期性进行垂直升降和水平运动。垂直升降形成潮汐位能，水平运动就形成了潮流能。早在百年之前，就开始了对潮汐能是如何发电的进行了研究，就目前来看，潮汐能发电技术是现阶段技术最为成熟的发电技术，发电形式主要包括三种类型：单库单向发电技术、单库双向发电技术和双库双向发电技术。单库单向发电技术也称为落潮发电，在落潮时蓄水打开，在落潮后就能利用势能发电，最为典型的就是我国温岭沙山潮汐电站；单库双向发电技术只采用一个水库，无论是涨潮还是落潮都可以进行发电，但是在平潮时是无法进行发电的，最为典型的是东莞镇口潮汐电站；双库双向发电技术采用了高低不同的水库，将发电机组设置在水库之间，在涨潮时水库会蓄满水，在落潮时则会放水，保持两个水库之间的水位始终存在高度差，无论涨潮还是落潮，都能够不间断地发电，且电力的输出是非常平稳的。

盐差能发电技术的原理就是利用海水与淡水的浓度差进行发电，通过一个半透膜装置，即可将盐水和淡水隔离，通过淡水在盐水侧的渗透作用，对两边的浓度进行中和，直到两边浓度一致，从而造成盐水侧水位是高于淡水侧的，达到发电的目的[25]。目前，这一技术只在理论上行得通，应用于实践后，还有一系列的问题尚未得到解决，也无法进行推广性的应用。

现阶段，海水淡化也是海洋能的主要应用领域之一。海水淡化技术在科研人员的不断研究之下不断创新，但是能源却成为了海水淡化技术发展道路上的阻碍[26-27]。在过去，研究人员尝试利用其他方法替代能源进行海水淡化，但是都有问题出现。如采用的太阳能，由于能量密度较低，因此存在占地面积大，易受气候和时间的影响；采用风能，风能本身存在能量不稳定与不连续的问题；采用核能进行海水淡化安全系数低，不仅要对水产品设立放射性保护措施，还要确保停堆时淡水的稳定供应。因此，将海洋本身具有的能量应用于海水淡化最为合适。波浪能、潮汐能、温差能等不同形式的海洋能，都是通过海洋对太阳能的不断吸收，通过一定的方式转化而成。

利用波浪能进行海水淡化，具有可再生、无污染、无危害和储量大等优点。采用波浪能进行海水淡化，整个系统分为三个部分：收集装置、能量转换装置及海水淡化装置。通过研究波浪能收集装置在海洋波浪中运行的水动力特征，从而对各类波浪能收集装置进行改进，对海水淡化系统的稳定性不断优化。

在理论上，温差能的储量为所有海洋能之最，但由于温差能不易开发，导致其实际开发规模并不大。此外，温差能海水淡化的温度较低，难以使海水蒸发，不利于海水淡化工作的进行。研究人员通过多次进行尝试，最终得出了"上层温水先闪蒸再换热的系统淡水生产率高，但发电效能低于先换热再闪蒸的系统"的结论。对于单纯的温差能海水淡化系统来说，当进入系统的温差能大于其产水耗能时，温差能海水淡化的冷凝优势则在出水速度上远大于其他海水淡化过程，这使温差能在快速海水淡化方面大有作为。

水流能具有固定的运动周期，有着较高的能量密度。但由于流速变化幅度很大，直接用水流驱动完成海水淡化，会严重破坏产水的稳定性。利用洋流能进行海水淡化，运回岸上难度较大，需要投入较高的成本，往往只是利用洋流能进行发电。

### 1.3.4 海洋能开发利用对环境的影响

在海洋能开发利用过程中，对海洋环境的影响以及对海洋生态平衡的影响，是全球共同关注的问题[28-29]。

在进行海洋能资源开发之前，需要做好准备工作，主要包括海洋能设备安装、海底锚泊设施建设及海底输电电缆铺设等。在安装开发设备期间，会产生振动、噪声等，这极大地扰动了海洋生物的生活环境，水中产生大量的悬浮物，破坏海底栖息环境的稳定性。在海洋能开发设备运行期间，出于好奇试探性地靠近运营设备，部分鱼类会试图穿过运动的风轮间隙，很容易造成海洋生物与设备发生碰撞的事故。此外，由于海洋设备系有大量的电缆，这些电缆很容易缠住海鸟等生物，使其无法运动。

在海洋生物进行交流、繁殖、捕食时，它们是十分敏感的，设备安装运行期间会产生噪声和振动，在水中不断放大，干扰了海洋生物的正常生活。较其他海洋生物而言，鱼类及哺乳动物对声音更加敏感，因此对这类生物造成的影响更大。建设期间大量船只频繁作业将对海洋中的声环境产生很大的影响，项目运营期间，设备转动产生的噪声将长期影响海洋生物的正常生理活动。

海洋能设备不仅会直接影响某种或某些海洋生物，还会对食物链造成影响，导致食物链上的每种海洋生物受到影响，甚至影响整个区域生态系统。例如，波浪能和潮流能发电装置会引起鱼群的聚集或者迁移，而发电装置海域的海鸟数量也会随之增加或减小。

开发设备的长期运转，导致水动力条件改变，这一问题也是在潮汐电站运营中需要重点关注的问题。水动力条件的改变将改变海底输沙，从而影响造滩过程，改变区域性海域近岸生态环境，甚至有可能导致区域生态系统的变化。另外，海底输沙受到影响也可以对港航资源产生影响，如改变泥沙输运影响航道水深。

化学影响和电磁影响也是海洋能工程建设过程中不可避免的问题。油气泄漏会对海洋造成化学污染，海底埋设的电缆设备，在输电期间会不断地产生电磁辐射。对于这两种比较常见的问题，相关部门已经有先进的技术和防范措施，因此其得到了有效的控制，并没有将其作为影响海洋环境的关键性问题来研究。

### 1.3.5 海洋能对环境影响的对策

海洋能利用对海洋环境的影响是区域性的，应对其影响进行分析研究，科学确定海域自然属性的改变程度。在海域管理用途管制中，明确用海方式的控制要求，将控制要求分为三个等级：禁止改变、允许改变和严格改变。波浪能和潮流能的主要用海方式包括：①发电装置和变电设施的用海属于透水构筑物用海；②输电缆线属于海底电缆管道用海；③维护通道属于专用航道、锚地及其他开放式用海。因此波浪能和潮流能项目的用海方式，对自然环境的破坏较小，可选择的地址也较多。然而海洋能项目较其他用海工程具有特殊性，海洋能设备运营将扰动水流、改变海域水动力条件，从而改变输沙过程，影响造滩过程，因此缺乏长期科学数据的积累，海洋能运营期是否会改变海域自然属性这一问题尚难以明确。

开展海洋能项目对生态保护重点目标的影响研究，合理选择规划项目位置；在确定项目位置的时候，不仅要考虑此位置海洋能源的开发量，还要兼顾该位置是否是海洋生物的栖息地，若在这个位置开发，是否会惊扰海洋生物的生活环境，造成生态环境的失衡[30]。这些问题都要考虑到，综合以上问题，再确定项目的位置。

对海洋能用海活动展开研究，严格制定安全防护距离。大型的潮流电站工程的建设，会改变建设区域的水流条件，导致水流流向发生改变，影响通航；在潮流能电站建成运行期间，由于海底潮流能装置减少通航水深，航道的通航条件恶化，对航运的影响较大。因此，分析海洋能项目与其他航运项目之间的用海活动，清楚它们之间的关系，可以制定更合适的安全距离，减少各种用海活动之间的影响，有助于保障安全有序用海。

### 1.3.6　海洋能发展趋势展望

对于海洋能的利用，虽然在可再生能源领域中，起步晚且发展比较缓慢，但在深海开发中仍然具有一定的竞争优势；在现阶段，由于潮汐能的开发存在高投入、难度大等原因，其开发前景并不是十分理想；温差能与盐差能由于基础较弱，也没有应用于生产实践中[31]。基于目前这种情况，我国当前海洋能开发以波浪能与潮流能为主。虽然海洋能最终必将会占据主导地位，但就其目前的发展状态来看，远未体现其开发的先进性，这种结果是由于理论研究不足，不清楚每种能量的开发机理；系统研究不完备，能量传递配合低下；对风险评估不准确，无法保证安全性等造成的。我国海洋能开发技术未来的发展方向将与深海资源开发紧密结合。早期的方式是从陆地上开发能源之后，通过海上输送；目前主要是从海上开发能源，就地取源。两种方式相比，第二种方式无论从资源质量、投资成本、供给的时效性等各方面都具备明显优势。

针对上述我国海洋能特点及海岛开发的重大需求，可将测试场建为海岛电站，既可以为海岛供电，又可以将技术进行推广传播，将成熟技术应用于更多的海岛，形成一个创新链[32]。以事关国计民生的重大战略需求为引导，关注海洋能在开发与利用过程中的重点与难点，对存在的难点进行分析研究，制订合理的发展计划，提高我国海洋能产业核心竞争力，提高自主创新能力，攻克重大共性关键技术，更新产业模式，为海洋能的产业化与商业化发展提供持续性的引领与支撑作用。

# 1.4　本章小结

　　本章重点阐述了海洋资源的开发现状。海洋是资源宝库，海洋资源大体分为油气资源、海洋能资源、生物资源等。随着科学技术的不断发展，特别是勘探技术和钻井技术的发展，进而海洋资源开发利用的规模迅速扩大，海底资源勘探开发变得愈加激烈。在海洋资源勘探开发过程中，自然地也就产生了对海洋环境的破坏、对渔业养殖产业的影响、对海洋生物生活环境的干扰等一系列问题。第一节介绍了海洋资源的种类，包括生物资源、矿物资源、化学资源、海洋能资源。第二节介绍了海洋油气资源，包括开发现状、分布特征、世界重点盆地中海洋油气资源勘探与开发情况、勘探技术及常见问题、开发技术的分类、开发对环境的影响、确定未来的发展方向。第三节介绍了海洋能资源，包括海洋能的应用、海洋能开发利用对环境的影响、针对常见问题制定的对策、未来的发展趋势展望。

# 参考文献

[1]　李军，伶俐. 全球海洋资源开发现状和趋势综述[J]. 国土资源情报，2013（12）：13-16.

[2]　王家秀. 世界海洋油气资源的勘探开发现状及展望[J]. 中国海上油气，1991（2）：47-52.

[3]　何琦，汪鹏. 深海能源开发现状和前景研究[J]. 海洋开发与管理，2017（12）：66-71.

[4]　吴进，罗嘉诚，高柏. 世界海洋资源开发现状[J]. 瞭望周刊，1987（02）：30.

[5]　李鹏程. 海洋生物资源高值利用研究进展[J]. 海洋与湖沼，2020（4）：750-756.

[6]　吴雨轩. 浅谈我国海洋生物资源的可持续利用[J]. 低碳世界，2019（1）：318-319.

[7]　严丽. 海洋矿物资源及其获取技术简介[J]. 黑龙江冶金，2004（03）：46-48.

[8]　胡领太. 海洋矿物资源开发的现状与展望[J]. 矿产综合利用，1985（03）：55-60.

[9]　李增新，孙云明. 海水化学资源的开发与利用[J]. 化学教育，1998（12）：56-62.

[10]　江文荣，周雯雯，贾怀存. 世界海洋油气资源勘探潜力及利用前景[J]. 天然气地球科学，2021（06）：990-995.

[11]　柯鑫剑. 海洋油气资源开发技术发展的思考[J]. 山东工业技术，2015（03）：82-83.

[12]　王鑫. 海洋油气资源勘探与开发技术[J]. 化学工程与装备，2020（10）：110-111.

[13]　张蕾，贾宁. 海洋油气资源的勘探与开发[J]. 石化技术，2017（3）：116.

[14]　吕啸. 有关海洋油气资源开发技术的思考[J]. 中小企业管理与科技，2015（09）：242.

[15]　刘玉亮. 浅析海洋油气资源的开发对海洋经济环境的影响[J]. 经济视角，2013（08）：12-13.

[16] 杜军. 采空区瓦斯抽采高位钻孔施工技术及发展趋势探析[J]. 能源知识，2020（03）：90-91.

[17] 章立凡. 水利环保中的高科技应用[J]. 水利天地，2012（08）：23.

[18] 王京生. 海洋能资源[J]. 能源与节能，2020（03）：91.

[19] 张露予. 国际竞争环境下我国海洋能产业技术创新主体系统研究[D]. 哈尔滨工程大学，2015.

[20] 麻常雷，夏登文，王萌. 国际海洋能技术进展综述[J]. 海洋技术学报，2017（04）：70-74.

[21] 王炅鑫. 浅谈海洋能在发电技术中的应用[J]. 科技展望，2016（25）：169.

[22] 陈映彬，黄技，赖寿荣. 波浪能发电现状及关键技术综述[J]. 水电与能源，2020（01）：33-43.

[23] 刘邦凡，栗俊杰，王玲玉. 我国潮汐能发电的研究与发展[J]. 水电与新能源，2018（11）：1-5.

[24] 张浩东. 浅谈中国潮汐能发电及其发展前景[J]. 能源与节能，2019（05）：53-54.

[25] 张雅洁，赵强，褚温家. 海洋能发电技术发展现状及发展路线图[J]. 中国电力，2018（03）：94-99.

[26] 陈志莉，郑涛杰，孙荣基. 利用海洋能进行海水淡化的研究进展[J]. 太阳能，2017（06）：55-60.

[27] 陈风云. 海洋温差能发电装置热力性能与综合利用研究[D]. 哈尔滨工程大学，2017.

[28] 雷顺安. 潮汐能直接驱动海水淡化的装置系统及其实验研究[D]. 广东海洋大学，2017.

[29] 欧玲，徐伟，董月娥. 海洋能开发利用的环境影响研究进展[J]. 海洋开发与管理，2016（06）：65-70.

[30] 孟洁，张榕，孙华峰. 浅谈海洋能开发利用环境影响评价指标体系[J]. 海洋技术，2013（03）：129-141.

[31] 于灏，徐焕志，张震. 海洋能开发利用的环境影响研究进展[J]. 海洋开发与管理，2014（04）：69-73.

[32] 史宏达，王传崑. 我国海洋能技术的进展与展望[J]. 太阳能，2017（03）：30-37.

# 第2章 浮式海洋油气装备

## 2.1 概述

19 世纪末，在美国的加利福尼亚海岸，一只简单的木筏开启了人类石油水下钻探的历史。20 世纪初在美国的路易斯安纳和科克萨斯之间，世界上第一座海上钻井平台建成。

第一座海上钻井平台的建成标志着海底油气开发的开始，也标志着海洋资源开发达到了一定的高度。但由于早期技术不足，受到很多条件的限制，使得最初的开采只能获得浅海海域的油气资源。随着能源问题的不断凸显和科学技术的进步，海上油气勘探开发得到了快速发展与进步，并从近海发展到远海，从浅海发展到深海。

海上油气的勘探开采离不开海洋平台，海洋平台是具有水平台面的一种海洋结构物，平台主体结构高出海面以避免或减小海浪的冲击，供钻井生产作业或其他活动用。按照运动形式的不同，海洋平台分为固定式海洋平台和移动式海洋平台，如图 2-1 所示。

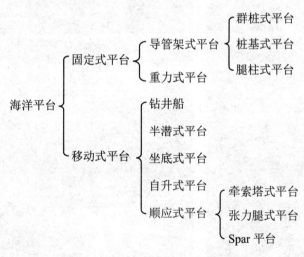

图 2-1 海洋平台按运动形式分类

### 2.1.1 固定式平台

固定式平台是海上油气钻采的一种平台形式，通常由混凝土或钢结构直接锚定在海底，从而为钻探设备、生产设施和居住区提供空间的上甲板提供结构支撑。因为其不可移动性，通常设计成可供长期使用的固定设施。而其结构也有很多种不同的形式：钢质导管架、混凝土沉箱、漂浮的钢结构，甚至是飘浮的混凝土结构。钢质导管架是由许多管形钢构件组成的垂直结构，通常直接打桩插入海底。而混凝土沉箱结构则通常在水下的结构内设有储油舱，在海岸附近建造完毕后可由拖轮拖航至作业地点后再沉入海底并固定。一般地，在水深约 520m 以内，固定式平台具有较好的经济性。

（1）导管架式平台。导管架式平台又称桩式平台，通过打桩的方法将其固定于海底，是目前海上油田使用最广泛的一种平台。1947 年，导管架式平台第一次被用于墨西哥湾 6m 水深的海域，自此以后，其发展十分迅速。导管架式平台由若干根导管组合安装成导管架，在陆地上预制好后，由拖轮拖运到作业海域并安装就位，然后通过钢桩顺着导管打桩，打一节接一节，最后在桩与导管之间的环形空隙里灌入水泥浆，使桩与导管连成一体并固定于海底。事实证明，这样的施工方式简单可靠且安全经济。平台主体结构设于导管架的顶部，高于作业区的最大波高，具体高度须视当地的海况并结合结构安全性分析结果来确定，一般大约高出最大波高的 4m～5m，这样可尽量避免波浪对平台主体结构的冲击作用。如图 2-2 所示。

图 2-2　导管架式平台

导管架式平台具有适应性强、安全可靠、结构简单、造价低的优点，其整体刚度较大，适用于各种土质，是浅水海域最受欢迎的固定式平台。

（2）重力式平台。重力式平台又称重力式固定设施，是与桩式平台不同的另一种形式的平台。它不需要用插入海底的桩去承担垂直载荷和水平载荷，完全依靠本身的质量直接稳定在海底。重力式平台的底部通常是一个巨大的混凝土基础（沉箱），用三个或四个空心的混凝土立柱支撑着上部主体平台结构。平台底部的巨大基础则被分隔为许多圆筒型的贮油舱和压载舱，重力式平台的重量可达数十万吨，正是依靠自身的巨大重量，平台可直接置于海底。如图 2-3 所示。

图 2-3　重力式平台

与导管架式平台相比，重力式平台的优点有：①可以进行油类的储藏；②安装工作在岸上完成，减少了海上安装成本；③规模大，可以进行大规模的生产；④由于混凝土的特性使得其不需要维护，性能也不会下降。但重力式平台也有其缺点，如与导管架平台相比，其成本较高。

### 2.1.2　移动式平台

移动式平台又称活动平台，是为适应勘探、施工、维修等海上作业必须经常更换地点的需要而发展起来的。现有的活动平台分为钻井船、半潜式平台、坐底式平台、自升式平台、顺应式平台等多种不同的结构形式。

（1）坐底式平台。坐底式平台是早期在浅水区域作业的一种移动式钻井平台。平台分为本体与下体（即浮箱），由若干立柱连接平台本体与下体，平台本体上设置钻井设备、工作场所、储藏与生活舱室等。钻井前在下体中灌入压载水使之沉底，下体在座底时支承平台的全部重量，而此时平台本体仍需高出水面，不受波浪冲击。

（2）自升式平台。自升式钻井平台又称甲板升降式或桩腿式平台。在高于水面的甲板平台上装载钻井机械、动力、器材、居住设备以及若干可升降的桩腿。钻井时桩腿着底，平台则沿桩腿升离海面一定高度；移位时平台主体降至水面，桩腿拔桩升起，由拖轮拖动平台将它拖移到新的井位。因此，自升式平台既要满足拖航移位时的浮性、稳性方面的要求，又要满足作业时站立稳性和强度的要求，以及升降平台和升降桩腿的要求。由于自升式平台可适用于不同海底土壤条件和较大的水深范围，移位灵活方便，便于建造，因而近些年在浅水海域得到了广泛的应用。我国也自主研发建造了多型自升式平台，如 DSJ 系列、CP 系列、振海系列等，装备国产化水平较高。目前，在海上移动式钻井平台中，自升式平台占有较高的比例。如图 2-4 所示。

图 2-4　自升式平台

（3）半潜式平台。半潜式平台由坐底式平台演变而来，又称立柱稳定式平台，是大部分浮体沉没于水中的一种小水线面的移动式平台。半潜式平台由上层工作甲板、下层浮体结构、中间立柱或桁架三部分组成。平台上设有钻井机械设备、器材和生活舱室等，供钻采工作使用。平台本体高出水面一定高度，以避免或减小波浪的冲击。下体或浮箱为平台提供主要浮力，沉没于水下以减小波浪的扰动力。下层浮体结构又分下船体式和浮箱式两种，由于下船体式更利于航行，故新建造的自航半潜式平台多采用双下船体式。平台本体与下体之间连接的立柱具有小水线面的剖面，立柱与立柱之间相隔适当距离，以保证平台的稳性，因此又称为立柱稳定式平台，或柱稳式平台。平台作业时处于半潜状态，采用锚泊定位或动力定位或锚泊定位+动力定位。完成作业后，通过排出下体压载舱内的水，平台上浮至拖航吃水线，即可收锚移位。半潜式平台能够适应较大范围水深的作业，通常在水深 60m～3050m 的区域，但随着技术开发的进步，工作水深也将越来越深。如图 2-5 所示。

图 2-5　半潜式平台

半潜式平台的优点较为突出，包括甲板面积大，各项性能优良，尤其是深水中呈现出运动性和稳定性好的优点，使得其深受各大油气勘探公司的喜爱。如我国南海海域，水深较大，夏秋季节会遭遇台风的袭击，海洋环境较为恶劣，半潜式平台便是能够适应南海环境的一种平台形式。如 1978 年服役的南海二号是我国第一艘半潜式钻井平台；2012 年，"海洋石油 981" 在南海海域正式开钻；2017 年，"蓝鲸一号" 在南海试采可燃冰取得重大突破，在遭遇 12 级台风的海况中仍保持正常作业。

（4）钻井船。钻井船是安装有钻井设备，能在水面上钻井和移位的船，也属于移动式（船式）钻井装置。较早的钻井船是用驳船、矿砂船、油船、供应船等改装的，现在已有专为钻井设计的专用船。目前，已有半潜、坐底、自升、双体、多体等类型。钻井船在钻井装置中机动性最好，但钻井性能却比较差。钻井船与半潜式钻井平台一样，钻井时浮在水面。井架一般都设在船的中部，以减小船体摇荡对钻井工作的影响，且多数具有自航能力。如图 2-6 所示。

与半潜式相比，钻井船具有较大的甲板空间，可变载荷较大，具有较强的自航能力，机动性好，但在恶劣海况下其运动性能较差，因此钻井船只适宜在海况平稳的海域中作业。我国建造的钻井船有 "大连开拓者号" 和 "Tiger 1 号"。

图 2-6　钻井船

（5）顺应式平台。顺应式平台是指在海洋环境载荷作用下，可发生允许范围内某一角度摆动的深水采油平台，包括牵索塔式平台、张力腿式平台、Spar 平台等多种形式。

牵索塔式平台结构属于瘦长的桁架结构，其下端依靠重力基座坐落于海底或是依靠支柱加以支撑，其上端支承作业甲板。桁架的四周用钢索、重块、锚链和锚索组成的锚泊系统加以牵紧，使它能保持直立状态。牵索塔式平台是由锚泊系统牵紧的，在较小的风浪作用下仅发生微幅摆动；风浪增大时，桁架结构的摆动幅度也随之增大，带动重块拉离海底，从而吸收掉风浪的一部分能量，因此平台仍可维持在许可范围内摆动。如图 2-7 所示。

图 2-7　牵索塔式平台

张力腿式平台（TLP）是利用绷紧状态下的锚索产生的拉力与平台的剩余浮力相平衡的钻井平台或生产平台。张力腿式平台也是采用锚泊定位的，但与一般半潜式平台不同，其所用锚索绷紧成直线，而不是悬垂曲线；钢索的下端与水底是几乎垂直的，而不是相切的；张力腿式平台的锚是桩锚（即打入水底的桩为锚）或重力式锚（重块）等，也不是一般容易起放的抓锚；张力腿式平台的重力小于浮力，所相差的力可依靠锚索向下的拉力来补偿，而且此拉力还应再包含由波浪产生的力，使锚索上经常有向下的拉力，从而保持平台的绷紧。如图 2-8 所示。

同张力腿式平台一样，Spar 平台也是锚定在海底的，但是与 TLP 垂直的张力腿不同的是，Spar 平台有很多常规的锚绳。就中小型平台来说，Spar 平台的建造要比张力腿式平台更为经济，而且本身的稳性更好，因为其底部有足够的配重来保持平衡而不是依靠锚来保持它的竖直状态。

图 2-8　张力腿式平台

图 2-9　Spar 平台

本章所论述的浮式油气装备主要包括半潜式平台、张力腿平台、Spar 平台以及新型的单圆柱型海洋平台。

## 2.2 半潜式平台

### 2.2.1 发展历程

半潜式平台是一种适于深海作业的浮式平台，由坐底式平台演变而来。它的技术特点是：抗风浪能力强（抗风 185.2km/h～222.24km/h，波高 16m～32m）；甲板面积和可变载荷大（达到 8000t）；适应水深范围广。平台由本体、立柱和下体或浮箱组成。目前，深水、超深水的油气开发已成为各国开发的重点，未来即将交付的几座半潜式平台大部分的作业水深都达到了 3050m，表明半潜式平台的发展逐渐趋于深海化。

世界上第一座半潜式平台是 1962 年由壳牌石油公司改装的"蓝水 1 号（Blue water Rig No.1）"，作业水深仅为 90m～180m，采用锚泊定位系统，如图 2-10 所示。由于半潜式平台具有良好的抗风浪能力和稳定性[1]，继"蓝水 1 号"之后的 1975 年，美国的汉密尔顿公司在英国北海的阿盖尔（Argyll）也首次使用了半潜式平台。随着海洋油气开发特别是深海油气开发的不断发展，半潜式平台的数量也增长迅速，目前已经成为深海油气勘探开发的主要设施之一。半潜式平台自 20 世纪 60 年代起主要经历了两次建造高峰，主要的作业海域也已逐渐呈现出由巴西、北欧和墨西哥湾三大传统油气生产区域向东南亚、澳大利亚等新兴油气生产区域转移的趋势。

图 2-10　蓝水 1 号（Blue water Rig No.1）

半潜式平台的分级为 7 代，分级的最主要标准是作业水深。第 5 代半潜式平台的作业水深可达 1524m 左右，第 6 代则达到了 3048m 甚至更多。与第 1 代半潜式平台相比，第 6 代半潜式平台的部分平台还具备双井架、双井口和双提升系统，更加符合深水和超深水油气田的开发要求。第 7 代半潜式平台是世界上最大、最先进的超深水半潜式平台，以 D90 为代表的第 7 代半潜式平台，其最大作业水深可以突破 3600m，是当前全球最大作业水深平台，如图 2-11 所示。

图 2-11　DP90 平台

各代半潜式代表平台在工作水深及泊位方式的对比见表 2-1。

表 2-1　各代半潜式代表平台对比

| 级别 | 代表平台 | 工作水深/m | 泊位方式 |
| --- | --- | --- | --- |
| 1 代 | Blue water Rig No.1 | 90～180 | 锚泊 |
| 2 代 | Dolphin | 381 | 锚泊 |
| 3 代 | Sedco 714 | 488 | 锚泊 |
| 4 代 | Jack Bates | 1646 | DP1/2 |
| 5 代 | Ocean Rover | 1981 | DP2/3 |
| 6 代 | Scarabeo9 | 3600 | DP2/3 |
| 7 代 | D90 | 3658 | DP3 |

表 2-1 中 DP 表示动力定位系统，是一种闭环的控制系统，可通过传感器检测出平台的实际位置与目标位置的偏差，以及外界环境的干扰影响，从而计算出平台恢复到目标位置所需的推力，然后对各推力器发出推力分配的指令，使平台保持在所要求的位置上。DP1～DP3 分别为：①DP1 指安装有动力定位系统的船舶，可在规定的环境条件下，自动保持船舶的位置和艏向，同时还应设有独立的集中手动船位控制和自动艏向控制；②DP2 指安装有动力定位系统的船舶，满足以上条件并且在出现单个故障（不包括一个舱室或几个舱室的损失）后，可在规定的环境下、规定的作业方位内自动保持船舶的位置和艏向；③DP3 指安装有动力定位系统的船舶，满足以上条件并且在出现单个故障（包括一个舱室或几个舱室的损失）后，可在规定的环境下、规定的作业方位内自动保持船舶的位置和艏向。

半潜式平台已经历了从第 1 代到第 7 代的发展，其作业水深、作业能力和自动化程度也在不断更迭、发展，最直接的表现为动力定位系统更加精确，船体结构也在不断优化，钻井能力更强，可变载荷更大，抗风浪能力持续提升。

### 2.2.2 总体结构特点

半潜式平台总体上可以分为 5 大部分：上部平台、立柱、下部浮体或柱靴以及撑杆和重要节点等。基本结构如图 2-12 所示。

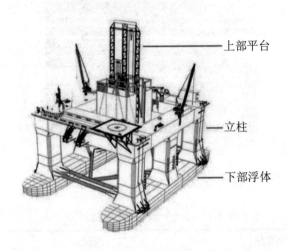

上部平台 ———

立柱 ———

下部浮体 ———

图 2-12 半潜式平台基本结构

上部平台主要放置各种设备、直升机、机泵组等。它提供作业场地、生产和生活设施。因此，上部平台可以为作业生产、人员休息和生活提供场所。

立柱是连接上部平台和下部浮体（或柱靴）的柱形结构，一般为大直径立柱，以保证平台的稳性。下部浮体是一个连续浮体，它由几个立柱相连。柱靴则是与单个立柱相连的独立浮体。下壳体和柱靴都是半潜式平台的下部浮体结构，为平台提供浮力。

撑杆结构是半潜式平台重要的连接构件（一般为管状构件），它可以将平台各主体结构连接成一个结构整体，把各种载荷传递到平台主要结构上。

此外，半潜式平台结构的重要节点属于平台的关键构件。半潜式平台节点的数量和形式较多，如箱形、扩散形、球形和圆鼓形等。

半潜式平台可以应对更复杂的海况，稳定性更好，作业水深和钻井深度均大幅度提高。与固定式平台相比，半潜式平台能够灵活移动，可以满足多海域的钻井施工的需求。固定式平台建成之后，不可以再移动；相比之下，半潜式平台的灵活性高，在完成作业后可移动至下一作业海域，半潜式平台的移动方式可以分为干拖、湿拖和自航三种。

正是由于半潜式平台具有上述各项优势，使其得到了快速的发展。在海洋工程中，半潜式平台不仅可用于钻井，其他如生产平台、生活支持平台、铺管船、供应船、海上起重船等都可采用半潜式的形式。随着海洋开发逐渐由浅水向深水发展，这类平台的应用，将会日渐增多，诸如油气的贮存、海上电站、离岸较远的海上工厂等都将是半潜式平台的发展领域[2]。

### 2.2.3　半潜式平台的水动力性能

通过优化半潜式平台的设计，使其可变载荷与总排水量的比值超过了 0.2，甲板可变载荷达到了万吨级别。此外，增加了甲板空间，平台的自持能力增强，安全性能得到了极大地提高。

同时，由于外形结构简化，提高了高强度钢的使用比例，使得平台结构自身的重量减轻并减少了造价。可变载荷与平台自重比提高，排水量和平台自重比也大大提高。通常大部分的海上工程的钢材料屈服强度（R）为 250Mpa～350Mpa，而半潜式平台采用的高强度钢 R 为 700Mpa。

尽管半潜式平台的发展迅速，但也有许多设计缺陷：由于其平台的固有垂荡频率与波浪频率接近，导致平台具有较剧烈的垂荡运动，进而影响平台的正常作业。同时，这也使得半潜式平台的作业成本和维护成本居高不下。但研究表明，若增加吃水深度则可以有效地改善传统半潜式平台的垂荡运动效应，因此深吃水平台逐渐得到发展。然而，深吃水意味着支撑立柱的长度也随之增大，从而变成细长的柱状结构，这就产生了新的问题——涡激运动（Vortex Induced Motions，VIM）。

常规的半潜式平台横摇和纵摇的固有周期在 40s～60s 之间，采用锚泊定位时的纵荡和横荡固有周期在 100s～200s 之间，这些固有周期均远离一般波浪能量范围，因此一阶波频运动较小。而在频率相近的二阶低频波浪力作用下，不仅会产生大幅度的低频慢摇纵荡和横荡运动，也会产生低频慢摇纵摇和横摇运动。

## 2.3　张力腿平台

### 2.3.1　发展历程

张力腿平台是使用垂向张力筋键连接平台和海底基础的浮式结构物，借助垂直向上的浮力作用可使张力筋键保持一定的预张力。当遭遇剧烈海况时，平台在预张力的作用下能够保持稳定。这种通过平台和海底基础的刚性连接可以减小平台垂向的运动，并使其运动周期远离波浪周期，因此可以在张力腿平台上使用干式采油系统。经过几十年的发展和优化设计，张力腿平台形成了多种不同的柱体结构形式，主要有传统型张力腿平台（Classic Tension Leg Platform，CTLP）、海星式张力腿平台（SeaStars Tension Leg Platform，SeaStars TLP）、最小截面式张力腿平台（Minimum Offshore Structure Equipment Structure Tension Leg Platform，MOSES TLP）和延展式张力腿平台（Extended Tension Leg Platform，ETLP）。自从 1984 年 Conoco 公司在北海 Hutton 油气田安装了世界第一座张力腿平台后，截止到目前，共建造有约 30 座不同结构形式的张力腿平台。

### 2.3.2 总体结构特点

张力腿平台是一种典型的顺应式平台，经过 30 多年的不断发展，已经形成了一种典型的结构形式。通常分为五部分，即平台上体、立柱（包括横撑和斜撑）、下体（沉箱）、系泊系统和锚固基础。一般将平台上体、立柱和下体合称为平台本体。

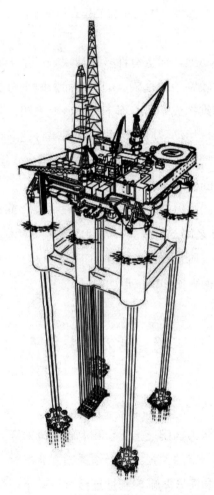

图 2-13　张力腿平台总体结构示意图

俯视布局呈矩形形状，一般由多根立柱连接平台上体和浮箱部分，立柱为圆形或者方形，主要承受平台的波浪力和海流力，并提供平台所需的结构刚度。浮箱位于水面以下，受波浪力较小，和立柱一起提供平台所需要的浮力。张力腿平台通过张力腿连接平台本体和锚固基础，张力腿数量与立柱一般是对应的，每条张力腿由 2～4 根张力筋腱组成，上端固定在立柱或浮箱上，下端与海底基座相连，或是直接连接在桩基顶端。海底基础将平台固定入位，主要有桩基和吸力式基础两种。中央井道位于平台本体的中心，通过顶张式立管系统连接上部平台和下部采油井系统，并支持干式采油树，便于后期油井的维修。

### 2.3.3 张力腿平台的水动力性能

张力腿平台通过垂直向下的平台本体重力、张力腿重力和预张力之和与垂直向上的浮力大小相等来达到平衡。在预张力的作业下，使平台在垂直方向上始终处于紧绷状态，垂向刚度较大，可近似认为刚性，因此平台的垂荡运动幅值较小，适合采用干式采油树系统。由于上部结构和浮箱通过立柱相连接，立柱沿水深方向的尺寸较大，即水平方向受力面积较大，因此张力腿平台水平方向遭受的波浪力大于垂直方向遭受的波浪力，所以平台在水平面内的运动近似为柔性，而水平方向遭受的波浪力可以通过平台的惯性来达到平衡，因此张力腿平台在深水采油平台中具有相对优良的水动力性能[3-6]。

张力腿平台始终处于张紧的垂直状态，平台的水平面运动将会和垂向运动相互耦合，但由于张力腿预张力的紧绷作用，能够使平台在张力腿系泊系统下拥有良好的垂向运动性能。张力腿平台垂荡运动的固有周期约为 2s～4s，横摇和纵摇固有周期均低于 5s，而其平面运动（横荡、纵荡）的固有周期均大于 100s，因此张力腿平台系统的运动固有频率均远离波浪的一阶频率，从而可以避免平台和波浪能量集中的频率发生共振，保证平台的受力合理，运动性能良好。

虽然张力腿平台具备良好的运动性能，但由于各个海区的环境条件和采油情况不尽相同，也会出现一些不足之处。随着作业水深的增加，张力筋键的增长会引起张力腿自重的急剧增大，加之在深水中的受力情况会发生改变，将影响平台的定位性能。另外张力腿平台立柱会遭受频率较低的波浪差频载荷，该载荷是一个缓慢变化的二阶载荷，将会与 TLP平台平面内的缓慢运动发生共振，加上同一频率范围内的风载荷，必将加剧平台的慢漂运动。在张力腿遭受波浪载荷的冲击中，包含波浪高阶水动力载荷的影响，此类高阶载荷会引起平台的平面外共振，称之为弹振或鸣振效应。高阶响应极大地影响了 TLP 平台和立管系统的强度，尤其是会降低结构的疲劳寿命，且随着水深的增加，对结构安全性的影响更大。

## 2.4 Spar 平台

### 2.4.1 发展历程

深吃水立柱式平台的应用有近 40 年的时间，在 20 世纪 80 年代以前，只在海洋石油天然气的开发中承担着协助的功能，如浮标、通信中转、石油存储、科考平台等。其中最有代表性的是 Brent Spar 平台，由 Royal Dutch Shell 公司于 20 世纪 70 年代建造并应用于北海海域，主要功能是装卸和储存石油[7]，如图 2-14 所示。需要说明的是，由于功能定位的不同，早期立柱式平台与 20 世纪 80 年代后提出的深吃水立柱式平台在结构上存在一些差别，例如 Brent Spar 平台的柱体并不连续，而是由分段甲板分成上下两段。

1996 年，J. Ray McDermott 公司受 Oryx 能源公司的委托，在墨西哥湾建造了全球第一座 Spar 平台 Neptune Spar，拉开了 Spar 平台深海油气开发的序幕，如图 2-15 所示。

图 2-14　Brent Spar 平台　　　　　　　图 2-15　Neptune Spar 平台

目前，建成并投入生产的深吃水立柱式平台共有 17 座，除了 Kikeh Truss-Spar 作业于马来西亚海域，剩余 16 座全部作业于墨西哥湾海域。

第一代 Spar 平台称为传统式（Classic Spar），平台主体为大直径、深吃水的规则单立柱式结构，如图 2-16（a）所示。1996 年至 1999 年间建成的 3 座 Spar 平台（Neptune Spar、Genesis Spar、Hoover Spar）均为第一代 Classic Spar。

第二代 Spar 平台是桁架式（Truss Spar），由美国 Kerr-McGee 公司于 2002 年提出并建造，安装在水深 914.4m 的墨西哥湾水域，命名为 Nansen。Truss Spar 利用桁架结构替代了第一代结构中的柱体下部，使壳体钢料重量降低一半。Truss Spar 平台中的垂荡板（Heave Plate）可以有效降低垂荡运动中的幅值，同时为立管提供横向支撑。如图 2-16（b）所示。

相对于第一代结构，Truss Spar 平台的优点主要体现在以下几个方面[8-10]：

- 降低平台主体部分的用钢量，建造成本低。
- 减少了吃水，使得分模块建造和运输成为可能，方便建造和运输。
- 桁架结构中安装了垂荡板，对平台的整体稳定性能有了极大的提升。
- 开放式桁架结构使得平台在水平方向上的受力面积减小，降低了该方向的位移幅值。
- 非封闭的桁架式结构方便了立管穿过。

第三代 Spar 平台是多柱式（Cell Spar），由美国 Kerr-McGee 公司提出，于 2004 年在墨西哥湾 Red Hawk 油田建成使用[11-12]。Cell Spar 平台主体结构由 6 个小圆柱组成，其中 3 个圆柱延伸至平台底部称为圆柱腿，圆柱腿底部设有压载水舱来控制重心及浮心位置，以确保平台的稳性性能。圆柱腿外同样安装垂荡板以抑制垂荡运动。Cell Spar 平台的最大优势在于解决了前两代产品中大直径圆柱体钢结构的生产、运输困难等问题，降低了成本。如图 2-16（c）所示。

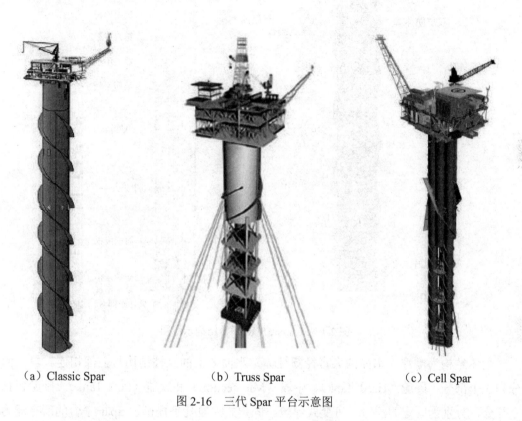

（a）Classic Spar　　　　　　（b）Truss Spar　　　　　　（c）Cell Spar

图 2-16　三代 Spar 平台示意图

## 2.4.2　总体结构特点

Spar 平台总体上可以分为 5 大系统，分别为上部结构、主壳体、中央井结构、立管、系泊设备等。平台结构分为 3 大部分，即上部结构、平台主体和系泊系统，其中上部结构和平台主体统称为平台的本体，如图 2-17 所示[13-16]。

上部结构是一个两层或三层的桁架式结构，为作业生产、人员休息和生活提供场所。其上各种设备设施的总布置方式与导管架平台相似，主要涵盖了石油天然气处理系统、人员舱室、直升机平台及其他设备，井口在上部结构的中央位置。为了防止波浪爬升等对上部结构的抨击，最下层结构至水面至少保持在 20m 以上的高度。

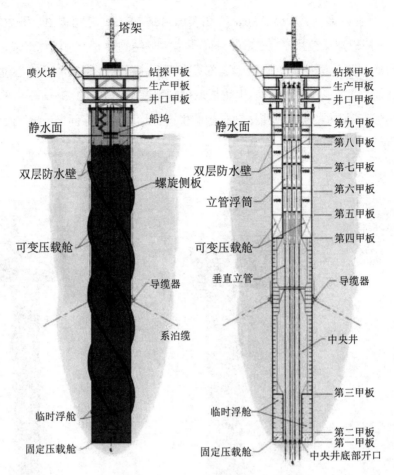

图 2-17　Classic Spar 平台结构示意图

　　主体结构为漂浮于水面的大直径圆柱体，水面之上的立柱结构与上部相连。自上而下分为 3 个部分：硬舱（Hard Tank）、中段（Mid-section）和软舱（Soft Tank）。硬舱包括两个部分，分别为固定式浮舱、可变式浮舱。固定式浮舱几乎提供了 Spar 平台的所有浮力，其内部设置了许多舱壁，特别为了提高平台的防碰撞能力，在水线处布置了 2 层水密舱壁。可变压载舱底部设有开口，可以通过压缩空气管道控制海水的流入与流出，起到调节平台稳性的作用。硬舱与软舱之间通过中段相连，Classic Spar 的中段是由内、外两层壳体组成的环形舱室结构，舱室具有储油的功能，环形舱室中间部分构成了平台中央井。Truss Spar 平台的中段为桁架式结构。软舱处于平台最底端，主要是作为固定压载，以确保重心低于浮心，从而提供了 Spar 平台的绝对稳性。Spar 平台主体的外部沿长度方向布置有螺旋侧板，一般为三片，其主要作用在于改变主体结构尾流旋涡的脱落模式，降低涡激运动的影响。

　　Spar 平台系泊应用的是半张紧悬链线系统。导缆器为定向滑轮，布置于主体结构的重心处，有利于降低系缆上的动力影响。通过位于平台主体顶端甲板的起链机，可以调节系缆的张紧程度，以保持系泊系统处于最佳工作状态。海底基础多采用大吸力锚，可以承受极大的载荷。

立管位于平台主体的中间部位，上部与甲板的各种设施连接，下部则直达海洋底处[17-19]。由于平台具有一定的垂向运动幅值，因而大多采用顶张式刚性立管（Top Tensioned Rises，TTR）。TTR 可以利用自身所带的浮筒提供预张紧，其垂向运动与平台主体运动解除了耦合作用，使得水深对 Spar 平台的影响程度降低。同时平台主体的中部布置了框架式结构，以避免浮筒与壳体发生撞击。

### 2.4.3　Spar 平台的水动力性能

Spar 平台的重心位置低于浮心位置这一结构属性，决定了其自身具有绝对稳性。由于其稳性并非来自于系泊系统，所以在系泊系统完全失效的状态下，Spar 平台也不会发生倾斜。下面从平台运动的六个自由度方向分别讨论 Spar 平台的水动力性能。

Spar 平台主体即为一座浮式立柱，其艏摇激励非常小，所以在大部分水动力研究中不考虑其艏摇响应。在纵荡和横荡方面，由于平台系缆始终处于半张紧状态，所以其水平方向上的位移相对比较小。Spar 平台设计时需要满足水平漂移量不超过海水深度的 4%，即使在系泊系统有损伤的情况下，这一值也不能超过 6%。Spar 平台纵摇和横摇与初稳性高 GM 值有关，即重心和稳心间的高度，设计中一般要求其最大组合角不超过 10 度。

总体而言，在 Spar 平台运动响应方面研究较多的是垂直方向上的垂荡运动和水平方向上的涡激运动。Spar 平台在垂直方向上运动刚度主要受其主体结构的水平截面积影响，系泊系统和静水压力的垂向刚度可以忽略。对于 Classic Spar 平台，其恒定的截面面积使得阻尼和自然周期较小，如果处于长周期涌浪环境下，会发生线性激励垂荡共振，垂荡响应幅值突增，同时导致纵摇耦合运动[20-21]。为了增大平台在垂直方向运动的阻尼，降低垂荡运动响应，Truss Spar 和 Cell Spar 平台上均布置了垂荡板。

由于 Spar 平台的主体就是一个漂浮于水面的立柱，立柱结构在来流条件下可能会发生涡旋的脱落，从而造成周期性的激振力引发涡激运动。如果涡激运动频率与结构自身运动的固有频率相近就会发生共振，而导致更大幅的运动。涡激运动是本书的主要研究内容。

## 2.5　新型单圆柱型海洋平台

### 2.5.1　国外新型单圆柱型海洋平台

除了前几节所提到的几种海洋平台外，各种新型圆柱型海洋平台的概念也不断被提出，如图 2-18 所示。

（a）Sevan Hull          （b）Monocolumn          （c）Buoyform

图 2-18　新型浮式圆柱型平台概念

图 2-18（a）为 Sevan Hull 公司（挪威）所提出的新型圆柱型海洋平台概念，它的主体结构是圆柱型且在平台舱部设置一圈龙骨结构。同时，Sevan Hull 平台采用锚泊和动力定位结合的定位方式。2009 年该概念成为现实，Sevan Driller 圆柱型超深水海洋钻探储油平台成为该想法的第一个成果。具体参数见表 2-2。

表 2-2　Sevan Driller 平台具体参数

| 平台高度/m | 主体圆柱直径/m | 工作水深/m | 钻深深度/m | 石油储存空间/桶 |
| --- | --- | --- | --- | --- |
| 135 | 84 | 3800 | 12000 | 15 万 |

此外，Brazil 石油公司提出 Monocolumn 平台概念，如图 2-18（b）所示。与 Sevan Hull 系列平台类似，主体结构为单立柱形式。不过由于 Monocolumn 平台结构的原因，其吃水深度较普通 Spar 平台要减少很多。值得一提的是，Monocolumn 平台的垂向和纵摇运动幅值很低，这也是其优点之一[22]。

Aker 公司（挪威）所设计的 Buoyform 概念平台，与上述两种新型圆柱型海洋平台不同，Buoyform 平台的立柱式结构较为特殊，为锥形，这使得它的冰载荷可以达到很高的数值，因此，Buoyform 平台可以更好地应用于寒冷海域，如极地等。

### 2.5.2　国内新型单圆柱型海洋平台

除了上述几类国外浮式圆柱型海洋平台，即 Sevan Hull、Monocolumn 和 Buoyform 三种外，我国在浮式圆柱型海洋平台上也在不断发展，例如在 2021 年 2 月上旬顺利出坞的"企鹅 FPSO"，如图 2-19 所示。

图 2-19　企鹅 FPSO

　　"企鹅 FPSO"是中国海洋石油工程青岛公司为英国北海企鹅油田项目建造的浮式生产储油卸油平台，该平台完工交付后，预计每日油存储能力达 40 万桶，油处理能力 3.5 万桶；平台总重约 1.6 万 t，尺寸 84/32m，吃水 7m，在海上可 3×4 点系泊；与 FPSO 常规的船体结构和模块整合工程相比，该平台的技术含量、建造难度、工艺水平更高，进一步提升了我国高端海洋工程装备的核心竞争力。

## 2.6　本章小结

　　本章重点研究了海洋油气开采中的浮式装备。第一节对海洋油气开发平台进行了概述，介绍了海洋平台的种类。第二、三、四节分别介绍了半潜式平台、张力腿平台和 Spar 平台的总体结构特点及水动力性能。第五节介绍了国内外的新型单圆柱型海洋平台。

## 参考文献

[33]　董艳秋，胡志敏，马驰．深水张力腿平台的结构形式[J]．中国海洋平台，2000，15（5）：1-5．

[34]　刘凯，郑德勇，张雨．基于半潜式海洋平台的建造研究[J]．化工管理，2014（35）：1．

[35]　杨雄文，樊洪海．TLP 平台结构型式及其总体性能分析[J]．石油机械，2008，36（5）：70-73．

[36] 董艳秋. 波、流联合作用下海洋平台张力腿的涡激非线性振动[J]. 海洋学报，1994（3）：121-129.

[37] 董艳秋. 深海采油平台波浪载荷及响应[M]. 天津大学出版社，2005.

[38] TAO W, ZOU J. Hydrodynamics in deepwater TLP tendon design[J]. Journal of Hydrodynamics, Ser. B, 2006, 18(3): 386-393.

[39] GROLIN J. Corporate legitimacy in risk society: The case of Brent Spar[J]. Business Strategy and the Environment, 1998, 7(4): 213-222.

[40] SINSABVARODOM C, WIDJAJA J H. The innovative hybrid Cell-Truss Spar Buoy Platform for moderate water depth[J]. Ocean Engineering, 2016, 113: 90-100.

[41] WANG J, LUO Y H, LU R. Truss Spar structural design for west Africa environment[C] //ASME 2002 21st International Conference on Offshore Mechanics and Arctic Engineering. American Society of Mechanical Engineers, 2002: 489-496.

[42] THECKUMPURATH B, DING Y, ZHANG J. Numerical simulation of the truss spar 'Horn Mountain'[C]//The Sixteenth International Offshore and Polar Engineering Conference. International Society of Offshore and Polar Engineers, 2006.

[43] FINN L D, MAHER J V, GUPTA H. The cell spar and vortex induced vibrations[C] //Offshore Technology Conference. Offshore Technology Conference, 2003.

[44] ZHANG F, YANG J, LI R, et al. Effects of heave plate on the hydrodynamic behaviors of cell spar platform[C]//25th International Conference on Offshore Mechanics and Arctic Engineering. American Society of Mechanical Engineers, 2006: 203-209.

[45] 唐友刚.海洋工程结构动力学[M].天津：天津大学出版社，2008.

[46] MASETTI I Q, COSTA A P S, SPHAIER S H, et al. Development of a concept of mono–column platform: MONOBR[J]. International Journal of Computer Applications in Technology, 2012, 43(3): 225-233.

[47] 徐琦. Truss Spar 平台简介[J]. 中国造船, 2002 (z1): 125-131.

[48] GORVE M A, CONCEIO A L, SCHACHTER R D. A concept design and hydrodynamic behavior of a Spar platform[C]//ASME 2003 22nd International Conference on Offshore Mechanics and Arctic Engineering. American Society of Mechanical Engineers, 2003: 307-315.

[49] TAHAR A, RAN Z, KIM M H.Hull/mooring/riser coupled spar motion analysis with buoyancy-can effect[C]//The Twelfth International Offshore and Polar Engineering Conference. International Society of Offshore and Polar Engineers, 2002.

[50] WANG X, ZHOU X, GINNARD A J, et al. Installation method evaluation of export

SCRs[C]//Offshore technology conference. Offshore Technology Conference, 2001.

[51]  WALD G M,CARTER R H, BEATTIE S M. Nansen/Boomvang Field Development-Riser Systems[C]//Offshore Technology Conference. Offshore Technology Conference, 2002.

[52]  TAO L, LIM K Y, THIAGARAJAN K. Heave Motion Characteristics of Spar Platform with Alternative Hull Shapes[C]//20th International Conference on Offshore Mechanics and Arctic Engineering. Rio de Janeiro, RJ, Brazil, OMAE2001/OFT-1352. 2001.

[53]  RHO J B, CHOI H S, SHIN H S, et al. Heave and pitch motions of a spar platform with damping plate[C]//The Twelfth International Offshore and Polar Engineering Conference. International Society of Offshore and Polar Engineers, 2002.

[54]  MASETTI I Q, COSTA A P S, SPHAIER S H, et al.Development of a concept of mono–column platform: MONOBR[J]. International Journal of Computer Applications in Technology, 2012, 43(3): 225-233.

# 第 3 章　浮式海洋风电装备

目前，世界各国都制订了应对全球气候变化的碳中和目标。全球能源结构的加速转型是由碳减排推动的，从不可再生化石能源时代向可再生新能源时代迈进。在能源革命的背景下，风电产业迎来了新的发展机遇。风力发电是一种利用风力涡轮机设备将风能转化为电能的发电方法，也是世界上利用风能的主要形式。风能是一种可再生能源，它是由自然界中气流产生的。与传统的不可再生能源相比，风能具有无污染、可再生、分布广等优点。被普遍认为是化石燃料的最佳替代品，并将成为未来电力供应的主力军。

在我国，陆地风力发电仍处于快速发展时期。然而，现有的陆地风能资源有限，陆地风力发电的发展越来越饱和。因此，为了促进国家能源结构的转型进程，更有效地开发利用风能资源，风电发展的主战场正逐步从陆地向海洋过渡，世界各国也将海上风能的开发放在重要的战略地位。根据中国 900 多个气象站的实测数据，中国国家气候中心计算，中国近海可开发风资源储量可达 7.5 亿 kW，约为陆地风资源的三倍。不言而喻，中国未来海上风能开发潜力巨大。与陆上风能相比，海上风能开发也有许多优势。

（1）海上风电厂的场地在海上，风电厂的建设不涉及土地征用，施工过程也不涉及民事问题；海上风电厂主要建在沿海城市附近，输电方便，损耗低。中国沿海城市工业比较发达，用电量大。风能可以作为沿海城市工业能源的有效补充；海上风电厂远离居民生活区，风力发电机组运行过程中产生的噪声和电磁波对居民的影响可降至最低。

（2）海上风速高，风速更稳定，可为风电机组提供长期稳定的高风速。因此，海上风力发电机组具有年运行时间长、运行稳定、使用寿命长、单机输出功率大、经济性效益高等优点。

（3）海上风力发电机组更容易向大型化、规模化方向发展。海洋面积辽阔，风能资源极其丰富。海上风电厂可以在海上大规模建设，规模的形成将产生更高的经济效益[2]。

据分析，2019 年海上风电新增装机容量达到 7.7GW，较 2018 年增长 79%。就各国海上风电而言，在 2019 年，中国装机容量为 2.55GW，英国装机容量为 2.27GW，德国装机容量为 1.65GW。新增装机容量分别占全球总装机容量的 33.1%、29.5% 和 21.4%，这是中国年新增装机容量首次位居世界第一。2019 年，就新增装机容量而言，全球海上风电市场迎来了历史性的一年。然而，受 2019 年新项目投资和收购规模下降的影响，2020 年全球海上风电总装机容量增速放缓，2021 年再次加速。新兴市场的不断发展和成熟是全球海上风电市场加速增长的重要原因。从 2020 年到 2024 年，预计全球海上风电平均每年新增装机容量约为

9GW，美国和法国将成为该市场的重要组成部分。从 2025 年到 2030 年，预计全球海上风力发电的平均年装机容量约为 19GW。日本、韩国、印度和其他国家将成为该市场的重要组成部分。到 2030 年，全球海上风力发电的累计装机容量预计将达到 188GW，其中，中国将达到 54.7GW，海上风电累计装机容量居世界首位；英国、德国和美国的海上风电累计装机容量分别达到 32.5GW、19.8GW 和 18.9GW，分别在全球海上风电市场排名第二、第三和第四。

尽管全球海上风力发电发展迅速，但大多数风力发电机（简称"风机"）仅安装在水深小于 20m 的海上区域。目前，这些在浅水区服务的海上风机的基础平台几乎都是固定基础（即风机平台基础与海底直接接触，一般包括单桩式、多桩式、导管架式等）。根据相关研究，大部分潜在可开发海上风资源分布在距海岸线 5km 以上的海域，这些海域的水深一般在 30m 以上[2]。目前，传统的固定式近海风机已不适合应用于水深较大的水域。由于固定式风机基础平台必须与海底直接接触，固定式风机基础平台的水下结构会随着水深的增加而自然增大，这样一来，塔径的增大会直接加大锚固的难度。整体结构的增加将大大增加平台的成本。因此，海上风机基础形式的选择将根据实际海水深度的不同而不同。在深水区，浮式风机基础的适用性和经济性相对较高，已成为深水区风能开发的首选基础设施。

1972 年，海上浮式风力发电机组的概念最早由麻省理工学院的 William Heronemus 教授提出的[3]。由于当时的技术限制和成本限制，这一想法无法真正实现。直到 20 世纪 90 年代中期，根据发展趋势，风能开发行业重新部署了研究资源，深水浮式风机的设计和制造也重新发展起来。浮式海上风力发电机总体结构主要由风机、塔架支撑结构和基础平台组成[4]。风机由轮毂、发电机机舱、风机叶片等部件组成。塔架支撑结构由连接在塔架和底部基础平台之间的支撑部分组成。不同配置的浮式风机的主要区别在于基础平台。由于海上浮式油气资源开发装备发展较为成熟，各种锚定系统、储水系统和压载系统已成功应用于各种浮式海洋平台，因此海洋浮式风机基础结构形式大量借鉴了浮式海洋平台的结构。根据浮式海上风机基础平台稳定平衡的不同方法，这些浮式风机基础大致可分为 Spar（单立柱型）、Semi-Submersible（半潜式）和 TLP（张力腿式）[5]。接下来，本章将对上述三种常见的浮式风力发电设备进行阐述。

## 3.1 Spar 型浮式风力发电机

### 3.1.1 Spar 型浮式风力发电机概念

目前，世界各地已开发出各种 Spar 型概念性浮式风力发电机。比较著名的是挪威的 Hywind&Sway、英国的 BlueH、美国的 Wind Float 等。

Spar 型浮式风机由浮体、塔柱和风机组成。图 3-1 为 Spar 型浮式风机（Hywind）[6]。

Spar 型浮式风机基础是由海上油气平台中的 Spar 浮筒结构延伸而来的，浮式基础的主体是圆柱型结构，主要用于提供上部结构的浮力和固定系泊链。横舱壁将浮体分隔成若干舱室，底部通常设置为固定压载舱，采用混凝土等材料作为压载物，并在水面附近设置双层防撞区。通过底部定压载舱使重心位于水面以下很深的位置。平台具有较大的恢复力臂和惯性阻力，以减小垂向激励力，降低平台在纵摇、横摇方向的运动响应幅度，从而确保风机在水中的稳定性。与其他浮式基础相比，Spar 型基础的主要优势是具有良好的动态响应和稳定性。此外，Spar 型浮式风机基础还具有成本低、易于拖曳和安装、灵活性好的优点。

图 3-1　Spar 型浮式风机（Hywind）

　　与海洋石油平台类似，Spar 型浮式风电基础结构同样受到涡激运动的影响。当海流经过时，立柱后方产生周期性涡旋脱离，进而产生周期性沿流向的拖曳力以及垂直于流向的升力。在此激励作用下，柱体发生周期性运动，柱体运动又反过来影响周围流场，这种流固耦合问题称之为涡激运动（Vortex Induced Motions，VIM）。锁定现象为涡激运动的重要特点之一，在一定来流速度范围内，柱体涡泄频率不再随速度的增加而增大，而是稳定在结构固有频率附近，同时振幅极大增加。涡激运动可能导致系泊系统的疲劳损伤，缩短其总体疲劳寿命。

### 3.1.2　OC3-Hywind Spar 型浮式风力发电机

　　美国可再生能源实验室（NREL）为 IEA Annex XXIII Offshore Code Comparison Collaboration（OC3）项目第 4 阶段设计了 OC3-Hywind Spar 型浮式风机，该机型基础平台主体结构是基于挪威 Statoil 公司设计的 Hywind 浮式风机进行参数修改的，平台上方搭载的是一个 5MW 的 NREL 基准风机，该风机设计工作海域水深为 320m[7]。本节将对 OC3-Hywind 作为浮体支撑结构的 NREL 风机系统的各个组成部分进行详细介绍。

　　（1）浮式风机平台主要参数介绍。OC3-Hywind 浮式风机的基础采用的是 Spar 型结构平台。系统总质量、重心高度、叶片等结构参数见表 3-1。

表 3-1 风机系统整体参数

| 项目 | 参数 |
|---|---|
| 系统总质量 | 8130315.388kg |
| 系统总重心高度（距离静水面下） | 77.383m |
| 叶片，控制系统 | 上风向，3 叶片，变转速，变桨距 |
| 叶片和桨毂直径 | 126m，3m |
| 桨毂中心高度 | 90m |
| 切入，额定和切出风速 | 3m/s，11.4m/s，25m/s |
| 切入和额定叶片转速 | 6.9r/min，12.1r/min |
| 额定叶尖速 | 80m/s |
| 悬臂长度，轴倾斜角，叶片预偏角 | 5m，5°，2.5° |

（2）塔架参数。浮式风机组的部件与陆上 5MW 风机组的基本相同。塔架结构是一个变直径圆柱体，壁厚随高度变化。塔架底部与静水面以上 10m 的浮式平台相接，塔架顶部通过偏航轴承与机舱相连，位置在静水面以上 87.6m 处。机舱可以围绕该轴承进行一些偏航调整。风塔中心线与平台中心线重合，平台中心线也是机舱偏航调整的中心轴，也称为偏航轴。塔架的结构参数见表 3-2。

表 3-2 塔架的结构参数

| 截面 | 塔架底部 | 塔架顶部 |
|---|---|---|
| 高度/m | 0 | 87.6 |
| 平均直径/m | 6.5 | 3.87 |
| 单位长度质量/（kg·m⁻¹） | 5590.87 | 2536.27 |
| 壁厚/m | 0.027 | 0.019 |
| 截面惯量/m⁴ | 2.925 | 0.551 |
| 截面积/m² | 0.658 | 0.298 |

（3）机舱和叶片参数。机舱与叶片的基本参数见表 3-3。

表 3-3 机舱与叶片的基本参数

| 项目 | 参数 |
|---|---|
| 偏航轴承距离静水面位置 | 87.6m |
| 桨毂质量 | 56780kg |
| 机舱质量 | 240000kg |
| 机舱重心沿下风向距离偏航中心轴的距离 | 1.9m |
| 机舱重心距离偏航轴承的距离 | 1.75m |
| 叶片长度（从叶根到叶尖） | 61.5m |
| 叶片总质量 | 17740kg |
| 叶片总重心（沿俯仰轴距叶根的距离） | 20.475m |

（4）浮式基础结构参数。浮式基础结构为单柱式 Spar 型结构，上下分别为两段不同直径的圆柱，中间是圆锥型过渡段。整个风机系统吃水为 120m，浮体和塔架连接处位于静水面上 10m。平台重心位于水线以下 90m 处，并通过压载舱调整吃水。表 3-4 详述了 Spar 型浮式基础结构的主尺度和质量、重心参数[8]。

表 3-4　Spar 型浮式基础结构参数

| 项目 | 参数 |
| --- | --- |
| 总吃水 | 120m |
| 平台质量 | 7466330kg |
| 水线以上平台高度 | 10m |
| 圆台上表面距水线距离 | 4m |
| 圆台下表面距水线距离 | 12m |
| 圆台以上部分圆柱直径 | 6.5m |
| 圆台以下部分圆柱直径 | 9.4m |
| 平台重心沿中心线向下距水线距离 | 89.9155m |
| 平台对重心横摇惯性矩 | $4229230000\text{kg}\cdot\text{m}^2$ |
| 平台对重心纵摇惯性矩 | $4229230000\text{kg}\cdot\text{m}^2$ |
| 平台对重心艏摇惯性矩 | $164230000\text{kg}\cdot\text{m}^2$ |

（5）锚链参数。OC3-Hywind 的锚链系统根据原 Hywind 实型设计，并对锚链系统的模型进行了简化，取消了原 Hywind 设计锚链中 "crowfoot" 三角形连接形式，采用 3 根锚链系泊定位，每根缆直接与平台相连。锚链系统的具体参数见表 3-5。

表 3-5　锚链系统的具体参数

| 项目 | 参数 |
| --- | --- |
| 锚链根数 | 3 |
| 相邻缆之间夹角 | 120° |
| 锚点距静水面距离 | 320m |
| 导缆孔距静水面距离 | 70m |
| 锚点距平台中心线水平距离 | 853.87m |
| 导缆孔距平台中心线水平距离 | 5.2m |
| 锚链未伸长长度 | 902.2m |
| 单根缆直径 | 0.09m |
| 单根缆等效线密度 | 77.7066kg/m |
| 单根缆在水中等效线重量 | 698.094N/m |
| 单根缆等效拉伸刚度 | 384243000N |
| 额外艏摇刚度 | 98340000N·m/rad |

### 3.1.3 Spar 型浮式风力发电机研究现状

近年来，无论是国家政策、科学研究还是企业投资都十分重视海上风电的开发和研究，各国海上风电产业也相继蓬勃发展。目前，国内外学者关于海上风电的研究已经有了较大进展，接下来本节将详述 Spar 型浮式风电的研究进展。

日本的 Tomoaki Utsunomiya 等人采用 1:22.5 的缩尺比，对 Spar 型基础结构的风电系统模型进行实验，分别模拟无风载荷和有风载荷作用，测量了系统在规则波和非规则波作用下结构的运动响应，并对结构作了详细数值分析，实验结果与数值分析结果吻合良好[9]。2011年，Tomoaki Utsunomiya 等人基于小型 Spar 模型在带风洞的水池中测试了两种结构在不同生存条件下的动态响应，并测试了系泊点位置对模型运动响应的影响；最后以大比例模型，开展了纵摇控制器对控制模型纵摇的实验，分析了系泊点位置对艏摇运动的影响规律。同年，Tomoaki Utsunomiya 等人在日本国家海洋能源研究所按照 1:34.5 的比例设计和制造了 Spar 型实验模型。通过模型实验测量了结构在冬季极端环境下的六自由度响应，验证了结构的安全性。

缅因大学的 Andrew J. goupee 等人根据美国可再生能源研究所的 5MW 风扇设计了三种不同类型的浮式基础（Spar，Semi-submersible，TLP）实验模型，同时详细介绍了三种模型的设计制作、运动控制和结构载荷加载等。对水池中的三种不同结构进行了从单一自由衰减到复杂风、波、流耦合的模型实验，详细比较了三种不同结构在不同实验条件下塔架的六个自由度的响应、发电机机舱的加速度大小和系泊系统的作用力等，这对指导今后的模型实验具有重要的现实意义[10]。

美国船级社（ABS）与国内外学者就国内外海上浮式风力发电的现状和存在的问题召开了探讨会。会上详细介绍了 ABS 浮式风电的研究现状和浮式风电结构 Windfloat 的性能，讨论了浮式风力发电设计中环境载荷的计算、模型实验方法、模拟工具的选择和系泊系统的设计，制定了 ABS 关于海上浮式风电行业的规范。

在国内，李德源、刘胜祥等人以一座 1.5MW Spar 型海上风电基础为模型，运用空间梁单元模拟风机圆筒形塔架的方法进行建模，分析了海上风机塔架的复杂外界载荷，研究了海上风机圆筒形塔架在随机风载荷和波浪载荷作用下的动力响应，这为整个海上风机系统的气动弹性分析、风机塔架振动分析和疲劳寿命分析提供了实用的分析方法[11]。

庞文彦、王晓天等人以一座 1.5MW Spar 型海上风电基础为研究对象，采用有限元软件 ANSYS 对海上风电结构进行建模，研究了海上风电结构的风、浪、流、冰载荷等主要载荷。还研究了海上风力发电结构在正常工况、极端波浪和极端冰况下的动力响应，校核了结构的强度和稳定性，并进行了极端波浪工况下的模态分析和瞬态动力分析，初步建立了海上风电结构外载荷计算的理论体系[12]。

李溢涵、唐友刚等人在美国国家可再生能源实验室（NREL）5MW 海上浮式风机基础上，结合 Spar 平台的特点，设计了一种海上风机 Spar 型浮式基础，在考虑风机与基础的整体模型、系泊系统与基础之间的耦合作用的情况下，研究了结构在规则波中的运动响应。分别分析了系泊系统的恢复力和波面上升对垂荡和纵摇耦合运动的影响。使用 SESAM 中的 Deep C 模块，对海上风机的整体模型进行时域分析[13]。

陈前、邹早建等人以海上单桩风机基础为模型，利用欧拉－伯努利梁理论对海上风机组支撑结构进行简化建模，并利用线性弹簧模拟了基础与土层的相互作用。分析了上部结构质量、风机整体重力和海水对海上风机组固有频率的影响。根据海上风机组结构复杂的海洋环境载荷特性，对海上风机组支撑结构在环境载荷作用下的结构响应进行了分析和预测，比较了各种环境载荷对支撑结构动力响应的贡献值，并预测了整个支撑结构动力响应的危险部位[14]。

张亮、吴海涛等人在哈尔滨工程大学船模水池以 5MW 风机为模型按照不同模型缩尺比设计了三种类型的浮式基础结构，采用定常载荷模拟风机气动载荷、弹簧悬链线模拟系泊系统的研究方法，对三种结构类型进行了实验和仿真计算，对比了不同结构在不同波浪形式作用下结构的垂荡、纵荡等动力响应[15]。

## 3.2　半潜式浮式风力发电机

### 3.2.1　半潜式浮式风力发电机概念

半潜式浮式风力发电机（以下简称"风机"）基础通常由斜撑、水平撑、大型浮筒（立柱）、压水板、系泊索和锚固系统组成。风力涡轮机可以放置在漂浮基础的中心柱上，例如荷兰的 Tri-floater（图 3-2），也可放置在边侧浮筒上，无须设置中间立柱，如美国 Principle Power 公司开发的 Wind Float（图 3-3）。浮式基础立柱的内部通常被分成多个舱室，一般分为永久压载舱和变压载舱，有些还在浮筒顶部设置机械储备舱。此类平台结构主要依靠其自身重力、锚泊预张力与所受浮力之间形成的平衡来保持垂向稳定，多柱结构使得这种平台通常比 Spar 结构具有更大的水线面面积，因此它可以为整个系统提供足够的回复力矩，以确保结构稳定性。半潜式浮式风机平台还具有移动运输方便、适合深水作业和可靠性高等优点。然而，由于大型浮筒结构将承受更大的波浪力，其纵荡运动较难控制。半潜式风机的制造可以在陆地上进行，然后运输到海上安装。它可以很容易地从一个工作海域拖到另一个工作海域，并适应不同深度的海洋环境。

图 3-2　荷兰 Tri-floater 风机

图 3-3　美国 Wind Float 风机

### 3.2.2　Tri-floater 半潜式浮式风机

Tri-floater 半潜式浮式风机是当前极具发展前景的浮式风机形式之一，此类型基础结构由三根立柱形成稳定的等边三角式浮体，其风机塔柱位于浮体中心位置处。Tri-floater 浮式风机基础概念由荷兰 Gusto MSC 公司与 ECN（荷兰能源研究中心）、TNO（荷兰应用科学研究院）、代尔夫特大学、MARIN（荷兰海事研究所）以及 Lagerwey 公司联合研究并于 2002 年提出[16]。近十几年，Tri-floater 浮式风机基础历经多次优化改进，已成为一种较为成熟的风机基础概念。2013 年 3 月，Tri-floater 浮式风机基础模型实验在 Marin 实验室圆满完成，Tri-floater 浮式风机概念已日趋成熟。由于海面上风速更稳定且平均风速比陆地风速大，因此海上风机组可以采用更大尺寸的叶片，进一步提高单机功率。

Tri-floater 半潜式浮式风机系统主要由发电机组系统、支撑系统和定位系统组成。风机叶片、桨叶轮毂及发电设备构成发电机组系统，塔柱及浮式平台基础构成支撑系统，定位系统采用悬链线系泊定位方式，其中浮式基础由立柱、垂荡板、撑杆等组成。本节将对 Tri-floater 浮式风机系统的各个组成部分进行介绍。

（1）浮式风机系统整体参数见表 3-6。

表 3-6　浮式风机系统整体参数

| 项目 | 参数 |
| --- | --- |
| 风机单机额定功率 | 5MW |
| 控制系统 | 变转速，全跨度桨距控制 |
| 叶片 | 上风向，3 叶片 |
| 桨毂直径 | 115m |
| 桨毂高度（距静水面） | 83m |
| 最大工作风速 | 25m/s |

| 项目 | 参数 |
| --- | --- |
| 叶尖速度比 | 8.0 |
| 风机系统总质量 | 2479t |
| 风机系统总重心高度（距平台底部） | 27.6m |

（2）半潜式浮式基础结构参数。Tri-floater 浮式风机系统的平台基础主要由立柱、垂荡板、撑杆组成，撑杆和扶强材连接三根平衡立柱，构成稳定的等边三角式浮体，每根平衡立柱下端加设垂荡板，用以增加浮体垂向附加质量和阻尼，充分抑制浮体垂荡和纵摇运动。整个风机系统的设计水深为 50m，吃水为 12m，浮式基础与塔架连接处位于静水面上 13m 左右。表 3-7 中详细列出了 Tri-floater 浮式平台基础的主尺度和静水力参数。

表 3-7　浮式基础结构主要参数

| 项目 | 参数 |
| --- | --- |
| 总吃水 | 12m |
| 立柱中心距 | 68m |
| 立柱直径 | 8m |
| 立柱高度 | 24m |
| 垂荡板直径 | 18m |
| 垂荡板厚度 | 8m～10m |
| 浮体排水量 | 2480t |
| 钢材总质量（不包括风机） | 1150t |
| 浮心垂向位置（距平台底部） | 5.3m |
| 基线与稳心高距离（KM） | 55.7m |

（3）塔架参数。塔架顶部与机舱通过轴承相连，围绕轴承，机舱可作一定的调整。塔架中心线与浮式基础中心线重合。塔架从底部开始，其直径从下往上均匀变小，壁厚也从下往上均匀变小。具体参数见表 3-8。

表 3-8　塔架参数

| 项目 | 参数 |
| --- | --- |
| 底部塔柱直径 | 7.5m |
| 底部塔柱厚度 | 42mm |
| 顶部塔柱直径 | 4.5m |
| 顶部塔柱厚度 | 10mm |
| 塔柱质量 | 332t |
| 塔柱长度 | 65m |
| 塔柱重心（距塔柱底部） | 31.1m |

### 3.2.3　半潜式浮式风力发电机研究现状

在风力发电技术飞速发展的环境下，国内外学者根据各自的研究领域和研究方向进行了大量的研究和验证。

荷兰 Gusto MSC 设计公司 Fons Huijs 等人根据 Tri-Floater 半潜式模型，选用 NREL 5MW 风机，结合 ANSYS-AQWA 和 PHATAS 软件实现气动－水动－伺服－弹性仿真，仿真结果表明，负载效果良好。进　步的研究表明，非耦合频域分析可用于评估初步设计中的整体波频运动响应，而无须实现完全耦合[17]。

挪威科技大学（NTNU）Torgeir Moan 等以 NREL 5MW 风机为原型，分别分析了在陆地基础、Spar 基础、TLP 基础和半潜式基础条件下风机传动系统的动载和疲劳载荷[18]。挪威科技大学 Zhengshun Cheng 等进一步研究了 OC4 半潜式浮动风机在使用水平轴风机（HWATS）和具有相同装机容量的垂直轴风机（VAWTS）时的极端结构响应和疲劳破坏，并进行了对比分析[19]。

韩国庆尚大学的 Thanh toan tran 选择了 OC4 半潜式风机平台，采用 CFD 方法和多体动力学方法分析了半潜式风机平台的动力耦合响应。同时，给出了锚链索恢复力和恢复力矩的时域明确数据[20]。

英国克兰菲尔德大学（Cranfield University）Debora Cevasco 等基于 OC4 半潜式平台，采用 5MW 达里厄垂直式（Darrieus type）风机，分析了两种锚链分析方法（准静态法和集中质量法）的计算结果，并对比验证了两种方法的差异[21]。

NREL 的 Jason M.jonkman 等人提出了气动－水动－伺服－弹性全耦合的分析软件 FAST。对于深 Cwind 半潜式概念模型，Andrew J.goupee 等人验证了实验数据和软件模拟数据[10]。根据已完成的软件 FAST v7，Fabian Wendt 等人继续开发具有多个模块和功能的 FAST v7，并根据 IEAIEA Task 30 的规定验证了 FAST v8 的功能，为后续的半潜式浮式风机研究作出了巨大贡献。

麻省理工学院的 Maija A. Benitz 等人通过计算流体动力学（CFD）软件 Hydro Dyn 和 Open FOAM 验证并比较了 OC4 Deep Cwind 半潜式浮式风机的水动力参数[22]。结果表明，在选择黏度系数时，需要考虑不同的几何形状。Maurizio Collu 等对 OC4 为浮式基础的 5MW 垂直轴海上风机作出了数值模拟和实验比对[23]。Wang Kunpeng 等对半潜式浮式风机在风浪流作用下的响应作出了频域内的分析[24]。Hyunkyoung Shin 等应用 FAST 软件对 5MW 浮式风机在不规则波下的运动响应作出了数值模拟分析[25]。

丹麦科技大学 Nadia Najafi 等应用立体视觉系统记录垂直轴浮动风扇的实验，并与 HAOC2 软件进行了实验和仿真结果的比较[26]。意大利米兰理工大学 Bayati I 等在势流理论下对 OC4 半潜式浮式风机在不同水深下的解进行了探索和模拟[27]。

在国内，哈尔滨工程大学的吴海涛设计了一个半潜式海上浮式风机平台模型，并建立了海上浮式风机的数值模型；在此基础上，制作了1:50的实验模型，并在水池中进行了水动力实验验证[28]。根据实验数据，其验证了垂荡板在半潜式浮式风机设计中的作用。验证结果表明，该数值模型能够真实反映浮式风机平台的运动特性。设计中增加了垂荡板，增加了垂荡和纵摇的固有周期和衰减系数，提高了浮式风机系统的稳定性。

哈尔滨工程大学的张亮等结合海上平台和陆上风机的特点，设计了一种三柱半潜式平台作为浮式风机的基础结构，并应用海洋工程商用软件SESAM对半潜式平台的完整性稳定性和破损稳定性进行数值分析，主要考虑平台大角度倾斜，舱室破损倾斜后，浮式风机是否会倾覆[29]。仿真结果表明，风机组在单舱或双舱损坏状态下不会发生倾覆，可以保证风电机组正常发电。天津大学唐友刚等针对5MW近海风场大动态响应问题，提出了半潜式浮式基础的概念设计，研究了半潜式浮式基础在不同风浪环境下的运动响应和生存能力，建立了考虑叶片气动载荷、风和波浪载荷以及浮式基础与系泊系统耦合的风机结构系统和水动力模型，计算分析了不同风浪作用下的浮式基础风机系统的时域动态响应，对半潜式浮式基础在极端海况下的生存能力进行了评估，给出了系泊系统在极端海况下的安全系数[30]。

天津大学刘中柏对5MW海上风机半潜式浮式基础的运动特性进行了模型实验研究，在1:50的比例下制作了与浮式基础相对应的风机系统模型，并设计添加了人工风电场来产生风载荷[31]。通过实验结果，对风电浮式基础在不同海况下的发电作业和生存能力进行了评价。

湖南大学彭春江等以Deep Cwind半潜式平台为基础结构模型，NREL以5MW风机为上风机，提出了一种基于二次脉冲响应函数法的海上浮式风机浮式平台二阶水动力计算方法[32]。在无风和有风条件下，计算了一阶水动力的单激励响应以及一阶和二阶水动力的共同激励响应。通过比较响应幅值谱和响应统计值，分析了二阶水动力的激励特性。结果表明，对于半潜式平台，慢漂移力和平均漂移力具有明显的激励效应，和频二阶水动力的激励效应可以忽略。

解放军理工大学石陆丰等设计了一种半潜式风力发电平台，利用ADINA软件建立了数值波浪水池[33]。首先对ITTC半潜式平台在规则波作用下的动力响应进行了数值模拟，验证了数值模拟方法的准确性，然后对新型浮基风力发电平台在波浪中的运动进行了数值研究。

## 3.3 张力腿式浮式风力发电机

### 3.3.1 张力腿式浮式风力发电机概念

张力腿式（TLP）浮式风机是在半潜式浮式风机平台的基础上开发的，如图3-4所示。

TLP 浮式风机不仅保留了半潜式系泊系统的柔顺特性，而且具有系泊系统垂向刚度大的特点。TLP 浮式风机基础结构主体包括四个部分：中心立柱、延伸臂、张力腿系泊系统和海底固定系统。TLP 浮式基础结构通过张力腿连接浮式平台基础和海底基础。与 TLP 海洋石油平台一样，其浮力大于平台重力。浮力不仅可以抵消重力，还可以与张力腿系泊系统进行预张力平衡，以保持风机平台结构的稳定性。

图 3-4  张力腿式（TLP）浮式风力发电机

TLP 浮式风机系统的浮式基础通常采用的是海上石油开采中较为经济的 Mini-TLP 结构。相比 Spar 型浮式风机，TLP 型浮式风机安装更为方便。由于其尺寸较小，可以完全在陆地上安装，减少了水上安装所带来的困难。TLP 浮式风机平台采用张力腿系泊系统固定在海底基础，这种张力腿系泊系统在垂直方向上类似于刚体，可以大大降低平台在垂直方向上的运动响应幅度。与 Spar 型浮式风机相比，TLP 浮式风机最大的优点是在恶劣环境下具有良好的运动性能和较低的成本。

### 3.3.2  UMAINE-TLP 浮式风力发电机

本节以 5MW 基准风机和 TLP 浮式支撑基础为例，对 TLP 浮式风机展开详细介绍。

（1）浮式风机参数描述。浮式风机整机系统主要是由顶部风机、浮体、塔架和锚泊系统构成，主要参数见表 3-9，列出了风机及支撑平台整体结构的主要结构布置及结构参数[34-35]。

表 3-9　TLP 浮式风机的主要参数

| 项目 | 参数 |
| --- | --- |
| 整体质量 | 1361000kg |
| 整体重心高度（距离静水面以上） | 64.06m |
| 整体排水量 | 2840000kg |
| 额定功率 | 5MW |
| 控制系统 | 变桨距，变转速 |
| 传动系统 | 高速多级齿轮箱 |
| 叶片布置形式 | 上风向，3 叶片 |
| 叶片直径，桨毂直径 | 126m，3m |
| 桨叶额定转速 | 12.1r/min |
| 桨毂中心高度 | 90m |
| 额定叶尖速 | 80m/s |
| 悬臂长度，轴倾斜角，叶片预偏角 | 5m，5°，2.5° |
| 额定风速 | 11.4m/s |

（2）UMAINE-TLP 浮体参数。UMAINE-TLP 为三根 TLP 平台结构。整个浮式风机系统吃水较浅，200m 水深下吃水为 30m，但其排水量很大，根据系统参数排水量为 2840t。表 3-10 给出了 UMAINE-TLP 的质量、惯性矩和主尺度等基本参数。

表 3-10　UMAINE-TLP 的基本参数

| 项目 | 参数 |
| --- | --- |
| 平台质量 | 612276kg |
| 平台对重心的横摇惯性半径 | 52.61m |
| 平台对重心的纵摇惯性半径 | 52.69m |
| 平台对重心的艏摇惯性半径 | 9.40m |
| 平台露出水面的高度 | 10m |
| 平台吃水 | 30m |

（3）桨叶参数。风机布置形式采用三桨叶等间隔形式，表 3-11 给出了风机桨叶的主要参数。

表 3-11　桨叶的主要参数

| 项目 | 参数 |
| --- | --- |
| 每根桨叶长度（从叶尖沿俯仰轴到叶根的距离） | 61.5m |
| 每根桨叶质量 | 17740kg |
| 桨叶重心位置（径向至叶根距离） | 20.475m |

（4）机舱和桨毂参数。机舱的主要参数见表 3-12。

表 3-12　机舱的主要参数

| 项目 | 参数 |
|---|---|
| 偏航轴承距离静水面位置 | 87.6m |
| 桨毂质量 | 56780kg |
| 机舱质量 | 240000kg |
| 机舱重心沿下风向距离偏航中心轴的距离 | 1.9m |
| 机舱重心距离偏航轴承的距离 | 1.75m |

（5）塔架参数。塔架为直径均匀变化的圆台状柱体，底部与浮体立柱相连，且比水平面高 10m。塔架高度为 77.6m，重心高度很高，顶端风机推力、气动力矩作用于塔架上偏航轴承处，会给塔架作用较大弯矩，对于塔架两端以及中部结构疲劳影响很大。塔架的主要参数可参见表 3-13。

表 3-13　塔架的主要参数

| 项目 | 参数数值 |
|---|---|
| 塔架高度 | 77.6m |
| 塔架质量 | 249718kg |
| 塔架重心沿中心线距静水面距离 | 43.4m |
| 塔架底部壁厚 | 0.027m |
| 塔架顶部壁厚 | 0.019m |
| 塔架底部直径 | 6.5m |
| 塔架顶部直径 | 3.87m |

（6）张力腿参数。UMAINE-TLP 采用的系泊结构为张力腿式系泊，其刚度很大，小变形下张力变化显著。张力腿系泊布置及单根张力腿参数见表 3-14。

表 3-14　张力腿系泊布置及单根张力腿参数

| 项目 | 参数描述 |
|---|---|
| 张力腿数量 | 3 |
| 相邻张力腿之间的夹角 | 120° |
| 锚点距平台中心线水平距离 | 30m |
| 锚点距静水面距离 | 200m |
| 导缆孔距平台中心线水平距离 | 30m |
| 导缆孔距静水面距离 | 28.5m |
| 张力腿未伸长长度 | 171.39m |

续表

| 项目 | 参数描述 |
|---|---|
| 单根张力腿直径 | 0.6m |
| 单根张力腿等效线密度 | 289.8kg/m |
| 单根张力腿等效拉伸刚度 | 7430000000N |

### 3.3.3　TLP 浮式风力发电机动力学研究现状

国外学者对 TLP 浮式基础的研究起步较早，并取得了较多的研究成果。

Hideyuki Suzuki 采用经典的边界元理论，修正了其叶尖轮毂和动态失速，编写了计算浮式基础六自由度运动引起的风机叶片附加载荷的程序，并对其强度进行了分析。同时，他进行了缩尺比为 1:100 的模型实验，与计算结果吻合较好。研究结果表明，浮式基础的横摇、纵摇运动在风机叶片的根部具有较大的附加载荷，这对风机的结构强度和疲劳有很大的影响。但是，如果采用内陆风机会大大降低风力涡轮机的疲劳寿命[36]。

基于叶素动量理论和线性波浪理论，Wishee 等计算分析了 1.5MW TLP 浮式风机在风浪联合作用下的耦合运动响应。计算表明，浮体波浪载荷中兴波阻尼和黏性阻尼的幅值大致相同，风机的气动载荷满足线性叠加条件[37]。

Nematbakhsh 等人基于 CFD 和势流理论对 TLP 浮式风机系统进行建模和分析。研究结果表明，CFD 方法和势流理论方法的计算结果相似，在微幅波作用下，CFD 方法计算的运动幅度较大[38]。

Buhl 等人比较了 MIT 开发的 TLP 浮式风机和驳船型浮式风机的运动幅度，并分析了影响因素[39]。

Jessen 等人利用 MATLAB 软件和 FAST 软件对 TLP 型浮式风机系统建立了气动—液压—伺服弹性模型，并将该数值模型结果与 1:35 的实验模型结果进行对比分析。研究发现，在仅有波浪的情况下数值仿真结果与实验结果吻合较好，在仅有风的情况下仿真气动性能优于实验气动性能[40]。

Shimada 等人对 2.4 MW TLP 浮式风机进行了结构优化设计，并研究了结构尺寸对张力筋和塔架加速度的影响。计算结果表明，立柱的直径和高度对系泊张力具有正相关影响，并且可以降低风机塔的运动响应振幅[41]。

Nihei 等人通过 1:100 模型实验研究了 TLP 浮式风机的风浪耦合运动。结果表明，改变 TLP 锚泊系统的预张力可以显著改善浮体的纵摇响应以及张力筋腱的振动幅度[42]。

在基于风压理论计算上层风载荷的条件下，Wayman 等人利用频域计算方法开发了 TLP 浮式风机耦合运动计算程序。该程序可以获得浮式风机平台的附加质量、辐射阻尼和规则波载荷[43]。然而，在修改后的程序中不能考虑浮动风扇系统运动的瞬态特性。

国内学者对固定式或半潜式浮式风机的研究较多，对 TLP 浮式风机的研究较少。台北船舶设计与开发中心计算分析了 Spar、半潜式和 TLP 浮式风机基础在风载荷、波浪载荷和海流载荷共同作用下的运动响应特性。风载荷采用叶素动量理论计算；波浪采用规则波和 JONSWAP 谱，波浪载荷采用莫里森公式计算；海流载荷采用经验公式计算。计算和分析结果表明，与陆上固定风机相比，风速剧烈波动引起的风载荷对浮式风机系统的整体运动幅度有很大影响[44]。

葛沛等人比较了 Spar、半潜式和 TLP 浮式风机基础在给定水深下的运动响应性能。计算结果表明，TLP 浮式基础比其他两种基础具有更好的耐波性和稳定性[45]。天津大学的黄虎计算了 TLP 海上浮式风力涡轮机的结构动力特性[46]。哈尔滨工业大学任年鑫设计了一种 TLP 形式的新型浮式系统，并进行了风洞浪槽联合模型实验[47]。湖南大学萧志莹对海上浮式风机基础进行了结构优化设计和强度校核[48]。

综上所述，目前对于浮式风力发电系统的研究大多集中在浮式基础的水动力研究上，而上部风机的负荷计算大多以简化的方式进行，未考虑实际情况下风机复杂受力条件对浮式风机系统的影响；对于浮式基础的计算，大多采用线性波动理论和莫里森公式，不考虑高阶非线性波浪载荷的影响；浮式风机系统系泊系统的动力响应分析不足。

## 3.4　本章小结

本章主要对三种不同基础结构的海上浮式风机作了详细介绍。第一节对 Spar 型浮式风机的概念、结构参数、研究现状分别进行了详细阐述，第二节对半潜式浮式风机的概念、结构参数、研究现状分别进行了详细阐述，第三节对张力腿式浮式风机的概念、结构参数、研究现状分别进行了详细阐述。

## 参考文献

[1]　张育超，徐鹏程. 海上风电现状及发展趋势研究[J]. 山东工业技术，2017（16）：228.

[2]　FAILLA, GIUSEPPE, ARENA, et al. New perspectives in offshore wind energy Introduction[J]. Philosophical transactions of the Royal Society. Mathematical, physical, and engineering sciences, 2015, 373(2035).

[3]　HERONEMUS W E. Pollution-free energy from offshore winds [C]. Washington DC: Proceedings of The 8th Annual Conference and Exposition Marine Technology Society, 1972.

[4]　JONKMAN J M, MATHA D. Dynamics of offshore floating wind turbines—analysis of three concepts[J]. Wind Energy, 2011, 14(4):557-569.

[5]　LIU Y C, LI S, QIAN Y, et al. Developments in semi-submersible floating foundations supporting wind turbines: A comprehensive review[J].Renewable & sustainable energy reviews, 2016.

[6]　SKAARE B, HANSON T D, NIELSEN F G, et al.Integrated dynamic analysis of floating offshore wind turbines. 2007.

[7]　HENDERSON A R, WITCHER D, GARRAD M, et al. Floating support structures enabling new markets for offshore wind energy[C]//European Wind Energy Conference 2009. 2009.

[8]　JONKMAN J. Definition of the Floating System for Phase IV of OC3[J].Scitech Connect Definition of the Floating System for Phase IV of Oc3, 2010:509-513.

[9]　UTSUNOMIYA T, SATO T, MATSUKUMA H, et al. Experimental Validation for Motion of a SPAR-Type Floating Offshore Wind Turbine Using 1/22.5 Scale Model[C]//Asme International Conference on Ocean. 2009.

[10]　GOUPEE A J, KOO B J, KIMBALL R W, et al. Experimental Comparison of Three Floating Wind Turbine Concepts[J]. Journal of Offshore Mechanics and Arctic Engineering, 2014.

[11]　李德源，刘胜祥，张湘伟. 海上风力机塔架在风波联合作用下的动力响应数值分析[J]. 机械工程学报，2009，45（12）：46-52.

[12]　庞文彦. 海上风力发电结构性能分析研究[D]. 哈尔滨：哈尔滨工程大学，2010.

[13]　李溢涵. 海上风机 Spar 型浮式基础的运动特性研究[D]. 天津：天津大学，2012.

[14]　陈前. 海上风力发电机组支撑结构环境载荷及响应预报[D]. 上海：上海交通大学，2011.

[15]　张亮，吴海涛. 海上浮式风力机技术现状及难点[C]//中国农业机械工业协会风能设备分会 2013 年度论文集（上），2013:336-342.

[16]　BULDER, HEES, HENDERSON, et al. Study to feasibility of and boundary conditions for floating offshore wind turbines. 2002.

[17]　HUIJS F, BRUIJN R D, SAVENIJE F. Concept Design Verification of a Semi-submersible Floating Wind Turbine Using Coupled Simulations[J]. Energy Procedia, 2014, 53:2-12.

[18]　KVITTEM M I, MOAN T. Frequency Versus Time Domain Fatigue Analysis of a Semi-Submersible Wind Turbine Tower[J]. Journal of Offshore Mechanics and Arctic Engineering, 2014, 137(1):011901.

[19]　CHENG Z, MADSEN H A, CHAI W, et al. A comparison of extreme structural responses and fatigue damage of semi-submersible type floating horizontal and vertical axis wind turbines[J]. Renewable Energy, 2017, 108(AUG.): 207-219.

[20]　TRAN T T, KIM D H. The coupled dynamic response computation for a semi-submersible platform of floating offshore wind turbine[J]. Journal of Wind Engineering & Industrial

Aerodynamics, 2015, 147:104-119.

[21] CEVASCO D, COLLU M, HALL M, et al. On the Comparison of the Dynamic Response of an Offshore Floating VAWT System When Adopting Two Different Mooring System Model of Dynamics: Quasi-Static vs Lumped Mass Approach[C]//Asme International Conference on Ocean. 2017.

[22] BENITZ M A, SCHMIDT D P, LACKNER M A, et al. Validation of Hydrodynamic Load Models Using CFD for the OC4-DeepCwind Semisubmersible[C]//Asme International Conference on Ocean. 2015.

[23] COLLU M, BORG M, RIZZO N F, et al. FloVAWT: Further Progresses on the Development of a Coupled Model of Dynamics for Floating Offshore VAWTS[C]//International Conference on Ocean, Offshore and Arctic Engineering. 2014.

[24] WANG K P, JI C Y, XUE H X, et al. Frequency domain approach for the coupled analysis of floating wind turbine system[J]. Ships and Offshore Structures, 2017, 12(6).

[25] SHIN H, KIM B, DAM P T, et al. Motion of OC4 5MW Semi-Submersible Offshore Wind Turbine in Irregular Waves[C]//ASME 2013 32nd International Conference on Ocean, Offshore and Arctic Engineering. 2013.

[26] NAJAFI N, PAULSEN U S. Operational modal analysis on a VAWT in a large wind tunnel using stereo vision technique[J].Energy, 2017, 125: 405-416.

[27] BAYATI I, GUEYDON S, BELLOLI M. Study of the Effect of Water Depth on Potential Flow Solution of the OC4 Semisubmersible Floating Offshore Wind Turbine[J].Energy Procedia, 2015, 80: 168-176.

[28] WU H T, JIANG J, ZHAO J, et al. Dynamic Response of a Semi-Submersible Floating Offshore Wind Turbine in Storm Condition[J].Applied Mechanics and Materials, 2012, 260-261: 273-278.

[29] 张亮, 邓慧静. 浮式风机半潜平台稳性数值分析[J]. 应用科技, 2011, 38 (10): 13-17.

[30] 唐友刚, 桂龙, 曹菡, 等. 海上风机半潜式基础概念设计与水动力性能分析[J]. 哈尔滨工程大学学报, 2014, 35 (11): 1314-1319.

[31] 刘中柏. 海上风电浮式基础运动特性试验研究[D]. 天津: 天津大学, 2014.

[32] 彭春江, 胡燕平, 程军圣, 等. 海上浮式风电机半潜式平台二阶水动力计算与响应特性分析[J]. 中国机械工程, 2016, 27 (07): 957-964.

[33] 石陆丰, 程建生, 段金辉, 等. 半潜式浮基风电平台设计及波浪动力响应分析[J]. 船舶与海洋工程, 2015, 31 (01): 13-19.

[34] JONKMAN J M, BUTTERFIELD S, MUSIAL W, et al. Definition of a 5MW Reference

Wind Turbine for Offshore System Development[J].office of scientific & technical information technical reports, 2009.

[35] KOO B J, GOUPEE A J, LAMBRAKOS K F, et al. Model Tests for a Floating Wind Turbine on Three Different Floaters[C]//ASME 2012 31st International Conference on Ocean, Offshore and Arctic Engineering. 2012.

[36] SUZUKI H, SATO A. Load on Turbine Blade Induced by Motion of Floating Platform and Design Requirement for the Platform[C]//ASME 2007 26th International Conference on Offshore Mechanics and Arctic Engineering. 2007.

[37] WITHEE J E. Fully coupled dynamic analysis of a floating wind turbine system[J]. Massachusetts Institute of Technology, 2004.

[38] NEMATBAKHSH A, BACHYNSKI E E, GAO Z, et al. Comparison of wave load effects on a TLP wind turbine by using computational fluid dynamics and potential flow theory approaches[J]. Applied Ocean Research, 2015.

[39] JONKMAN J, BUHL M. Development and Verification of a Fully Coupled Simulator for Offshore Wind Turbines: Preprint[C]//45th AIAA Aerospace Sciences Meeting and Exhibit. 2013.

[40] Jessen, Kasper, Laugesen, et al. Experimental Validation of Aero-Hydro-Servo-Elastic Models of a Scaled Floating Offshore Wind Turbine[J]. Applied Sciences, 2019, 9(6):1244-1244.

[41] SHIMADA K, MIYAKAWA M, OHYAMA T, et al. Preliminary Study on the Optimum Design of a Tension Leg Platform for Offshore Wind Turbine Systems[J]. Jfst, 2011, 6(3):382-391.

[42] NIHEI Y, MATSUURA M, FUJIOKA H, et al. An Approach for the Optimum Design of TLP Type Offshore Wind Turbines[C]//Asme International Conference on Ocean. 2011.

[43] WAYMAN E N, SCLAVOUNOS P D, BUTTERFIELD S, et al. Coupled Dynamic Modeling of Floating Wind Turbine Systems: Preprint[J]. Wear, 2006, 302:1583–1591.

[44] CHEN Z Z, TARP-JOHANSEN N J, JENSEN J J. Mechanical Characteristics of Some Deepwater Floater Designs for Offshore Wind Turbines[J].Wind Engineering, 2016.

[45] 葛沛. 海上浮式风力机平台选型与结构设计[D]. 哈尔滨：哈尔滨工程大学，2012.

[46] HUANG H, ZHANG S R. Dynamic Analysis of Tension Leg Platform for Offshore Wind Turbine Support as Fluid-Structure Interaction[J]. China Ocean Engineering, 2011, 25(01): 123-131.

[47] 任年鑫. 海上风力机气动特性及新型浮式系统[D]. 哈尔滨：哈尔滨工业大学，2011.

[48] 肖志颖. 海上风机基础水动力特性的研究[D]. 长沙：湖南大学，2016.

# 第 4 章　圆柱体涡激运动问题的提出

置于水中的圆柱体结构在一定来流速度下，其后方会产生周期性的涡旋脱落，致使结构受到垂直于流向的升力以及沿流向的拖曳力。如果柱体为弹性支撑，在此激励作用下，则会发生周期性的振动，柱体振动又会影响流场，这种流固耦合现象称为涡激振动（VIV）。早期涡激振动的研究主要集中于海底管道、电缆、立管等细长柔性体。随着浮式海洋结构物的广泛应用，人们发现 Spar 平台、Monocolumn 平台、Spar 型浮式风机基础等所包含的立柱式结构，在一定流速下也会发生涡激振动现象。为了加以区别，将这种长径比较低且漂浮于水面的刚性结构物的涡激振动现象称为涡激运动（VIM）。

## 4.1　涡激振动

### 4.1.1　涡激振动发生的原因

当波浪和海流流经立管（细长圆柱体）时，在一定的流速条件下，可在立管两侧交替地形成一对固定对称的旋涡，该旋涡引起的周期性阻力可使圆柱体在来流方向发生振动，即所谓线内（in-line）振动或纵向振动；随着流速的增大，可在立管两侧交替地形成强烈的旋涡，旋涡脱落会对立管产生一个周期性的可变力，使得立管在与流向垂直的方向上发生横向振动，又称为垂向振动（cross-flow）。与此同时，旋涡的产生和泄放，还会对柱体产生顺流方向的拖曳力，这也是周期性的力。但它并不改变方向，只是周期性地增减而已，这会引起立管的纵向振动。结构的振动反过来又对流场产生影响，使旋涡增强，振动加剧。

在一般情况下，纵向振动比横向振动幅值约小一个数量级，频率约是其两倍。当旋涡脱落频率与立管固有频率接近时，将引起立管的强烈振动，旋涡的脱落过程将被结构的振动所控制，从而使旋涡的脱离和管道的振动具有相同的频率，发生"锁定（lock-in）"现象。锁定现象的产生并不会马上使立管产生破坏，但会加剧立管的疲劳累计损伤。旋涡脱落现象在管道工程结构中较为普遍，其诱发大的大幅值振动，将对立管产生很大的影响。

近年来的大量实验和研究表明，立管的横向振动和纵向振动都对整个立管系统的疲劳破坏有不可忽略的作用。在低流速情况下，低阶的立管模态是由张力控制的，这时的立管疲劳主要是由纵向振动引起的；在高流速情况下，高阶的立管模态是由弯矩控制的，这时的立管疲劳主要是由横向振动引起的。

当圆柱结构尾流流场产生漩涡脱落时，旋涡交替地从圆柱的每一侧脱落，从而对结构产生周期性的作用力。这种由流体运动产生脉动激振力使弹性连接的细长圆柱体产生振动，甚至可能诱发大幅振动，产生破坏作用。具体地，流体（包括水流和气流）运动时，对结构物的作用有以下几种方式[1]。

（1）沿流向的拖曳力。拖曳力的大小同水质点速度的平方成正比，所以较小的流速也会产生较大的拖曳力。同波浪的作用力相比，尤其是同波长较小的风成波的作用力相比，流力对结构物的影响重大。

（2）与流向垂直的升力。升力来自于结构周围形成的特定的流场，它可能是由于在结构尾端出现的"旋涡泄放"，也可能是由于特定的结构外形与水流方向的组合而造成的。这两种情况都可能发生以流固耦合作用为特点的强烈结构振动：前者即涡激振动，后者会出现跳跃振动（也称超驰振动，驰振）或颤振。

（3）作为不稳定流运动的波浪和紊流（湍流）也会引起结构的振动。

（4）水流会使波浪的特性参数如波长、波陡、波速等发生改变，流速与波速越接近，这种影响越显著。当水流经过一固定结构物时，会在结构尾部的水面造成一种驻波，类似于船的兴波。水面的变化，自然也会影响作用在结构物上的载荷。

流固耦合时，流体与结构的相互作用是动态的。流体运动产生的拖曳力、升力使结构发生变形和运动，而结构的运动又随时改变着它同流体运动之间的相对位置和相对速度（大小、方向），从而改变了流体力。

流体与结构之间的相互作用取决于流体和结构两大方面的因素，主要是：

（1）流体的密度和流体的速度（大小、方向）；

（2）结构的尺度和形状；

（3）结构的刚度、质量及其分布。

### 4.1.2　涡激振动的工程实用分析法

目前工程中分析旋涡引起的结构振动时，常采用简化的方法。基本的做法是：根据典型情况下的实验数据，通过对实际结构和流体基本参数的计算，判断发生旋涡引起振动的可能性。这些无因次的基本参数如下。

（1）质量参数 $\bar{m}/\rho D^2$，其中 $\rho$ 为流体密度，$D$ 为结构的特征尺寸（如对于圆柱体，$D$ 为圆柱直径），$\bar{m}$ 称为有效质量（单位长度上）。为确定 $\bar{m}$，将实际结构转化为一个等效柱体，后者具有与实际结构相同的受流体作用的面积、模态和频率，其高度等于水深，如图 4-1 所示。使这个等效柱体的总动能同实际结构的总动能相等，可以由下式确定有效质量：

$$\overline{m} = \frac{\int_0^L m(z)\big[y(z)\big]^2\,\mathrm{d}z}{\int_0^d \big[y(z)\big]^2\,\mathrm{d}z} \tag{4-1}$$

式中，$m(z)$——实际结构沿高度 $z$ 的单位长度质量分布；

$\quad\quad\ y(z)$——实际结构的模态函数；

$\quad\quad\ L$ 和 $d$——实际结构的高度和水深。

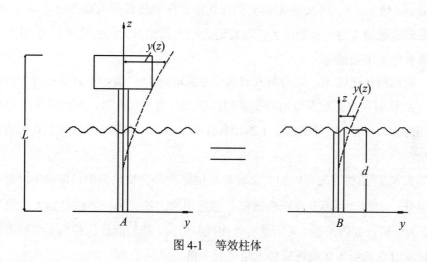

图 4-1    等效柱体

（2）约化速度 $v/f_\mathrm{n}D$。共振条件（$f_\mathrm{n}=f_\mathrm{s}$）下，约化速度就是 Strouhal 数 $S_\mathrm{t}$ 的倒数。

（3）约化阻尼系数 $2\overline{m}\delta/\rho D^2$，其中 $\delta$ 为阻尼对数衰减率，$\delta=2\pi\zeta=2\pi C/C_\mathrm{c}$；$\zeta$、$C$、$C_\mathrm{c}$ 分别为阻尼比、阻尼系数和临界阻尼系数，$C_\mathrm{c}=2\sqrt{\overline{m}K}$，$K$ 为结构的刚度。约化阻尼是有因次的阻尼系数 $C$ 通过 $\rho f_\mathrm{n}D^2$ 而标准化了的，因 $C=2\overline{m}f_\mathrm{n}\delta$，故 $C/\rho f_\mathrm{n}D^2=2\overline{m}\delta/\rho D^2$。

从工程设计角度，首先应注意对振动影响较重要而实际变化又较复杂的流速 $v$ 的选取。在流速的时间分布上，由于旋涡引起的振动所需要的激发时间仅相当于 10～15 个振动周期，所以设计中可以采用连续 10 个周期平均流速的最大值作为设计依据。在流速的空间分布上，应考虑主要模态最大振幅处的流速，例如在悬臂梁的基本模态中，接近于流体表面处的流速。在设计中可以采用该处振幅超过其最大值的 90%时相应全高度上的平均流速。

### 4.1.3    防止和抑制涡激振动的方法

为防止或抑制涡激振动，可以采用两类方法：①通过调整结构本身的动力特性，以减小其在涡旋作用下的响应；②通过干涉和改变旋涡发生的条件和尾流流态，以达到减弱流体所产生的振荡力的目的。

（1）第一类方法是在结构设计中遵循一定的准则，着眼于控制两个参数：约化速度 $v_\mathrm{r}=v/f_\mathrm{n}D$ 和约化阻尼系数 $K_\mathrm{s}=2\overline{m}\delta/\rho D^2$。在设计中使 $v_\mathrm{r}$ 和 $K_\mathrm{s}$ 均保持在规定的范围内。

如前所述，当约化速度 $v_r = 5$ 时，$v_r$ 也就是在 $f_s = f_n$ 条件下 Strouhal 数 $S_t$ 的倒数。一般以此作为（圆柱体）旋涡产生共振响应的控制条件。对于一定的结构条件（$f_n$ 及 $D$ 已定时），当实际的流速 $v$ 使约化速度 $v_r$ 接近于 5 时，这时的 $v$ 称为临界流速。结构的刚度越高（即 $f_n$ 越大），直径 $D$ 越大时，其相应的临界流速也越高。所以，从设计角度，应当合理提高临界流速，以避免发生涡激振动，为此，可以提高结构的刚度或直径。此外，如果改变截面形状（如采用方形、矩形、三角形等），也可以在一定程度上提高临界流速，因为这些非圆形截面的 Strouhal 数低，非圆形截面的临界约化速度高于圆形截面的临界约化速度。但是另一方面，非圆形截面的曳力却显著增大，而且还会产生其他形式的振动（如超驰振动），所以工程上还是首先采用圆截面。

对于一定的约化速度 $v_r$，结构响应的大小主要取决于 $K_s$ 值，也就是取决于结构的能量吸收能力。$K_s$ 值对横向振动及顺流向振动的影响为：当 $K_s \to 0$ 时，顺流向振幅为 0.2$D$，而横向振幅约为 2$D$。而当 $K_s$ 分别超过 1.2（顺流向）或 1.8（横向）时，两个方向的涡激振动都将被抑制。

为了加大 $K_s$，当然首先可以加大质量 $\overline{m}$，但这样却会使结构的自振频率降低，因而使临界流速降低。因此这并不是在一般情况下都适用的方法。另一方法是加大系统的阻尼。例如图 4-2 为一种外部阻尼器，采用悬链外加橡胶套筒。链的质量约相当于结构质量的 5%。通过结构振动时它的拍击作用可以加大阻尼近 3 倍。

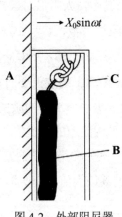

图 4-2　外部阻尼器

（2）第二类方法是流体力学方法，即阻止旋涡的形成和强化。可以采用不同形式的，设在结构表面及尾流范围内的扰流装置，以改变分离点的位置，破坏旋涡形成所必需的长度、位置及其相互作用，从而防止旋涡的形成和泄放、抑制结构的振动。目前，这种抑制装置已有许多型式，其中常见的有螺旋侧板、透空套筒以及附在结构尾部的塑料飘带等。这样的做法自然会使阻力有所增大。

## 4.2　涡激运动

自 20 世纪 90 年代第一座 Spar 平台投产使用以来，就已多次出现涡激运动现象[2]。2001 年，Genesis Spar 在其作业海域的涡流作用中发生了大幅度的涡激运动响应，极大地超出了设计预报值[3]。对海上浮式平台而言，涡激运动会对系泊系统和立管系统的疲劳寿命带来不利影响。平台设计中，如果忽略涡激运动，仅考虑一阶六自由度运动和二阶水平运动，那么疲劳分析及锚链张力数据均偏小。因此，涡激运动是浮式圆柱型海洋结构物的一个重要特性，是设计、建造及应用过程中需要重点考虑的因素之一。

### 4.2.1　引起涡激运动的海域环境

目前正在服役的 Spar 平台，绝大部分位于墨西哥湾。引起该海域平台涡激运动的因素主要是环流和飓风流。这两种海流均具有较高的流速，能够引起 Spar 平台产生较大的涡激运动幅值。

墨西哥环流是盘桓于墨西哥湾东部，海水由尤卡坦海峡进入，自佛罗里达海峡流出。一般时隔半年到一年左右，会在该区域形成一个直径达 200mile 的旋涡产生，并频繁进入海洋平台服役区域。并且，多个旋涡有可能同时出现，引起的海流在较大水深处（150m～200m）仍保持较高流速，流速超过 4kn，极易造成海洋平台涡激运动[4]。由于环流作用深度较大，且流速变化不大，一般采用均匀流来模拟流场环境。

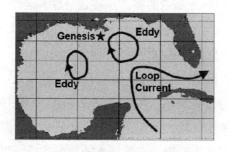

图 4-3　墨西哥湾环流及其引起的旋涡

飓风流又称为飓风惯性流，流速比环流速度更大，但其作用的海水深度较环流要浅。这种情况引起的涡激运动的可能性较小，但飓风流环境下波浪较大，涡激运动与波浪联合作用是海洋平台设计时需要考虑的重要工作[5]。飓风流环境下的流场环境难以在实验中模拟，因此该环境下的海洋平台涡激运动模型实验难以开展，而通过计算流体力学（CFD）软件可以较好地解决这一问题。目前，已有学者开始尝试利用 CFD 技术研究飓风流环境下的涡激运动问题，并加入波浪影响因素[6]。

目前对涡激运动方面的海洋环境资料的获取、收集和整理并不充分，缺乏不同海域局部区域的统计数据。特别是我国南海有着丰富的海洋油气资源和风能资源，相对于渤海、黄海、东海的作业环境更为恶劣，对南海海域的海洋环境资料的收集、整理和总结尤为重要。

### 4.2.2　涡激运动响应特征

浮式海洋结构物的运动特征分为 6 个自由度，分别为：纵荡（Surge）、横荡（Sway）、垂荡（Heave）、纵摇（Pitch）、横摇（Roll）、艏摇（Yaw）。涡激运动主要表现在纵荡与横荡，以来流方向为依据，设定纵荡与来流方向一致，横荡垂直于来流方向[7]。目前的研究表明，横流向的横荡幅值远大于顺流向的纵荡幅值，横荡是影响涡激运动特征的主要运动形式。

涡激运动的运动轨迹由结构升力和拖曳力的振动特性决定。一般情况下，拖曳力频率是升力频率的两倍，因此涡激运动的轨迹常呈现出"8"字形[8]。如果结构加装了螺旋侧板等抑涡结构，运动轨迹会发生极大变化，变为椭圆形或香蕉形等[9]。

## 4.3　涡激运动研究方法

涡激运动的研究方法包括：实地监测研究、CFD 数值模拟研究和模型实验研究。

实地监测可以获得平台涡激运动的第一手资料，但由于监测周期长、成本高昂，相关资料十分有限。

CFD 模拟有着省时、直观、高效的特点，被越来越多学者所应用，但由于涡激运动的复杂性和特殊性，CFD 模拟需要考虑网格敏感度、边界层模拟、表面粗糙度和湍流模型等多个方面，因此必须结合模型实验共同进行。

模型实验是涡激运动研究的主要方法，主要包括三种形式：一是静水拖曳实验；二是循环水槽实验；三是水池造流实验。三种方法优缺点明显：在拖曳水池中展开实验可以选择具有较大缩尺比的模型和相对较大的流速，但水池最大长度是有限的，所以采样时间十分有限，而且只能对均匀流进行模拟；在循环水槽展开实验可以保证充足的采样时间，以获得足够的统计数据，但循环水槽尺寸普遍较小，对模型的缩尺比有限制；在海洋工程水池造流，虽然可以模拟均匀流和非均匀流，且采样时间可以保证，但所造流速相对较小，有时达不到实验效果的要求。

## 4.4　影响圆柱涡激特性的因素

在流体力学本质上，涡激振动和涡激运动其实是同一现象，其原始激励类似，都是由旋涡脱落的脉动力引起的流固耦合现象。涡激运动是涡激振动的一个特例，两者在质量比、长径比、运动的自由度、旋涡泄放模式等因素方面有诸多不同。

（1）质量比。质量比是涡激运动与涡激振动研究中分析考虑最多的影响因素之一。随着质量比的降低，流固耦合效应变得更为剧烈，同时圆柱在更大约化速度范围内具有更大的振幅。在旋涡泄放周期与系统固有周期相近的情况下，运动响应会出现锁定现象（lock-in），或称为同步现象（synchronize），即在特定的流速范围内，结构发生了共振运动。

1968 年，Feng 在以风为流体介质的条件下开展了单自由度圆柱涡激振动实验研究，实验中的质量比 $m^*$ 高达 248，横流向振动幅值在一定流速范围内表现为两个不连续分支：初始分支和下端分支[10]。

随着海洋工程的不断发展，更多的实验选择在水中进行。由于流体介质由空气变为水，圆柱的质量比也随之降低，出现了与以往高质量比条件下截然不同的振动现象。1996 年，Khalak 和 Williamson 通过实验得出随着弹性支撑圆柱质量比下降至 5～10 之间时，对应较高振幅的上端分支出现[11]。随后 Khalak 和 Williamson 再次指出只有当质量比较大时，锁定区的横流向振动频率与结构固有频率的比值 $f_y/f_n \approx 1$；而当质量比较小时锁定区内的这一比值 $f_y/f_n > 1$[12]。

潘志远等进一步指出，仅当质量比在 $O(100)$ 这一数量级上，同步范围内的横流向振动频率与结构固有频率才会相等；而当质量比在 $O(1)$ 这一数量级上时，同步范围明显扩大，且随着质量比的减小 $f_y/f_n$ 的值增大[13-14]。Govardhan 和 Williamson 认为存在一个临界质量比 $m_{cri}^* = 0.54$，当质量比小于此临界值时，锁定区的范围是无穷大的[15]。

Griffin 对实验数据进行整理，拟合了一条横向最大振幅曲线，提出 $S_G$ 数：$S_G = 2\pi^3 St^2 m^* \zeta$，一定程度上反映了横向振幅的规律[16]。Govarhan 和 Williamson 对 Griffin 提出的理论作了进一步改进，分析了 $Re$ 数对振动幅值的作用，使用质量比-阻尼比组合参数 $(m^*+1)\zeta$ 对振动幅值作出估计[17]。

涡激特性的研究大多在低阻尼比 $\zeta$ 条件下，刘卓等综合已有的实验数据提出将 $\zeta=0.01$ 作为区分高低阻尼比的界限，并针对低质量比圆柱进行涡激特性的实验研究，得出低阻尼比条件下的涡激振动规律在高阻尼条件下并不能完全适用，需要分别考虑质量比和阻尼比[18]。

（2）自由度。流体流过圆柱体会发生旋涡泄放的现象，在横流向方向产生升力造成了横向运动，同时在顺流向方向产生脉动的拖曳力造成顺流向运动。早期对涡激振动的研究主要针对较大质量比圆柱，顺流向振幅极小，因此大部分实验选择了限制顺流向运动而主要观察横流向运动的响应特征。随着质量比的下降，特别是对于浮式圆柱结构，顺流向运动是否对横流向运动造成影响，成为学者关注的问题。

Moe 和 Wu 首次在横流向和顺流向两个自由度对圆柱进行涡激振动实验研究，实验中质量比 $m^*=7$，顺流向与横流向的固有频率比值为 $f_{nx}/f_{ny}=2.8$，所得最大横流向响应幅值为

1.0$D$（$D$ 为圆柱直径）[19]。

Sarpkaya 对单自由度和两自由度弹性支撑圆柱分别进行了实验，并对比了多种不同顺流向与横流向频率比，研究得出：涡激振动中圆柱在两个自由度运动上有显著的耦合现象，同时振动轨迹为数字"8"的形状；在 $f_{nx}/f_{ny}$=1 时，横流向振幅最大，达到 1.1$D$，比单自由度条件下高出 19%[20]。

Jauvtis 和 Williamson 对质量比分别为 $m^*$=7 和 $m^*$=2.6 的圆柱进行两自由度实验[21-22]。研究得出：质量比 $m^*$=7 的圆柱在横流向与顺流向的两自由度条件下得到的最大横流向幅值为 1.05$D$，与只有横流向运动时的单自由度条件下最大幅值差距并不明显；而质量比 $m^*$=2.6 的圆柱，在两自由度条件下横流向最大幅值高达 1.5$D$；但他们没有说明单自由度条件下，$m^*$=2.6 的圆柱是否会达到同样的最大幅值。

黄智勇等利用数值模拟的方法对质量比为 $m^*$=2.6、3、3.5、4、4.5、5、7 条件下的弹性支撑圆柱，分别进行单自由度和两自由度计算，并与 Jauvtis 的研究数据进行比较[23]，得出质量比的临界值为 $m_{cri}^*$=3.5，质量比大于临界值时，单自由度与两自由度系统的横流向最大振幅相差不大；质量比小于此临界值时，两自由度运动能够获得相对较大的横流向幅值。

（3）长径比。长径比是指圆柱没入流体中的长度与其直径的比值。涡激振动的研究对象主要是立管、海底管线等细长体结构，长径比的影响极小，可以忽略不计；而涡激运动研究的对象为 Spar、Monocolumn 等海洋浮式结构物，其长径比极低，需要考虑其对涡激运动的影响。

流体中低长径比圆柱的研究多集中在平板上直立有限长圆柱的绕流分析。Kawamura 研究了长径比的改变对圆柱下游涡泄模式的影响[24]。Park 采用粒子成像法研究了长径比 $L/D$=6 的圆柱在雷诺数 $Re$=7500 时的流动现象[25]。Sumner 研究了低长径比圆柱的尾流速度场，并利用压力传感器研究了不同长径比 $L/D$=3、5、7、9 的圆柱的涡泄模式变化[26-27]。

圆柱涡激特性中，针对长径比这一影响因素所开展的研究非常少。Goncalves 利用两种弹性支撑方式（钟摆式、悬臂梁式），对质量比 1<$m^*$<3，长径比 1<$L/D$<2 的圆柱进行实验，得出随着长径比的下降振幅也随之下降[28]。随后 Goncalves 选择悬臂梁弹性支撑方式，对多组长径比圆柱进行实验，得出：低长径比条件下涡激振动频率不再符合高长径比下涡激振动的相关规律，这与长径比降低导致了涡泄模式的改变有关[29]。

（4）涡泄模式。流体绕过圆柱会在其下游形成交替泄放的旋涡，不同的因素会导致不同的旋涡脱落模式。

Williamson 等人对圆柱在强迫振动中的旋涡泄放给出了最为完整的实验结论，并在以振幅为纵坐标和约化速度为横坐标的体系下划分了不同的区域[30]。如图 4-4 所示，将旋涡泄放的模式分为三种，分别为：2S、2P 和 P+S。在随后的其他研究中，许多学者又相继发现了新的涡泄模式，如 2T、2Q、多涡模式等。

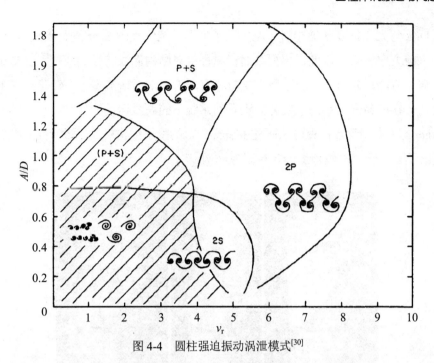

图 4-4　圆柱强迫振动涡泄模式[30]

2S 涡泄模式是在一个周期内产生两个独立的旋涡泄放，旋涡旋转方向相反，强度相同。2P 涡泄模式是在每半个周期内产生一对旋涡，这两个旋涡方向相反且强度不等。Willamson、Wanderley 分别从应变率、能量两个方面对 2S 及 2P 涡泄模式的生成及转变作了相关分析[31-32]。

Jauvtis 在 $m$*=2.6 圆柱横流向及顺流向两向涡激振动实验中，首次观察到新的涡泄模式——2T 模式，即每半个周期脱落 3 个旋涡[33]。Stappenbelt 和 Lalji 通过实验发现，这 3 个旋涡在向下方行进中，其中一个强度相对较弱的旋涡很快消失，而只保留另外两个强度较强的旋涡[34]。

P+S 涡泄模式是一种不对称的形式，一个周期内在圆柱一侧产生一个旋涡，而在另一侧产生一对旋涡。Raghavan 和 Bernitsas 通过改变圆柱表面粗糙度，得到了 2Q 模式，即每半个周期有 4 个旋涡脱落[35]。Dahl 改变了涡激振动中两向固有频率，获得了稳定可重复的多涡模式[36]。

## 4.5　浮式圆柱型海洋结构物涡激运动

对浮式圆柱型海洋结构物的研究多集中在 Spar 平台和 Monocolumn 平台上，研究方法包括模型实验、CFD 数值模拟和实地监测三种。

（1）模型实验。涡激运动模型实验有三种方式：静水拖曳实验；循环水槽实验；水池造流实验。

Van Dijk 等人在拖曳水池中对一座安装了抑涡螺旋侧板的 Spar 进行模型实验研究，分析了不同来流方向、来流速度、模型表面粗糙程度对结构涡激特性的改变[37]。Van Dijk 进一步改进研究方法，分别通过静水拖曳实验和海洋工程水池造流实验，针对一座 Truss Spar 模型，对比其在简易水平系泊系统和完整系泊系统下的涡激运动特性[38]。

Roddier 等人利用静水拖曳方法研究了 Spar 平台的附属结构对其涡激特性的影响程度[38]。图 4-5 给出了实验研究中模型上的各种附属结构。

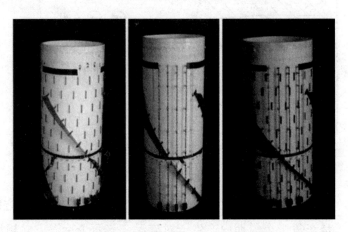

图 4-5　具有不同附属结构的 Spar 模型

Finn 等人通过静水拖曳实验对一座 Cell Spar 平台模型进行涡激运动抑制研究，对比了不同减涡侧板的抑涡效果并选择最优参数，同时分析了由于系泊设备的存在对其运动响应的影响[39]。

Bernitsas 等人通过循环水槽实验，在较高雷诺数（$8 \times 10^3 < Re < 1.5 \times 10^5$）下研究涡激运动的抑制方法，通过改变圆柱表面粗糙度，利用相互间隔的环装粗糙结构扰乱边界层的分离，改变旋涡脱落的周期性，降低了运动幅值。这种方法与螺旋侧板的抑涡方式不同，需要考虑粗糙结构的布置及粗糙度，为降低涡激运动响应提供了新的思路[40]。

王颖通过海洋工程水池造流对长径比为 $L/D=2.4$ 的圆柱分别进行强迫运动和涡激运动实验，并布置了两种不同尺寸的螺旋侧板以分析其减涡效率[41]。得出在一定范围内适当增大螺旋侧板的高度有利于减涡效率的提升，而且螺旋侧板的减涡效率是具有方向性的。

Magee 等人从来流方向和锚泊方式等方面研究了涡激运动下 Spar 平台的系泊系统[42]。研究得出：模型横荡固有周期随来流方向的不同而改变，约化速度也会相应改变；Spar 平台由于自身螺旋侧板的不对称性，也会导致横荡固有周期随方向不同而发生变化。

Cueva 等人首次对 Monocolumn 平台进行了拖曳实验，采用了 1:200 的模型，研究了不同来流方向和系泊方式对涡激特性的改变[43]。实验中通过改变模型结构外层的粗糙程度，使实验结果最接近真实情况。

Goncalves 等人分别在两个不同拖曳水池中对一座 1:90 的 Monocolumn 平台模型进行涡激运动实验，图 4-6 为模型的弹性支撑方式[44]。重点研究了结构表面粗糙度和流向对涡激运动响应的影响，并与 Cueva 等人的实验进行对比得出运动轨迹会随着来流方向的改变而改变。

图 4-6　弹性支撑的 Monocolumn 模型

Fujarra 等人对两座 Monocolumn 平台模型在三种不同的吃水（$L/D$=0.39、0.21、0.28）情况下进行涡激运动实验研究，得出长径比 $L/D$ 的变化对涡激运动响应造成明显的影响，横流向运动幅值随着长径比 $L/D$ 的下降而下降[45]。Goncalves 等人在对两自由度低长径比圆柱涡激运动的研究中得到了相同结论[46]。

（2）CFD 数值模拟。在电脑科技日益发达的今天，硬件水平和数值模拟计算精度都有了极大的提升，更多的涡激运动分析开始采用 CFD 模拟，并与模型实验结果互为辅助和验证。

Oakley 等人通过 CFD 方法分析了 Spar 平台在不同来流情况下的涡激特性，并与实验结果进行了对比。通过分析得出剪切流作用下的平台涡激特性，与均匀来流情况下的涡激特性基本相似；同时发现，波浪可以降低涡激响应幅值[47]。随后，Oakley 等人对 Truss Spar 平台在考虑结构表明附属物的基础上，应用了新的网格划分技术对其进行细致的建模，将 CFD 计算得出的受力及响应与实验结果相对比[48]。

Halkyard 等人从来流角度、流速、螺旋侧板参数等方面入手，对一座 1:40 的 Spar 平台模型进行了涡激运动实验研究[49]。实验分别在拖曳水池和海洋工程水池中进行，所得实验结果与计算数据展开对比，以研究 CFD 基准，得出 CFD 计算结果相对于实验结果偏保守的结论。随后，Halkyard 等人进一步针对数值模拟和 CFD 计算进行基准研究，通过改进网格划分以提高数值模拟的精度，提出了高雷诺数下湍流模型的选取及网格划分的方法[50]。

Kallinderis 等人对涡激运动中的 CFD 计算方法作了分析，重点讨论了计算可行性、耗时情况、精确程度、步长、三维网格规模等因素，得出应用 RANS 与 Spalart-Allmaras 之间的计算模型可以在保证计算稳定性和精确程度的前提下，降低运算所耗费的时间[51]。

Atluri 等人利用数值模拟方法研究不同螺旋侧板参数对 Truss Spar 涡激运动的影响，主要考察了螺旋侧板形状、尺寸、布置位置等[52]。

周阳利用 CFD 方法对一座新型 Spar 平台的涡激运动特性进行分析，详细阐述了网格划分方法，考察了涡激运动中的涡旋脱落、运动轨迹、锁定现象等，并分析了螺旋侧板的抑涡机理[53]。

（3）实地监测。在浮式海洋结构涡激运动的分析研究中，平台实际作业现象的实地监测非常重要。能够获得最为可靠的第一手资料，并为 CFD 计算和相关实验研究提供对比验证的数据。由于平台作业现场环境恶劣等因素，涡激运动的实地监测数据很少，尤其是不同来流条件下的涡激运动情况。

Byee 等人通过实地监测，结合理论分析和模型实验，对一座 Classic Spar 平台进行涡激运动分析，研究系泊系统和立管系统所受到的疲劳损害程度，并在考虑涡激运动的情况下对其进行安全性预报[54]。

Smith 等人对曾经出现过的涡激运动情况进行研究，估算其对疲劳损害的程度，并以此来探讨大尺度涡激运动中如何保证平台结构的完整性与安全性[54]。主要工作包括：对实测锚链拉力数据进行分析；对锚链线在导缆孔位置附近的应力集中状况进行了预估；在 Genesis Spar 的疲劳分析结果基础上提出改进措施；提出了更换多处链条的改进措施，以增大疲劳强度，提高平台在未来的大尺度涡激运动中的结构安全性。

## 4.6　本章小结

本章重点阐述了涡激运动问题是如何提出的。涡激运动与涡激振动的原始激励是一致的，都是由于流体流过钝体后的旋涡脱落引起的流体脉动力，但两者在研究对象、受力分析、响应特征、涡泄模式等多个方面还存在诸多不同点。第一节介绍了涡激振动的发生原因、工程分析方法、抑制方法。第二节介绍了发生涡激运动的海域环境和涡激运动的响应特征。第三节从实地监测、CFD 模拟和模型实验等几个方面介绍涡激运动的研究方法。第四节、第五节从影响涡激特性的因素和浮式圆柱型结构涡激运动两个方面，介绍了国内外相关问题的研究现状。

## 参考文献

[1]　张兆德，白兴兰，李磊. 海洋管道工程[M]. 上海：上海交通大学出版社，2018.

[2]　KOKKINIS T, SANDSTRÖm R E, JONES H T, et al. Development of a Stepped Line

Tensioning Solution for Mitigating VIM Effects in Loop Eddy Currents for the Genesis Spar[C]//ASME 2004 23rd International Conference on Offshore Mechanics and Arctic Engineering. American Society of Mechanical Engineers, 2004: 995-1004.

[3] OAKLEY O H, CONSTANTINIDES Y, NAVARRO C, et al. Modeling vortex induced motions of spars in uniform and stratified flows[C]//ASME 2005 24th International Conference on Offshore Mechanics and Arctic Engineering. American Society of Mechanical Engineers, 2005: 885-894.

[4] SMITH D W, KOKKINIS T, THOMPSON H M, et al. Hind casting VIM-induced mooring fatigue for the Genesis spar[A]. Proceedings of the 23rd International Conference on Offshore Mechanics and Arctic Engineering[C], OMAE, 2004:1005-1014.

[5] MERCIER R S, WARD E G. Spar Vortex-Induced Motions-Final Report[R]. Proceedings of MMS/OTRC Workshop, 2003.

[6] 王颖. Spar 平台涡激运动关键特性研究[D]. 上海：上海交通大学，2010.

[7] HALKYARD J, ATLURI S, SIRNIVAS S. Truss spar vortex induced motions: Benchmarking of CFD and model tests[C]. Proceedings of 25th International Conference on Offshore Mechanics and Arctic Engineering, OMAE, 2006:10.

[8] 孙洪源，黄维平，李磊，等. Spar 型浮式风电基础结构涡激运动实验研究[J]. 太阳能学报，2017（12）.

[9] FENG C C. The measurement of vortex induced effects in flow past stationary and oscillating circular and d-section cylinders[D]. University of British Columbia, 1968.

[10] KHALAK A, WILLIAMSON C H K. Dynamics of a hydroelastic cylinder with very low mass and damping[J]. Journal of Fluids and Structures, 1996, 10(5): 455-472.

[11] KHALAK A, WILLIAMSON C H K. Motions, forces and mode transitions in vortex-induced vibrations at low mass-damping[J]. Journal of fluids and Structures, 1999, 13(7-8): 813-851.

[12] 潘志远，崔维成，刘应中. 低质量－阻尼因子圆柱体的涡激振动预报模型[J]. 船舶力学，2005，9（5）：115-124.

[13] 潘志远. 海洋立管涡激振动机理与预报方法研究[D]. 上海：上海交通大学，2006.

[14] GOVARDHAN R, WILLIAMSON C H K. Modes of vortex formation and frequency response of a freely vibrating cylinder[J]. Journal of Fluid Mechanics, 2000, 420: 85-130.

[15] SKOP R A, GRIFFIN O M. On a theory for the vortex-excited oscillations of flexible cylindrical structures[J]. Journal of Sound and Vibration, 1975, 41(3): 263-274.

[16] GOVARDHAN R N, WILLIAMSON C H K. Defining the modified Griffin plot in

vortex-induced vibration: revealing the effect of Reynolds number using controlled damping[J]. Journal of Fluid Mechanics, 2006, 561: 147-180.

[17] 刘卓，刘昉，燕翔，等. 高阻尼比低质量比圆柱涡激振动试验研究[J]. 实验力学，2014，29（6）：737-743.

[18] MOE G, WU Z J. The lift force on a cylinder vibrating in a current[J]. Transactions of the ASME. Journal of Offshore Mechanics and Arctic, 1990, 112(4): 297-303.

[19] SARPKAYA T. Hydrodynamic damping, flow-induced oscillations, and biharmonic response[J]. Journal of offshore Mechanics and Arctic engineering, 1995, 117(4): 232-238.

[20] JAUVTIS N, WILLIAMSON C H K. Vortex-induced vibration of a cylinder with two degrees of freedom[J]. Journal of Fluids and Structures, 2003, 17(7): 1035-1042.

[21] JAUVTIS N, WILLIAMSON C H K. The effect of two degrees of freedom on vortex-induced vibration at low mass and damping[J]. Journal of Fluid Mechanics, 2004, 509: 23-62.

[22] 黄智勇，潘志远，崔维成. 两向自由度低质量比圆柱体涡激振动的数值计算[J]. 船舶力学，2007，11（1）：1-9.

[23] KAWAMURA T, HIWADA M, HIBINO T, et al. Flow around a finite circular cylinder on a flat plate: Cylinder height greater than turbulent boundary layer thickness[J]. Bulletin of JSME, 1984, 27(232): 2142-2151.

[24] PARK C W, LEE S J. Free end effects on the near wake flow structure behind a finite circular cylinder[J].Journal of Wind Engineering&Industrial Aerodynamics, 2000, 88(2-3): 231-246.

[25] SUMNER D, HESELTINE J L, DANSEREAU O J P. Wake structure of a finite circular cylinder of small aspect ratio[J]. Experiments in Fluids, 2004, 37(5): 720-730.

[26] SUMNER D, HESELTINE J L. Tip vortex structure for a circular cylinder with a free end[J]. Journal of Wind Engineering and Industrial Aerodynamics, 2008, 96(6): 1185-1196.

[27] GONÇALVES R T, ROSETTI G F, FUJARRA A L C, et al. Experimental comparison of two degrees-of-freedom vortex-induced vibration on high and low aspect ratio cylinders with small mass ratio[J]. Journal of Vibration and Acoustics, 2012, 134(6): 061009.

[28] GONÇALVES R T, ROSETTI G F, FRANZINI G R, et al. Two-degree-of-freedom vortex-induced vibration of circular cylinders with very low aspect ratio and small mass ratio[J]. Journal of Fluids and Structures, 2013, 39: 237-257.

[29] WILLIAMSON C H K, ROSHKO A. Vortex formation in the wake of an oscillating cylinder[J]. Journal of fluids and structures, 1988, 2(4): 355-381.

[30] GOVARDHAN R, WILLIAMSON C H K. Modes of vortex formation and frequency response of a freely vibrating cylinder[J]. Journal of Fluid Mechanics, 2000, 420: 85-130.

[31] WANDERLEY J B V, SPHAIER S H, LEVI C. A two-dimensional numerical investigation of the hysteresis effect on vortex induced vibration on an elastically mounted rigid cylinder[J]. Journal of Offshore Mechanics and Arctic Engineering, 2012, 134(2): 021801.

[32] STAPPENBELT B, LALJI F. Vortex-induced vibration super-upper response branch boundaries[J]. International Journal of Offshore and Polar Engineering, 2008, 18(2): 99-105.

[33] RAGHAVAN K, BERNITSAS M M. Enhancement of high damping VIV through roughness distribution for energy harnessing at $8 \times 10^3 < Re < 1.5 \times 10^5$[C]//ASME 2008 27th International Conference on Offshore Mechanics and Arctic Engineering. American Society of Mechanical Engineers, 2008: 871-882.

[34] DAHL J M, HOVER F S, TRIANTAFYLLOU M S, et al. Resonant vibrations of bluff bodies cause multivortex shedding and high frequency forces[J]. Physical review letters, 2007, 99(14): 144-503.

[35] DIJK R, MAGEE A, PERRYMAN S, et al. Model test experience on vortex induced vibrations of truss spars[C]//Offshore Technology Conference. Offshore Technology Conference, 2003.

[36] DIJK R, VOOGT A, FOURCHY P, et al. The effect of mooring system and sheared currents on vortex induced motions of truss spars[C]//ASME 2003 22nd International Conference on Offshore Mechanics and Arctic Engineering.American Society of Mechanical Engineers, 2003: 285-292.

[37] RODDIER D, FINNIGAN T, LIAPIS S. Influence of the Reynolds number on spar vortex induced motions (VIM): multiple scale model test comparisons[C]//ASME 2009 28th International Conference on Ocean, Offshore and Arctic Engineering. American Society of Mechanical Engineers, 2009: 797-806.

[38] FINN L D, MAHER J V, GUPTA H. The cell spar and vortex induced vibrations[C]//Offshore Technology Conference. Offshore Technology Conference, 2003.

[39] BERNITSAS M M, RAGHAVAN K. Reduction/suppression of VIV of circular cylinders through roughness distribution at $8 \times 10^3 < Re < 1.5 \times 10^5$[C]//ASME 2008 27th International Conference on Offshore Mechanics and Arctic Engineering. American Society of Mechanical Engineers, 2008: 1001-1005.

[40] 王颖. Spar 平台涡激运动关键特性研究[D]. 上海：上海交通大学，2010.

[41]  MAGEE A, SABLOK A, GEBARA J. Mooring design for directional spar hull VIV[C] //Offshore Technology Conference. Offshore Technology Conference, 2003.

[42]  CUEVA M, FUJARRA A L C, NISHIMOTO K, et al. Vortex-induced motion: model testing of a monocolumn floater[C]//25th International Conference on Offshore Mechanics and Arctic Engineering. American Society of Mechanical Engineers, 2006: 635-642.

[43]  GONÇALVES R T, FUJARRA A L C, ROSETTI G F, et al. Vortex-Induced Motion of a Monocolumn Platform: New Analysis and Comparative Study[C]//ASME 2009 28th International Conference on Ocean, Offshore and Arctic Engineering. American Society of Mechanical Engineers, 2009: 343-360.

[44]  FUJARRA A L C, PESCE C P, NISHIMOTO K, et al. Non-Stationary VIM of Two Mono-Column Oil Production Platforms[C]//Fifth Conference on Bluff Body Wakes and Vortex-Induced Vibrations—BBVIV, Costa do Sauipe, Bahia, Brazil. 2007: 12-15.

[45]  GONÇALVES R T, FRANZINI G R, FUJARRA A L C, et al. Two degrees-of-freedom vortex-induced vibration of a circular cylinder with low aspect ratio[C]//Sixth Conference on Bluff Body Wakes and Vortex-Induced Vibrations—BBVIV, Capri Island, Italy. 2010.

[46]  OAKLEY O H, CONSTANTINIDES Y, NAVARRO C, et al. Modeling vortex induced motions of spars in uniform and stratified flows[C]//ASME 2005 24th International Conference on Offshore Mechanics and Arctic Engineering. American Society of Mechanical Engineers, 2005: 885-894.

[47]  OAKLEY O H, CONSTANTINIDES Y. CFD truss spar hull benchmarking study[C] //ASME 2007 26th International Conference on Offshore Mechanics and Arctic Engineering. American Society of Mechanical Engineers, 2007: 703-713.

[48]  HALKYARD J, SIRNIVAS S, HOLMES S, et al. Benchmarking of truss spar vortex induced motions derived from CFD with experiments[C]//ASME 2005 24th International Conference on Offshore Mechanics and Arctic Engineering. American Society of Mechanical Engineers, 2005: 895-902.

[49]  HALKYARD J, ATLURI S, SIRNIVAS S. Truss spar vortex induced motions: benchmarking of CFD and model tests[C]//25th International conference on offshore mechanics and arctic engineering. American Society of Mechanical Engineers, 2006: 883-892.

[50]  KALLINDERIS Y, AHN H T. Strongly coupled fluid-structure interactions via a new navier-stokes method for prediction of vortex-induced vibrations[C]//ASME 2005 24th International Conference on Offshore Mechanics and Arctic Engineering. American Society of Mechanical Engineers, 2005: 927-934.

[51] ATLURI S, HALKYARD J, SIRNIVAS S. CFD simulation of truss spar vortex-induced motion[C]//25th International Conference on Offshore Mechanics and Arctic Engineering. American Society of Mechanical Engineers, 2006: 787-793.

[52] 周阳. 考虑辐射阻尼的 Spar 平台涡激运动分析方法研究[D]. 青岛：中国海洋大学, 2015.

[53] BYBEE K. Spar vortex-induced-vibration prediction[J]. Journal of petroleum technology, 2005, 57(02): 61-63.

[54] SMITH D W, THOMPSON H M, KOKKINIS T, et al. Hindcasting VIM-Induced Mooring Fatigue for the Genesis Spar[C]//ASME 2004 23rd International Conference on Offshore Mechanics and Arctic Engineering. American Society of Mechanical Engineers, 2004: 1005-1014.

# 第 5 章　涡激运动基本理论

涡激运动是一种强烈的流固耦合运动，与流体力学中的诸多理论相关，如圆柱绕流、边界层分离、旋涡泄放模式等。要全面细致地研究分析涡激运动特性及其机理，需要流体力学的基础理论作为支撑。本章主要介绍了涡激运动中的相关参数、边界层理论、计算流体力学的相关方法、圆柱绕流及涡激振动的基本理论，为后续研究提供理论支撑。

## 5.1　流体力学基础

### 5.1.1　基本概念

（1）真实流体和理想流体

就宏观来看，流体具有流动性、压缩性和黏性。液体的压缩性非常小，低速流动的气体压缩性亦不显著。因此在处理液体的流动和气体的低速流动问题时，可以假设流体为不可压缩的，由此引起的误差较小，实践证明是合理的。

流体的黏性表现之一是，当流体运动时，相互接触的流体层之间存在剪切应力的作用；流体黏性的另一表现是，流体质点附着于固体表面。在某些流动问题中，当流体的黏性力比惯性力小得多的情况下，可以忽略黏性效应，可以将这样的流体称为理想流体或无黏性流体。

真实流体与理想流体的主要差别如下：

1）真实流体流动时，相互接触的流体层之间存在剪切应力，理想流体则没有；

2）真实流体附着于固体表面，即在固体表面上其流速与固体的速度相同，而理想流体在固体表面上发生相对滑移。

（2）流体的密度和重度

流体的密度——单位体积流体所包含的流体质量，以 $\rho$ 表示，其单位为 kg/m³。

在流场中某点 $A$，取流体体积 $\Delta V$，所包含的流体质量为 $\Delta m$，则 $A$ 处密度 $\rho_A$ 可表示为

$$\rho_A = \lim_{\Delta V \to 0} \frac{\Delta m}{\Delta V} = \frac{\mathrm{d} m}{\mathrm{d} V} \tag{5-1}$$

流体的重度——单位体积流体所受的重力，以 $\gamma$ 表示，其单位为 N/m³。

在流场中某一点 $A$，取流体体积 $\Delta V$，所受的重力为 $\Delta G$，则 $A$ 处重度 $\gamma_A$ 可表示为：

$$\gamma_A = \lim_{\Delta V \to 0} \frac{\Delta G}{\Delta V} = \frac{\mathrm{d}G}{\mathrm{d}V} \tag{5-2}$$

由于 $\Delta G = g\Delta m$，$g$ 为重力加速度，因此密度和重度之间的关系为

$$\gamma = \rho g \tag{5-3}$$

流体的密度随流体所受的压强和温度而变化，液体的变化比气体的小，特别是随压强的变化更小。例如，如果压强增加 $9.81 \times 10^4 \mathrm{Pa}$，则水的密度增加的相对值约为 1/20000。其他液体的密度随压强的变化也非常小。所以在一般情况下，可将液体作为不可压缩流体处理。表 5-1 为水的物理性质。

表 5-1　水的物理性质

| 温度 $t$/℃ | 重度 $\gamma$/ (kN·m⁻³) | 密度 $\rho$/ (kg·m⁻³) | 动力黏度 $\mu$/ (Pa·s) | 运动黏度 $\nu$/ (m²·s⁻¹) | 弹性系数 $E_p$/ (kN·m⁻²) | 表面张力 $\sigma$/ (N·m⁻¹) |
|---|---|---|---|---|---|---|
| 0 | 9.805 | 999.8 | $1.781 \times 10^{-3}$ | $1.785 \times 10^{-6}$ | $2.02 \times 10^{-6}$ | 0.0756 |
| 5 | 9.807 | 1000.0 | $1.518 \times 10^{-3}$ | $1.519 \times 10^{-6}$ | $2.06 \times 10^{-6}$ | 0.0749 |
| 10 | 9.804 | 999.7 | $1.307 \times 10^{-3}$ | $1.306 \times 10^{-6}$ | $2.10 \times 10^{-6}$ | 0.0742 |
| 15 | 9.798 | 999.1 | $1.139 \times 10^{-3}$ | $1.139 \times 10^{-6}$ | $2.15 \times 10^{-6}$ | 0.0735 |
| 20 | 9.789 | 998.2 | $1.002 \times 10^{-3}$ | $1.003 \times 10^{-6}$ | $2.18 \times 10^{-6}$ | 0.0728 |
| 25 | 9.777 | 997.0 | $0.890 \times 10^{-3}$ | $0.893 \times 10^{-6}$ | $2.22 \times 10^{-6}$ | 0.0720 |
| 30 | 9.764 | 995.7 | $0.798 \times 10^{-3}$ | $0.800 \times 10^{-6}$ | $2.25 \times 10^{-6}$ | 0.0712 |
| 40 | 9.730 | 992.2 | $0.653 \times 10^{-3}$ | $0.658 \times 10^{-6}$ | $2.28 \times 10^{-6}$ | 0.0696 |
| 50 | 9.689 | 988.0 | $0.547 \times 10^{-3}$ | $0.553 \times 10^{-6}$ | $2.29 \times 10^{-6}$ | 0.0679 |
| 60 | 9.642 | 983.2 | $0.466 \times 10^{-3}$ | $0.474 \times 10^{-6}$ | $2.28 \times 10^{-6}$ | 0.662 |
| 70 | 9.589 | 977.8 | $0.404 \times 10^{-3}$ | $0.413 \times 10^{-6}$ | $2.25 \times 10^{-6}$ | 0.0644 |
| 80 | 9.530 | 971.8 | $0.354 \times 10^{-3}$ | $0.364 \times 10^{-6}$ | $2.20 \times 10^{-6}$ | 0.0626 |
| 90 | 9.466 | 965.3 | $0.315 \times 10^{-3}$ | $0.326 \times 10^{-6}$ | $2.14 \times 10^{-6}$ | 0.0608 |
| 100 | 9.399 | 985.4 | $0.282 \times 10^{-3}$ | $0.294 \times 10^{-6}$ | $2.07 \times 10^{-6}$ | 0.0589 |

（3）流体的黏性

著名科学家牛顿在 17 世纪论述了流体的黏性。他提出了"流动内部的剪切应力与垂直于流体运动方向的速度梯度成正比"的论断，其实验的示意图如图 5-1 所示。相距为 $h$ 的上下两平行平板之间充满均质黏性流体。两平板的面积均为 $A$，其值足够大，以致可略去平板四周边界的影响。将下板固定不动，而以力 $F$ 拖动上板使其作平行于下板的匀速直线运动。

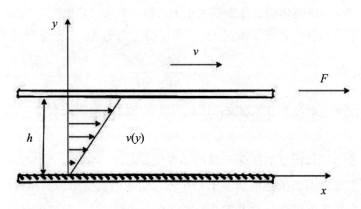

图 5-1　牛顿的内摩擦定律

实验发现如下。

1）由于流体的黏性，与平板直接接触的流体质点将与平板一起移动而无滑移，因此与上板接触的流体质点速度为 $v$，而与下板接触的流体质点速度为 0，测量结果表明两板之间的速度呈线性分布，即

$$v(y) = \frac{v}{h} y \tag{5-4}$$

2）比值 $F/A$ 与 $v/h$ 成正比：

$$\frac{F}{A} = \mu \frac{v}{h} \tag{5-5}$$

式中，$\mu$ 为比例系数，称为动力黏度；比值 $F/A$ 也就是流体内部的剪切应力 $\tau$。

以后进一步的实验证明，当两板间具有其他（非直线）速度分布 $v(y)$ 时，有

$$\tau = \mu \frac{\mathrm{d}v}{\mathrm{d}y} \tag{5-6}$$

由于上板的移动，作用于下板的剪切应力为

$$\tau = \mu \left( \frac{\mathrm{d}v}{\mathrm{d}y} \right)_{y=0} \tag{5-7}$$

式（5-6）称为牛顿内摩擦定律。动力黏度 $\mu$ 是流体黏性大小的一种量度，它是与流体物理性质有关的物理常数，其单位可由式（5-6）直接导出。

在国际单位制（SI）中：

$$[\mu] = 牛·秒/米^2 = N·s/m^2 = 帕·秒 = Pa·s$$

在工程单位制中：

$$[\mu] = 公斤力·秒/米^2 = kgf·s/m^2$$

换算关系为 1Pa·S=0.101972kgf·s/m$^2$。

在研究流体的运动时，还常采用所谓运动黏度，其定义为

$$\nu = \frac{\mu}{\rho} \tag{5-8}$$

式中，$\rho$ 为流体的密度。

在国际单位制中，运动黏度的单位为 $\nu$=米$^2$/秒=m$^2$/s。

$\nu$ 称之为运动黏度的原因是，它的单位只包含运动学的量：长度及时间。

实验表明，动力黏度 $\mu$ 主要与温度有关，而与压力的关系不大。但须指出，液体与气体的黏度随温度变化的趋势是不同的。一般液体的 $\mu$ 和 $\nu$ 值随温度的升高而减小，而气体的 $\mu$ 和 $\nu$ 值随温度的升高而增大（见图 5-2）。液体和气体的黏度随温度呈不同变化规律的原因是气体的黏性主要是由于分子间的动量交换，而液体的黏性主要是分子内聚力的结果。

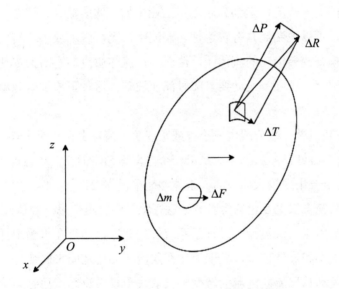

图 5-2  液体与气体的黏度随温度变化趋势

最后还必须指出，凡遵循牛顿内摩擦定律的流体称为牛顿流体，例如空气、水、汽油、煤油、甲醇、乙醇和甲苯等。凡不遵循牛顿内摩擦定律的流体称为非牛顿流体，例如泥浆、有机胶体、油漆和污水等。

（4）层流和湍流

自然界中，流动可以分为两类形态，分别是层流及湍流。所谓层流流动就是指流体运动过程中有条不紊、层次分明，流体各部分互不干扰、互不混合，层流流体质点的运动迹线光滑稳定。湍流流动则是流体质点速度在时间和大小上随时间变化作极不规则的运动，流体各层之间相互混合，彼此进行激烈的能量交换，因此这种流动也称为紊流或者乱流[1-2]。图 5-3 为牛顿流体与各种非牛顿流体的应力与变形速度之间的关系。

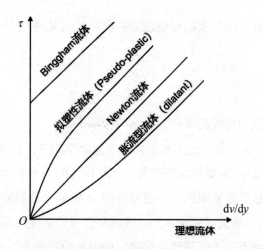

图 5-3　牛顿流体与各种非牛顿流体的应力与变形速度之间的关系

我们所见到的大多数流体运动为湍流。工业中如流体的输送、混合、传热及燃烧等过程都与湍流相关，可以说湍流具有普遍性。湍流中，无数或大或小、转向不一的涡体不断出现，涡体为无规则旋转运动的流体团。湍流中，流体质点的不断掺混使得流场中某一固定空间点流速、浓度、压强等运动要素随时间而波动，这种现象称为脉动。湍流的脉动具有以下特点[3]：

1）脉动具有随机性，数值或大或小，或正或负，整体上在一个平均值附近波动；

2）脉动具有三维性，即虽然主流是沿一个方向运动，但在三个方向上均有脉动速度；

3）脉动量可能会出现极大的波动，不能够简单视作微量。

针对湍流的研究方法主要包括实验方法进行测量和收集信息、数值模拟等。

英国物理学家雷诺对湍流流动进行了系统性的研究，通过在水箱中插入玻璃管，然后改变玻璃管直径大小和液体速度，发现流体在层流和湍流之间来回变化。经过大量的实验和相似性证实，流动从层流向湍流的转变不仅取决于管内流速，而且与管内平均流速、圆管直径、流体密度以及流体黏度等组合量——雷诺数相关。

圆管内的雷诺数表示为

$$Re = \frac{\rho v d}{\mu} \tag{5-9}$$

式中，$\rho$ 为流体密度，$v$ 为管内平均流速，$d$ 为管道直径，$\mu$ 为流体动力黏度。

由层流向湍流转变时对应的雷诺数称为上临界雷诺数，用 $Re_{cr}'$ 表示；由湍流向层流转变时对应的雷诺数称为下临界雷诺数，用 $Re_{cr}$ 表示。通过比较实际流动的雷诺数 $Re$ 与临界雷诺数就可以确定黏性流体的流动状态。

当 $Re < Re_{cr}$ 时，流动为层流状态；

当 $Re > Re_{cr}'$ 时，流动为湍流状态；

当 $Re_{cr} < Re < Re'_{cr}$ 时，可能为层流，也可能为湍流状态。

在工程实际中，取 $Re_{cr} = 2000$，当 $Re < 2000$ 时，流动为层流流动，当 $Re > 2000$ 时，可以认为流动为湍流流动。

实际上，雷诺数大小有明确的物理意义，雷诺数反映了惯性力和黏性力的比值大小。雷诺数越小，流体黏性对流体的作用越大，能够抑制引起湍流流动的扰动，使之保持层流状态；雷诺数越大，表明惯性力对流体的作用越明显，越容易引起流体质点发生湍流流动[4]。

（5）有旋运动和无旋运动

在流体力学中，涡量表示为速度矢量 $v$ 的旋度，用 $\Omega$ 代表，即

$$\Omega = \nabla \times v = \mathbf{rot} v \tag{5-10}$$

它的三个分量分别为

$$\Omega_x = \frac{\partial w}{\partial y} - \frac{\partial v}{\partial z}, \quad \Omega_y = \frac{\partial u}{\partial z} - \frac{\partial w}{\partial x}, \quad \Omega_z = \frac{\partial v}{\partial x} - \frac{\partial u}{\partial y} \tag{5-11}$$

由上式可知，流体质点的旋转角速度为该质点的涡量的一半。

涡量的空间分布称为涡量场。在流体某一区域内，若处处有 $\Omega = 0$，则称流体在该区域内的运动是无旋运动；若该区域内 $\Omega \neq 0$，则该域内的流体运动就是有旋运动，亦称为旋涡运动。

流体的有旋和无旋运动是以该流体区域内的涡量 $\Omega$ 是否为 0 来判断的，而与流体微团的运动轨迹形状无关。作圆周运动的流体微团可以是无旋运动，如图 5-4（a）所示；而作直线运动的流体微团可以是有旋运动，如图 5-4（b）所示。

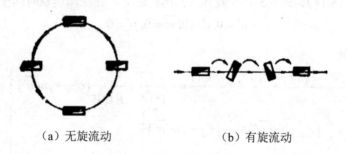

（a）无旋流动          （b）有旋流动

图 5-4　流体微团运动

## 5.1.2　流体力学基本方程

所有的流体运动均满足 3 个守恒定律：质量守恒、动量守恒及能量守恒。在流体力学中，这 3 个定律用连续性方程和 N-S 方程表达[5-6]。

对于黏性的不可压缩流体，其运动的控制方程由连续性方程和 N-S 方程组成：

$$\nabla \cdot v = 0 \tag{5-12}$$

$$\frac{\mathrm{d}\boldsymbol{v}}{\mathrm{d}t} = F - \frac{1}{\rho}\nabla p + \nu\nabla^2\boldsymbol{v} \tag{5-13}$$

式中，$\nabla$ 为哈密顿算子；$\dfrac{\mathrm{d}}{\mathrm{d}t}$ 为随体导数算子；$F$ 为质量力；$\boldsymbol{v}$ 为流体速度矢量；$t$ 为时间；$\nu$ 为水的运动黏度；$\rho$ 为水的密度。

不可压缩流体中，流体质量密度为常数，连续性方程为

$$\frac{\partial u}{\partial x} + \frac{\partial v}{\partial y} + \frac{\partial w}{\partial z} = 0 \tag{5-14}$$

式中，$u$、$v$、$w$、$p$ 分别为速度及压强瞬时值。在工程中，需要对湍流瞬态 N-S 方程作平均值和脉动值的处理，即

$$\left.\begin{array}{c} u = \bar{u} + u', v = \bar{v} + v', w = \bar{w} + w' \\ p = \bar{p} + p' \end{array}\right\} \tag{5-15}$$

略去质量力后，N-S 方程可以简化为

$$\left.\begin{array}{l} \dfrac{\partial u}{\partial t} + \dfrac{\partial(uu)}{\partial x} + \dfrac{\partial(uv)}{\partial y} + \dfrac{\partial(uw)}{\partial z} = -\dfrac{1}{\rho}\dfrac{\partial p}{\partial x} + \dfrac{1}{\rho}\left(\dfrac{\partial\sigma_{xx}}{\partial x} + \dfrac{\partial\tau_{yx}}{\partial y} + \dfrac{\partial\tau_{zx}}{\partial z}\right) \\[3mm] \dfrac{\partial v}{\partial t} + \dfrac{\partial(uv)}{\partial x} + \dfrac{\partial(vv)}{\partial y} + \dfrac{\partial(vw)}{\partial z} = -\dfrac{1}{\rho}\dfrac{\partial p}{\partial y} + \dfrac{1}{\rho}\left(\dfrac{\partial\tau_{xy}}{\partial x} + \dfrac{\partial\sigma_{yy}}{\partial y} + \dfrac{\partial\tau_{zy}}{\partial z}\right) \\[3mm] \dfrac{\partial w}{\partial t} + \dfrac{\partial(uw)}{\partial x} + \dfrac{\partial(vw)}{\partial y} + \dfrac{\partial(ww)}{\partial z} = -\dfrac{1}{\rho}\dfrac{\partial p}{\partial z} + \dfrac{1}{\rho}\left(\dfrac{\partial\tau_{xz}}{\partial x} + \dfrac{\partial\tau_{yz}}{\partial y} + \dfrac{\partial\sigma_{zz}}{\partial z}\right) \end{array}\right\} \tag{5-16}$$

将方程式（5-14）、式（5-15）及式（5-16）联立，并在两边取时间平均值，有：

$$\overline{u'} = 0, \overline{v'} = 0, \overline{w'} = 0, \overline{p'} = 0 \tag{5-17}$$

整理后，得

$$\left.\begin{array}{l} \dfrac{\partial\bar{u}}{\partial t} + \dfrac{\partial(\overline{uu})}{\partial x} + \dfrac{\partial(\overline{uv})}{\partial y} + \dfrac{\partial(\overline{uw})}{\partial z} = -\dfrac{1}{\rho}\dfrac{\partial\bar{p}}{\partial x} + \dfrac{1}{\rho}\left[\dfrac{\partial}{\partial x}\left(\bar{\sigma}_{xx} - \rho\overline{u'u'}\right)\right. \\[3mm] \left. + \dfrac{\partial}{\partial y}\left(\bar{\tau}_{xy} - \rho\overline{u'w'}\right) + \dfrac{\partial}{\partial z}\left(\bar{\tau}_{xz} - \rho\overline{u'w'}\right)\right] \\[3mm] \dfrac{\partial\bar{v}}{\partial t} + \dfrac{\partial(\overline{uv})}{\partial x} + \dfrac{\partial(\overline{vv})}{\partial y} + \dfrac{\partial(\overline{vw})}{\partial z} = -\dfrac{1}{\rho}\dfrac{\partial\bar{p}}{\partial y} + \dfrac{1}{\rho}\left[\dfrac{\partial}{\partial x}\left(\bar{\tau}_{xy} - \rho\overline{u'v'}\right)\right. \\[3mm] \left. + \dfrac{\partial}{\partial y}\left(\bar{\sigma}_{yy} - \rho\overline{v'v'}\right) + \dfrac{\partial}{\partial z}\left(\bar{\tau}_{yz} - \rho\overline{v'w'}\right)\right] \\[3mm] \dfrac{\partial\bar{w}}{\partial t} + \dfrac{\partial(\overline{uw})}{\partial x} + \dfrac{\partial(\overline{vw})}{\partial y} + \dfrac{\partial(\overline{ww})}{\partial z} = -\dfrac{1}{\rho}\dfrac{\partial\bar{p}}{\partial z} + \dfrac{1}{\rho}\left[\dfrac{\partial}{\partial x}\left(\bar{\tau}_{xz} - \rho\overline{u'w'}\right)\right. \\[3mm] \left. + \dfrac{\partial}{\partial y}\left(\bar{\tau}_{yz} - \rho\overline{u'w'}\right) + \dfrac{\partial}{\partial z}\left(\bar{\sigma}_{zz} - \rho\overline{w'w'}\right)\right] \end{array}\right\} \tag{5-18}$$

$$\frac{\partial \overline{u}}{\partial x} + \frac{\partial \overline{v}}{\partial y} + \frac{\partial \overline{w}}{\partial z} = 0 \qquad (5\text{-}19)$$

式（5-18）即 Reynolds 湍流方程。它与式（5-19）共同组成了湍流平均运动的基本方程。

## 5.2 涡激运动相关参数

涡激运动的研究中涉及多种无量纲参数，这些参数对流体力学中的诸多实际问题具有重要意义。对涡激运动基本理论和数值方法进行介绍之前，有必要对相关参数进行深入了解。

### 5.2.1 流体类参数

（1）雷诺数 $Re$

雷诺数（Reynolds number）是流体力学研究中影响最为广泛的无量纲参数之一，记作 $Re$。对于光滑圆柱，雷诺数 $Re$ 表示为

$$Re = \frac{\rho v D}{\mu} = \frac{vD}{\nu} \qquad (5\text{-}20)$$

式中，$v$ 为来流速度；$D$ 为圆柱直径；$\rho$ 为流体的密度；$\mu$ 为流体动力黏度；$\nu$ 为流体运动黏度。

圆柱绕流中边界层的分离现象及旋涡泄放的模式都受到雷诺数大小的影响。随着雷诺数增加，边界层内部发生转捩，从而产生多种流动形态[7]。均匀来流下的圆柱绕流中[8]：$Re < 5$ 时，流动无分离现象；$(5 \sim 10) < Re < 40$ 时，圆柱体的背后产生一对双子涡；$40 < Re < 150$ 时，圆柱两侧会产生交替的涡旋泄放，尾迹为著名的卡门涡街；$150 < Re < 300$ 时，尾迹由层流向湍流过渡；$300 < Re < 3 \times 10^5$，尾迹为湍流，出现层流边界层分离现象；$3 \times 10^5 < Re < 3.5 \times 10^6$，旋涡泄放的规律性变差；$3.5 \times 10^6 < Re$ 时，尾流中周期性涡街再次出现，如图 5-5 所示。

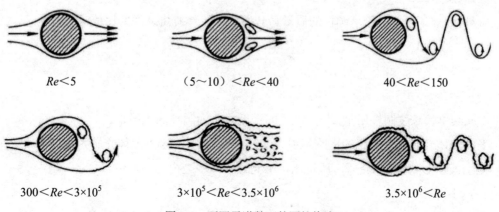

$Re < 5$　　　　$(5 \sim 10) < Re < 40$　　　　$40 < Re < 150$

$300 < Re < 3 \times 10^5$　　　　$3 \times 10^5 < Re < 3.5 \times 10^6$　　　　$3.5 \times 10^6 < Re$

图 5-5　不同雷诺数下的圆柱绕流

（2）斯托哈尔数 $St$

斯托哈尔数（Strouhal number）是研究涡激振动和涡激运动中的重要无量纲参数，将涡泄频率、圆柱直径和来流速度联系在一起：

$$St = \frac{f_s D}{v} \tag{5-21}$$

式中，$f_s$ 为涡泄频率；$D$ 为圆柱直径；$v$ 为来流速度。

斯托哈尔数与结构的截面形状和雷诺数的大小有关，图 5-6 给出圆柱绕流时不同雷诺数下的斯托哈尔数变化规律。由图可知：$Re<1000$ 时，随着雷诺数的不断增加斯托哈尔数也不断增加；$1000<Re<3\times10^5$ 时，斯托哈尔数大致保持在 0.2 上下，且涡旋泄放周期性较好；$3\times10^5<Re$ 时，斯托哈尔数出现了一个极大增幅，且流动变得十分紊乱。

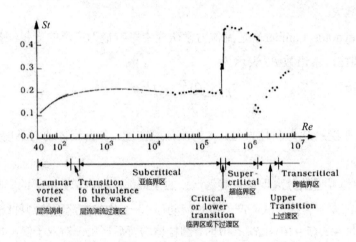

图 5-6　斯托哈尔数随雷诺数的变化规律[8]

### 5.2.2　结构类参数

（1）质量比 $m^*$

质量比 $m^*$ 是指单位长度圆柱的质量与其所排开流体质量之间的比值，公式为

$$m^* = \frac{m}{\frac{1}{4}\rho\pi D^2} \tag{5-22}$$

式中，$m$ 为单位长度圆柱质量；$\rho$ 为流体的密度；$D$ 为圆柱的直径。

不同流体介质对质量比的影响是很大的，在 Feng 的实验中流体介质为空气，质量比在 200 以上，而以水为流体介质，质量比在 1 到几十范围之内。

（2）阻尼比 $\zeta$

阻尼比 $\zeta$ 是用来描述线性阻尼系数与临界阻尼系数之间的比值，公式为

$$\zeta = \frac{c}{2\sqrt{(m+m')k}} \tag{5-23}$$

式中，$c$ 为振动系统阻尼系数；$k$ 为弹簧劲度系数；$m$ 为结构物质量；$m'$ 为结构附加质量。

由于振动系统的阻尼系数 $c$ 难以得到，实际上阻尼比 $\zeta$ 的获取一般是通过自由衰减实验实现的[9]。

（3）长径比 $a^*$

长径比用来描述圆柱结构的几何特征：

$$a^* = \frac{L}{D} \tag{5-24}$$

式中，$L$ 是圆柱长度；$D$ 是圆柱的直径。

### 5.2.3 流固耦合类参数

（1）约化速度 $U_r$

在涡激特性研究中，经常用约化速度代替来流速度，公式为

$$v_r = \frac{v}{f_n D} \tag{5-25}$$

式中，$f_n$ 为振动系统的固有频率；$v$ 为来流速度。

（2）无量纲振幅 $A^*$

无量纲振幅用来描述结构振动时的振幅与圆柱体直径之间的比值，公式为

$$A^* = \frac{A}{D} = \frac{A_{max} - A_{min}}{2D} \tag{5-26}$$

式中，$A$ 为振幅；$A_{max}$ 为最大振幅；$A_{min}$ 为最小振幅。

（3）频率比 $f^*$

频率比是指涡激振动或涡激运动时的响应频率与系统固有频率之间的比值。公式为

$$f^* = \frac{f}{f_n} \tag{5-27}$$

式中，$f$ 为结构响应频率，一般分为横流向响应频率 $f_y$ 和顺流向响应频率 $f_x$。

## 5.3 边界层理论

20 世纪初 L.Prandtl 在高雷诺数下研究流体运动，并以铝粉来观察流动轨迹，提出了边界层（Boundary layer）的假设[10]。边界层理论的提出为结构绕流和旋涡的形成作出了解释，为高雷诺数下的流动问题提供了研究方法，也为绕流阻力和能量损耗的研究奠定了基础。

### 5.3.1　边界层的形成

在边界层厚度 $\delta$ 外的区域称为外区，可以假设该区域流体为理想流体，忽略其黏性特征。边界层厚度 $\delta$ 以内称为内区，在这个区域由于速度梯度变化极大，流体处于强烈的有旋运动，黏性作用必须纳入考虑。在均匀的来流条件下，流速为 $v_0$，沿着流体流动的方向布置一静止薄板。如图 5-7 所示。在薄板的原点位置，由于薄板端部对流体的流动有阻滞的效应，流速为 0，且原点处边界层的厚度为 0。随着流体的不断运动，平板结构对流体的阻滞效应不断沿横向扩大，边界层的厚度也随之增加[11]。

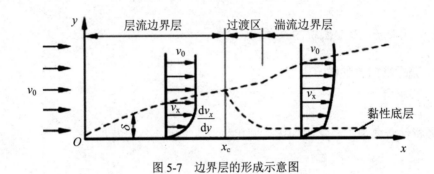

图 5-7　边界层的形成示意图

边界层的内、外区并不存在严格的分界，一般学者依据流体速度的渐变程度来区分边界层厚度，约定在 $v_x = 0.99v_0$ 作为边界层的外缘，外缘至结构壁面之间的间距即为边界层厚度 $\delta$。边界层内又可分为：层流边界层、湍流边界层以及过渡区。将边界层内部，流动状态由层流演化成湍流的现象称为转捩。有许多方面会影响转捩，例如粗糙程度、逆压等[12]。所以转捩不是在一个截面突然发生的，而是有一个过渡区。转捩点的确定主要依靠实验，定义上述薄板的 $Re$ 数为

$$Re_x = \frac{v_0 x}{v} \tag{5-28}$$

转捩点的定义为由层流边界层演变为湍流边界层的点（$x=x_c$），那么转捩临界雷诺数为

$$Re_c = \frac{v_0 x_c}{v} \tag{5-29}$$

光滑平板中，转捩临界雷诺数在 $3\times10^5 \sim 3\times10^6$ 之间，一般取 $Re_c = 5\times10^5$。

### 5.3.2　边界层基本方程

利用边界层的特征，对动量守恒方程进行推导，从而得到了可以应用于边界层内的基本方程。

层流边界层基本方程：

$$\frac{\partial u}{\partial x} + \frac{\partial v}{\partial y} = 0 \tag{5-30}$$

$$\frac{\partial u}{\partial t} + u\frac{\partial u}{\partial x} + v\frac{\partial u}{\partial y} = -\frac{1}{\rho}\frac{\partial P_e}{\partial x} + v\frac{\partial^2 u}{\partial y^2} \tag{5-31}$$

其中，$u$、$v$ 分别代表流速在 $x$、$y$ 方向的分量，$P_e$ 代表边界层表面压力。

湍流边界层基本方程：

$$\frac{\partial u}{\partial x} + \frac{\partial v}{\partial y} = 0 \tag{5-32}$$

$$\frac{\partial u}{\partial t} + u\frac{\partial u}{\partial x} + v\frac{\partial u}{\partial y} = -\frac{1}{\rho}\frac{\partial P}{\partial x} + v\frac{\partial^2 u}{\partial y^2} - \left(\frac{\partial \overline{u'^2}}{\partial x} + \frac{\partial \overline{u'v'}}{\partial y}\right) \tag{5-33}$$

$$\frac{1}{\rho}\frac{\partial P}{\partial y} = -\left(\frac{\partial \overline{u'v'}}{\partial x} + \frac{\partial \overline{v'^2}}{\partial y}\right) \tag{5-34}$$

用剪切应力 $\tau$ 来代替上述方程中的黏性项，则层流边界层和湍流边界层的基本方程可以统一写成

$$\frac{\partial u}{\partial x} + \frac{\partial v}{\partial y} = 0 \tag{5-35}$$

$$\frac{\partial u}{\partial t} + u\frac{\partial u}{\partial x} + v\frac{\partial u}{\partial y} = -\frac{1}{\rho}\frac{\partial P_e}{\partial x} + \frac{1}{\rho}\frac{\partial \tau}{\partial y} \tag{5-36}$$

其中

层流：
$$\tau = \mu\frac{\partial u}{\partial y} \tag{5-37}$$

湍流：
$$\tau = \mu\frac{\partial u}{\partial y} - \rho\overline{u'v'} \tag{5-38}$$

边界条件为：

壁面无滑移条件 $\quad y = 0$；$\quad u = v = 0 \tag{5-39}$

边界层外缘 $\quad y = \delta$；$\quad u = U(x,t) \tag{5-40}$

其中 $U(x,t)$ 为边界层外缘的势流速度。

边界层外缘 $y = \delta$，$u = U(x,t)$，$\dfrac{\partial u}{\partial v} = 0$，$\tau = 0$，由式（5-36）得

$$\frac{\partial U}{\partial t} + U\frac{\partial U}{\partial x} = -\frac{1}{\rho}\frac{\partial P}{\partial x} \tag{5-41}$$

如果将式（5-41）代入到式（5-36）中，就可以推导出其他形式的边界层基本方程：

$$\frac{\partial u}{\partial x} + \frac{\partial v}{\partial y} = 0 \tag{5-42}$$

$$\frac{\partial u}{\partial t} + u\frac{\partial u}{\partial x} + v\frac{\partial u}{\partial y} = \frac{\partial U}{\partial t} + U\frac{\partial U}{\partial x} + \frac{1}{\rho}\frac{\partial \tau}{\partial y} \tag{5-43}$$

### 5.3.3　边界层分离

在边界层中，其内部的流体会受到壁面的阻滞效应，从而导致速度低于势流下的速度。然而，减速之后的流体质点并非全部在边界层的内部运动。如果边界层沿着流向厚度增加过快，会导致流体质点在边界层内发生反方向的运动，从而致使后续流体质点开始流出边界层，这种现象称为边界层分离。在边界层分离的过程中，往往会产生旋涡，从而造成能量的消耗以及阻力的增加[13]。

图 5-8 为边界层分离的简单示意图，其上点 $s$ 为边界层的分离点。在分离点上游区域，$\left(\dfrac{\partial v}{\partial y}\right)_{y=0} > 0$；在回流区域，$\left(\dfrac{\partial v}{\partial y}\right)_{y=0} < 0$。由于在分离点的后方发生了回流现象，致使该区域边界层的厚度显著变大。边界层的分离和回流导致了旋涡的生成，这就是引起圆柱结构涡激振动和涡激运动的根本原因。

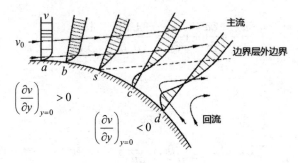

图 5-8　边界层分离示意

## 5.4　计算流体力学基础

计算流体力学（Computational Fluid Dynamics，CFD）是集合了近代流体力学、数学以及计算机科学的综合学科。CFD 以计算机作为主要工具，综合使用多种数学方法，可以针对与流体相关的多种实际情况展开数值模拟，并可以对模拟结果进行整理分析。近年来，CFD 技术手段突飞猛进，这与计算机硬件水平的不断提高有着密切联系，同时传统的理论分析方法和模型实验手段存在着诸多限制，也为 CFD 技术的发展提供了更大空间。CFD 方法首先从基本方程入手，建立质量、动量守恒方程；其次划分网格，并对计算区域的初始条件和边界条件进行确定；离散方程并对其求解；最后根据结果是否收敛决定是否循环计算，直至输出结果[14-16]。

### 5.4.1 湍流数值计算方法

1. 湍流概念

自然界中，流动可以分为两类形态，分别是层流及湍流。在层流运动中，流动有条不紊地进行，邻近的流层之间只存在滑移运动，各个部分不会出现相互的掺杂。湍流运动是流速超过某一数值时，流体向各个方向运动，各流层掺杂，层流被打破，湍流也被称作紊流[17]。

我们所见到的大多数流体运动为湍流。工业中如流体的输送、混合、传热、燃烧等过程都与湍流相关，可以说湍流具有普遍性。湍流中，无数或大或小、转向不一的涡体不断出现，涡体为无规则旋转运动的流体团。湍流中，流体质点的不断掺混使得流场中某一固定空间点流速、浓度、压强等运动要素随时间而波动，这种现象称为脉动。湍流的脉动具有以下特点[18]：

（1）脉动具有随机性，数值或大或小，或正或负，整体上在一个平均值附近波动；

（2）脉动具有三维性，即虽然主流是沿一个方向运动，但在三个方向上均有脉动速度；

（3）脉动量可能会出现极大的波动，不能够简单视作微量。针对湍流的研究方法主要包括实验测量和数值模拟。

2. 湍流模型

对湍流进行数值模拟的模型主要分为三种：直接数值模拟法、大涡模拟法和雷诺平均法[19-21]。

k-$\varepsilon$ 模型、k-$\omega$ 模型、SST k-$\omega$ 模型等均属于雷诺平均法。其中，SST k-$\omega$ 模型无论在近壁面还是在远场计算中都具有良好的效果[22]。相对于标准的 k-$\omega$ 模型，SST k-$\omega$ 模型考虑了剪切应力输运方式，改变了模型中的湍流常数，在求解湍流问题中负压梯度时表现更好。上述特点使得 SST k-$\omega$ 模型具备了更广的应用范围。

SST k-$\omega$ 模型输运方程：

$$\frac{\partial}{\partial t}(\rho k) + \frac{\partial}{\partial x_i}(\rho k u_i) = \frac{\partial}{\partial x_j}\left(\Gamma_\omega \frac{\partial k}{\partial x_j}\right) + \tilde{G}_k - Y_k + S_k \tag{5-44}$$

$$\frac{\partial}{\partial t}(\rho \omega) + \frac{\partial}{\partial x_i}(\rho \omega u_i) = \frac{\partial}{\partial x_j}\left(\Gamma_\omega \frac{\partial \omega}{\partial x_j}\right) + G_\omega - D_\omega + S_\omega \tag{5-45}$$

式中 $i, j \in (1,2,3)$；$\Gamma_k$ 和 $\Gamma_\omega$ 为 $k$ 和 $\omega$ 的有效扩散项；$\tilde{G}_k$ 为湍流动能 $k$ 的产生项；$G_\omega$ 为 $\omega$ 的产生项；$Y_k$ 为 $k$ 的耗散项；$Y_\omega$ 为 $\omega$ 的耗散项；$D_\omega$ 为交叉扩散项；$S_k$ 和 $S_\omega$ 为自定义源项。$\Gamma_k$ 和 $\Gamma_\omega$ 表示为

$$\Gamma_k = \mu + \frac{\mu_t}{\sigma_k} \tag{5-46}$$

$$\Gamma_\omega = \mu + \frac{\mu_t}{\sigma_\omega} \tag{5-47}$$

式中，$\sigma_k$ 和 $\sigma_\omega$ 分别为对应的 Prandtl 数，$\mu_t$ 为湍流黏度。

$\tilde{G}_k$ 定义为

$$\tilde{G}_k = \min(G_k, 10\rho\beta^* k\omega) \tag{5-48}$$

$$G_k = -\rho\overline{u'_i u'_j}\frac{\partial u_j}{\partial x_i} \tag{5-49}$$

式中，$\beta^*$ 为修正系数。$G_\omega$ 定义为

$$G_\omega = \alpha\frac{\omega}{k}G_k \tag{5-50}$$

其中 $\alpha$ 与低雷诺数下湍流黏度的修正相关。

$Y_k$ 定义为

$$Y_k = \rho\beta^* k\omega \tag{5-51}$$

3. 湍流模型的近壁面处理

在近壁面，湍流流场的变量梯度变化极大，影响湍流数值模拟的准确性。所以计算中需要确保壁面不发生滑移，同时还要尽可能地再现真实的湍流。通过实验可以发现，近壁面分为三层，最里层是黏性底层，最外层是完全湍流层，在两层之间还有一段混合区域。在黏性底层内，流动为层流状态；在完全湍流层内，流动为湍流状态；混合区域为两种流动状态的过渡。

对近壁面的处理一般采用壁面函数法或者近壁面模型法，前者将湍流区域内需要求解的变量与壁面上的变量关联起来，后者是将壁面附近的网格进行加密处理。近壁面边界层中湍流发展的状态，可以通过 $y^+$ 与 $u^+$（无量纲速度）的关系加以确定[23]。黏性底层中，$y^+ \leqslant 5$，$u^+ = y^+$，黏性力占据主要；混合区域中，$5 < y^+ < 60$，$u^+ = 5\ln y^+ - 3.05$，黏性减弱，雷诺应力加强；完全湍流层中，$y^+ \geqslant 60$，$u^+ = 2.5\ln y^+ - 3.05$。

本书数值模拟中选用 SST k-$\omega$ 模型，对应的近壁面处理采用近壁面模型法，对网格质量要求较高：首先是近壁面贴体网格要在黏性底层内部，其次壁面附近的网格划分要求比较精密。SST k-$\omega$ 模型在无滑移壁面上需要满足：

$$k = 0, \quad \omega = 10\frac{6v}{\beta_1(\Delta y)^2} \tag{5-52}$$

其中，$\Delta y$ 为近壁面与首个内部节点之间的间距。

### 5.4.2　动网格技术

应用动网格能够实现可变计算域的模拟。在 Fluent 中，动网格技术能够解决流场形状随时间而变化的问题。边界的运动形式可以预先设定，如在运算之前设定边界的速度；也可以不进行预定义，每一步运算结果直接决定了下一步的边界运动形式。

1. 动网格计算方程

在运动边界上，任何一个的控制体 $V$ 的通量 $\phi$ 的守恒方程为

$$\frac{d}{dt}\int_V \rho\phi dV + \int_{\partial V} \rho\phi(\boldsymbol{u}-\boldsymbol{u}_g)\cdot d\boldsymbol{A} = \int_{\partial V} \Gamma\nabla\phi\cdot d\boldsymbol{A} + \int_V S_\phi dV \tag{5-53}$$

式中，$\rho$ 是流体的密度；$\boldsymbol{u}$ 是流速矢量；$\boldsymbol{u}_g$ 是动网格变形的速度；$\Gamma$ 是扩散系数；$S_\phi$ 是通量 $\phi$ 源项；$\partial V$ 是控制体边界。

式（5-53）中第一项用一阶向后差分形式可得

$$\frac{d}{dt}\int_V \rho\phi dV = \frac{(\rho\phi V)^{n+1}-(\rho\phi V)^n}{\Delta t} \tag{5-54}$$

式中，$n$ 与 $n+1$ 分别代表此步和下一步的数值。

第 $n+1$ 步体积 $V^{n+1}$ 表示为

$$V^{n+1} = V^n + \frac{dV}{dt}\Delta t \tag{5-55}$$

式中，$\dfrac{dV}{dt}$ 是控制体体积对时间求导。为了满足网格守恒，$\dfrac{dV}{dt}$ 表示为

$$\frac{dV}{dt} = \int_{\partial V} \boldsymbol{u}_g\cdot d\boldsymbol{A} = \sum_j^{nf} \boldsymbol{u}_{g\cdot j}\cdot \boldsymbol{A}_j \tag{5-56}$$

式中，$n_f$ 是控制体上的面数目；$\boldsymbol{A}_j$ 是第 $j$ 面的面积矢量。$\boldsymbol{u}_{g\cdot j}\cdot\boldsymbol{A}_j$ 是每个控制体面上点积，表示为

$$\boldsymbol{u}_{g\cdot j}\cdot \boldsymbol{A}_j = \frac{\delta V_j}{\Delta t} \tag{5-57}$$

式中，$\delta V_j$ 是在时间步长 $\Delta t$ 内，控制体上面 $j$ 扫出来的体积。

2. 动网格更新方法

动网格的更新方式有：弹簧光顺模型；动态分层模型；局部网格重构模型[24-29]。

在弹簧光顺模型中，每个网格的边被设计为不同节点之间的弹簧[30]。该模型理论上可

以应用于任何网格体系，但在非四面体网格或非三角形网格中应用时，需要满足两个条件：移动为单方向，移动方向与边界垂直。

在动态分层模型中，通过判断临近发生运动的边界网格的高度，来自动增加或减少动态层的数量。在 CFD 软件中，首先设定一个网格高度，经过与 $j$ 层网格高度的对比，来确定是与相邻 $i$ 层网格融合还是再分出一层新的网格，如图 5-9 所示。

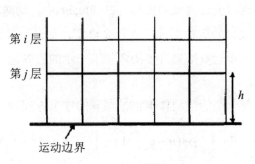

图 5-9　动态分层模型示意

在局部网格重构模型中，如果边界的移动相对于附近的网格尺寸略大，就会降低网格的质量，计算精度难以保证，CFD 软件可以将质量差的网格合并，并对其重新划分。

### 5.4.3　UDF 程序嵌入

在动网格设定中一般需要设置边界条件，如节点或边的速度、角速度或位移等来确定网格的运动，在 Fluent 中有两种方式可以实现网格的运动，Profile 文件和 UDF（User Defined Function）程序。

Profile 文件可以实现一定意义上的网格运动，但却存在如下缺陷：

（1）Profile 无法精确地定义连续运动，其实质是使用离散的点值进行插值计算，如果想获得精确定义，则需要更多的点进行插值；

（2）有些情况无法使用 Profile，如稳态的动网格。

在 Fluent 动网格定义中更多的是采用 UDF 宏进行。UDF 是借助 C 语言编写的子程序，可以嵌入到 Fluent 求解器中进行迭代计算。用户可以通过 UDF 进行自定义边界条件、初始条件、源项和物理模型等问题的处理，添加自己需要的程序。Fluent 软件中使用 UDF 的基本步骤：首先根据需要编写 UDF 源代码，然后打开 Fluent 读入 case/data 模型，再进行解释或编译 UDF 程序（动网格宏只能是编译型 UDF），给边界调节参数上设置合适的变量和区域，然后设置 UDF 更新的频率，进行迭代求解，根据结果验证 UDF 的正确性，最后给出正确结论。

在 Fluent 程序中与动网格有关的 UDF 宏一共有五个[31]，分别是 DEFINE_CG_MOTION、DEFINE_DYNAMIC_ZONE_PROPERTY 、 DEFINE_GEOM 、 DEFINE_GRID_MOTION 、

DEFINE_SDOF_PROPERTIES。以 DEFINE_CG_MOTION 为例，该宏含义为定义每一个时间步上的线速度或角速度来指定 Fluent 中某一特定的区域运动，其具体表达如下所示：

DEFINE_CG_MOTION(name,dt,vel,omega,time,dtime)

- name：UDF 名字；
- dt：储存了用户指定的动网格属性和结构指针；
- vel：线速度，vel[0]为 $x$ 方向的速度，vel[1]为 $y$ 方向的速度，vel[2]为 $z$ 方向的速度；
- omega：角速度，定义与线速度相同；
- time：当前时间；
- dtime：时间步长。

## 5.5　圆柱绕流及涡激振动理论

### 5.5.1　圆柱绕流基本理论

流体绕过钝体会发生诸如流动的分离、尾流变化和旋涡泄放等复杂现象，一直以来都是流体力学研究的热点问题，其中对圆柱绕流问题的研究最为深入。流体绕过圆柱，会在圆柱下游形成复杂的流场，流场中存在旋涡交替脱落的现象。从而使柱体受到两个方向的作用力：升力，垂直于来流方向；阻力，与来流方向一致。升力产生的主要原因是由于柱体后方交替泄放的旋涡反作用于柱体而产生的脉动压力所致；图 5-10 为圆柱绕流中升力产生的机理示意图，当旋涡发生于圆柱下侧时，在圆柱外生成一个逆环流与旋转旋涡成反作用，导致圆柱体下侧速度低于上侧速度，而圆柱体上方压力低于下方压力，从而致使升力产生。随后，旋涡出现在柱体上侧时，原理相似，同样会形成一个反方向的升力。如此往复，旋涡的交替泄放导致了脉动升力的生成。在圆柱体的涡激振动或涡激运动中，升力引发了横流向的往复运动。

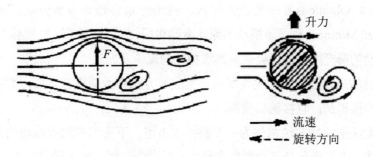

图 5-10　升力产生的机理

单位长度上的升力公式为

$$F_l = \frac{1}{2} C_l \rho v^2 \cos \omega_s t \qquad （5-58）$$

式中，$\omega_s = \dfrac{2\pi S t v}{D}$，$D$ 为圆柱直径；$St$ 为 Strouhal 数；$C_l$ 为升力系数；$\rho$ 为流体密度；$v$ 为流体速度。

沿流向的阻力分为两种：摩擦阻力和压差阻力。摩擦阻力与流体的黏性有关；压差阻力是由于流体沿圆柱体的边界层脱落，形成的旋涡所致，与圆柱体的截面形状相关；其中压差阻力占比较大。旋涡的交替脱落，导致圆柱绕流阻力同样包含脉动部分。由于阻力对结构物在流向方向上具有拖曳的作用，因此圆柱绕流阻力也称为拖曳力。在圆柱体涡激振动和涡激运动中，拖曳力即为引发顺流向往复运动的主要原因。

拖曳力包括两个部分：拖曳力均值项和拖曳力脉动项。公式为

$$F_d = \overline{F}_d + F_d' \qquad （5-59）$$

其中单位长度上的拖曳力均值项为 $\overline{F}_d$，公式为

$$\overline{F}_d = \frac{1}{2} C_d \rho D v^2 \qquad （5-60）$$

式中，$C_d$ 为拖曳力系数，其取值同样与雷诺数、波数和粗糙度有关。

单位长度上的拖曳力脉动项为 $F_d'$，公式为

$$F_d' = \frac{1}{2} C_d' \rho v^2 \cos 2\omega_s t \qquad （5-61）$$

式中，$C_d'$ 为脉动拖曳力系数。

### 5.5.2 柱体涡激振动分析方法

工程中流体导致的柱状结构物振动的现象非常多见，如桥梁的拉索、空中的电线、海洋平台的立管、海底管线等。目前，对长径比较大的柔性柱状结构物的涡激振动（Vortex-Induced Vibrations）研究较为深入，提出一系列理论分析方法。由于涡激运动（Vortex-Induced Motions）与涡激振动的原始激励相同，都是来源于结构物后方的旋涡脱落，所以在涡激运动的研究中，有必要借鉴涡激振动的理论及方法[32]。

在涡激振动的研究过程中，主要采用模型实验方法和数值模拟方法。数值模拟方法包括两类：半经验模型法；直接流场模拟法。

半经验模型法把流体与结构作为一个整体来考虑，不去深究周围流场的具体形式，用一组方程来表述，方程中包括已知参数和经验系数[33-34]。尾流振子模型是一种半经验模型，把尾部流场简化为非线性振子，振子振动引起结构振动，结构振动又作用于尾流[35-36]。

Bisshop 和 Hasson 首次给出了尾流振子模型方程[37]。Iwan 和 Blevins 推导了新的模型，可以在二维流场中针对弹性圆柱体或者弹性支撑的刚性圆柱体的涡激振动进行计算[38]。半经验模型法可以直观地认识涡激振动特性，得出相对精确的结果，但此方法在涡激振动机理方面缺少更深层次的认识，计算结果的精确程度依赖经验参数的精确程度，具有局限性。

直接流场模拟法是对瞬时 N-S 方程进行直接求解，主要包括有限元法、谱方法、有限分解法和差分算法等。随着计算机软硬件水平的不断提高，越来越多的研究应用直接流场模拟法分析涡激振动。对比半经验模型法，直接流场模拟法更能够体现流场的真实细节，说服力更强。

# 5.6　本章小结

本章主要介绍了与涡激运动相关的基本理论。第一节介绍了流体力学的基础，包括主要概念和公式。第二节介绍了涡激运动相关的无量纲参数，包括流体类参数、结构类参数和流固耦合类参数。第三节分析了边界层的形成与分离。第四节阐述了 CFD 方法的计算过程，湍流的数值模拟方法以及动网格技术等，为后续涡激运动的数值模拟奠定理论基础。第五节详细探讨了圆柱绕流和涡激振动的分析方法。

# 参考文献

[1]　李玉柱，贺五洲. 工程流体力学[M]. 北京：清华大学出版社，2006.

[2]　TAYLOR G. The dispersion of matter in turbulent flow through a pipe[C]//Proceedings of the Royal Society of London A: Mathematical,Physical and Engineering Sciences.The Royal Society, 1954, 223(1155): 446-468.

[3]　丁祖荣. 流体力学[M]. 北京: 高等教育出版社, 2003

[4]　房小立. 基于 CFD 有限元法的滑阀稳态液动力研究[D]. 武汉：武汉科技大学，2012.

[5]　付雅林. 垂直轴风力发电机的风光互补研究[D]. 太原：中北大学，2012.

[6]　邹茂华. 离心铸造 SiC 颗粒局部增强铝基复合材料活塞的组织性能研究[D]. 重庆：重庆大学，2010.

[7]　黄智勇. 柔性立管涡激振动时域响应分析[D]. 上海：上海交通大学，2008.

[8]　SUMER B M. Hydrodynamics around cylindrical strucures[M]. World scientific, 2006.

[9]　黄维平，白兴兰. 结构动力学[M]. 北京：现代教育出版社，2013.

[10]　刘岳元，冯铁城，刘应中. 水动力学基础[M]. 上海：上海交通大学出版社，1990.

[11]　张亮，李云波. 流体力学[M]. 哈尔滨：哈尔滨工程大学出版社，2006.

[12] 吴望一. 流体力学[M]. 北京：北京大学出版社, 1983.

[13] 许维德. 流体力学[M]. 北京：国防工业出版社, 1989.

[14] 王福军. 计算流体动力学分析：CFD 软件原理与应用[M]. 北京：清华大学出版社，2004.

[15] 王建平. 计算流体动力学（CFD）及其在工程中的应用[J]. 机电设备，1994（5）：39-41.

[16] ROLLET-MIET P, LAURENCE D, FERZIGER J. LES and RANS of turbulent flow in tube bundles[J]. International Journal of Heat and Fluid Flow, 1999, 20(3): 241-254.

[17] TAYLOR G. The dispersion of matter in turbulent flow through a pipe[C]//Proceedings of the Royal Society of London A: Mathematical, Physical and Engineering Sciences. The Royal Society, 1954, 223(1155): 446-468.

[18] 丁祖荣. 流体力学[M]. 北京：高等教育出版社，2003.

[19] PILLER M, NOBILE E, HANRATTY T J. DNS study of turbulent transport at low Prandtl numbers in a channel flow[J]. Journal of Fluid Mechanics, 2002, 458: 419-441.

[20] FELTEN F, FAUTRELLE Y, Du TERRAIL Y, et al. Numerical modelling of electromagnetically- driven turbulent flows using LES methods[J]. Applied Mathematical Modelling, 2004, 28(1): 15-27.

[21] RODI W. Comparison of LES and RANS calculations of the flow around bluff bodies[J]. Journal of wind engineering and industrial aerodynamics, 1997, 69: 55-75.

[22] MENTER F R. Two-equation eddy-viscosity turbulence models for engineering applications[J]. AIAA journal, 1994, 32(8): 1598-1605.

[23] 张兆顺，崔桂香，许春晓. 湍流理论与模拟[M]. 北京：清华大学出版社，2005.

[24] 杜特专，黄晨光，王一伟，等. 动网格技术在非稳态空化流计算中的应用[J]. 水动力学研究与进展：A 辑，2010（2）：190-198.

[25] 张来平，邓小刚，张涵信. 动网格生成技术及非定常计算方法进展综述[J]. 力学进展，2010，40（4）：424-447.

[26] OWIS F M, NAYFEH A H. Numerical simulation of 3-D incompressible, multi-phase flows over cavitating projectiles[J]. European journal of mechanics-B/Fluids, 2004, 23(2): 339-351.

[27] ZHANG M, WANG G, DONG Z, et al. Experimental study of cloudy cavitating flows around hydrofoils[J]. Journal of Engineering Thermophysics, 2008, 29(1): 71-74.

[28] ZHANG L, CHANG X, WANG Z, et al. Implicit algorithm for incompressible unsteady flows on dynamic hybrid grid[J]. Computational fluid dynamics journal, 2007, 15(4): 411.

[29] PARTHASARATHY V, KALLINDERIS Y. New multigrid approach for three-dimensional unstructured, adaptive grids[J]. AIAA journal, 1994, 32(5): 956-963.

[30] 盛磊祥. 海洋管状结构涡激振动流体动力学分析[D]. 青岛：中国石油大学，2008.

[31] 彭立兵. 细长体出水动力学的实验研究及数值模拟[J]. 实验流体力学，2015，29（2）：26-31.

[32] LIN H, WANG Y. Vortex-induced vibration and dynamic response of marine risers[J]. Journal of Harbin Engineering University, 2008, 2: 004.

[33] CUI E J, DOWELL E H. An approximate method for calculating the vortex-induced oscillation of bluff bodies in air and water[C]//ASME Winter Annual Meeting, Washington, DC. 1981, AD-01: 155-173.

[34] STAUBLI T. Calculation of the vibration of an elastically mounted cylinder using experimental data from forced oscillation[J]. ASME J. Fluids Eng, 1983, 105(2): 225-229.

[35] BIRKHOFF G. Jets, wakes, and cavities[M]. New York: Academic Press, 1957.

[36] BISHOP R E D, HASSAN A Y. The lift and drag forces on a circular cylinder oscillating in a flowing fluid[C]//Proceedings of the Royal Society of London A: Mathematical, Physical and Engineering Sciences. The Royal Society, 1964, 277(1368): 51-75.

[37] HARTLEN R T, CURRIE I G. Lift-oscillator model of vortex-induced vibration[J]. Journal of the Engineering Mechanics Division, 1970, 96(5): 577-591.

[38] BLEVINS R D, IWAN W D. A model for vortex induced oscillation of structures[J]. Journal of Applied Mechanics, 1974: 581-586.

# 第 6 章 圆柱绕流与强迫运动

研究单圆柱结构的绕流与强迫运动是研究涡激运动问题的基础，具有现实工程意义，也是国内外学者非常重视的研究方向[1]。本章利用计算流体力学（CFD）软件对圆柱绕流和强迫运动进行详细研究，对其流场特征、升力系数、拖曳力系数、涡泄模式、频率特征展开分析。

## 6.1 网格划分与时间步长测试

### 6.1.1 网格划分

本节利用 Gambit 软件建立数值计算中需要的网格模型，这是 CFD 数值计算中非常重要的一步，网格质量的好坏直接关系到数值计算结果的正确与否。

对求解问题分析后，首先要建立圆柱以及附近流场计算域模型，并对流场计算域进行离散，具体计算域如图 6-1 所示。圆柱直径 $D$=0.1m，圆心定位于坐标原点，流域大小为 $40D \times 20D$，左侧为速度入口，右侧为压力出口，圆柱距离左侧速度入口为-10$D$，距离右侧压力出口为 30$D$，距离上下边界距离为 10$D$，设置了 7$D$ 的近流层。因为涉及后期的涡激运动运算，开始划分网格时，需要考虑计算精度的问题，近流层内则采用加密的结构性网格，其他流域采用非结构性网格。

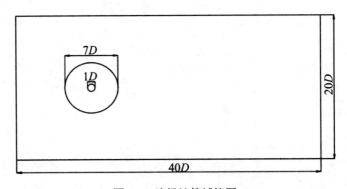

图 6-1 流场计算域简图

采用 ANSYS 软件中 Fluent 求解器进行数据运算，使用瞬态计算方法。为了捕捉流动分离及尾流场中的细节问题，湍流模型采用 SST k-$\omega$ 湍流模型，该模型要求近壁面的贴体网格布置在黏性底层内，边界层第一层网格高度满足 $y+\approx1$，边界层网格设置为 10 层，以保证精确模拟圆柱周围流场运动特性。在 Fluent 计算中，动量的压力速度耦合采用 SIMPLEC 算法，动量、湍流动能、耗散率均采用二阶迎风格式以减少数值耗散。边界条件设置如下：左侧进口为来流速度，湍动能 $k=0.001v^2$、耗散率 $\omega=1$，出口为压力出口，相对压力为 0，$k=0$、$\omega=0$，上下边界采用滑移边界，圆柱壁面采用无滑移边界[2]。

在 CFD 数值计算中，网格质量好坏、疏密与计算精度和计算速度密切相关，一般情况是网格越密计算精度越高，但是网格过多会带来计算速度的急剧增加，因此在保证计算精度的前提下，采用密度适中、经济良好的网格是计算流体力学中的关键。所以，网格密度测试是 CFD 计算所必需的，其目的就是要选择合适的网格大小，以便更快、更高效地进行数值计算。本章取雷诺数为 20000 时的工况开展网格密度测试，表 6-1 为具体的测试结果。

表 6-1　网格密度测试结果

| | 测试 1 | 测试 2 | 测试 3 |
|---|---|---|---|
| 网格类型 | 混合型网格 | 混合型网格 | 混合型网格 |
| 网格数量 | 19616 | 30672 | 44100 |
| $Cl$ 方差 | 0.338 | 0.470 | 0.477 |
| $Cd$ 均值 | 1.143 | 1.225 | 1.383 |
| $St$ 数 | 0.229 | 0.232 | 0.235 |

由表 6-1 计算数据可得知：测试 1，网格密度较小，误差较大，未达到稳定收敛的状态；测试 2 与测试 3 的计算结果极为接近，相差很小。由此，可以判断测试 2 中的网格密度达到了计算精度要求，继续增大网格密度对计算精度的提升并不明显，而且会极大地增加时间成本。

图 6-2 为整体流场网格划分，图 6-3 为圆柱近流场网格划分，图 6-4 为圆柱近壁面网格划分。

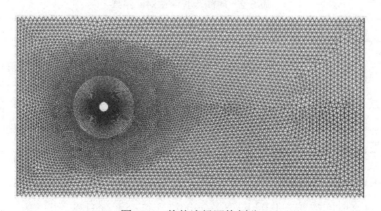

图 6-2　整体流场网格划分

 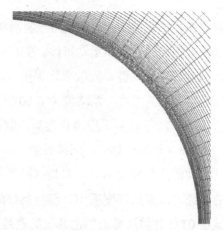

图 6-3　圆柱近流场网络划分　　　　　　　图 6-4　圆柱近壁面网络划分

### 6.1.2　时间步长对比

圆柱绕流的数值计算中，时间步长的选取对数值计算结果的影响较大，计算前必须进行时间步长的测试。

圆柱绕流问题中时间步长的确定一般有两种方法，一种是以尾涡泄放频率法来进行计算，另一种则是选用无量纲时间步长法。

● 尾涡泄放频率法：是以所研究雷诺数下圆柱尾流涡泄放的频率进行计算，取尾涡泄放时间的 1/30～1/50 为时间步长；

● 无量纲时间步长法：是由式 $\Delta t = tv / D$ 计算求得，其中 $\Delta t$ 为无量纲时间（一般取 0.01、0.02 或 0.04，以此类推），$v$ 为流速，$D$ 为圆柱直径。

经过计算可知，尾涡泄放频率法的时间步长能满足绕流计算，但在圆柱涡激运动计算中不收敛，难以满足计算要求，因此本文选用无量纲时间步长法。选取流速 $v = 0.2\mathrm{m/s}$、$Re = 20000$ 的工况作为算例，并将计算结果与白治宁和宋虹的数据作对比，如表 6-2 所示。

表 6-2　时间步长测试对比结果

| $Re$ | 作者 | 时间步长 | $Cl$ 幅值 | $Cl$ 均方差 | $Cd$ 均值 | $St$ 数 |
|---|---|---|---|---|---|---|
| 20000 | 本文 | 0.01 | 0.98 | 0.87 | 1.38 | 0.235 |
| | | 0.02 | 0.98 | 0.87 | 1.38 | 0.235 |
| | | 0.04 | 0.66 | 0.69 | 1.22 | 0.234 |
| | 白治宁（2013） | | 1.18 | 0.71 | 1.17 | 0.210 |
| | 宋虹（2016） | | 0.95 | 0.65 | 1.06 | 0.200 |

由表 6-2 中对比结果可知，当设置时间步长为 0.04 时，与设置时间步长为 0.02 会有很大差异；但是设置时间步长为 0.02 的结果与 0.01 相比，并没有过大的差别。为了能够使计

算的效率可以提高，使得时间缩短[3-4]。在对精确性进行了验证的基础上，最终设置时间步长为 0.02。

通过对比白治宁和宋虹的数值模拟实验结果，拖曳力系数均值与升力系数均方差略微偏大，升力系数幅值较宋虹偏大但较白治宁偏小，较为适中，$St$ 数较其他两人的结果偏大，但属于可允许范围内。之所以出现这种区别的原因是建模方式之间的差异和实际上模型尺寸的不同。对比之后，模型与模拟结果的可信度较高。

## 6.2　圆柱绕流的数值模拟分析

### 6.2.1　圆柱绕流响应特性

本节选取表 6-1 测试 2 的结果与表 6-2 0.02 时间步长的测试结果，对 12 种流速工况下的固定圆柱绕流进行数值模拟研究，见表 6-3。

表 6-3　圆柱绕流数值模拟工况

| 工况 | 1 | 2 | 3 | 4 | 5 | 6 | 7 | 8 | 9 | 10 | 11 | 12 |
|---|---|---|---|---|---|---|---|---|---|---|---|---|
| $v/(\mathrm{m\cdot s^{-1}})$ | 0.02 | 0.04 | 0.06 | 0.08 | 0.10 | 0.12 | 0.14 | 0.16 | 0.18 | 0.20 | 0.22 | 0.24 |
| $Re$ | 2000 | 4000 | 6000 | 8000 | 10000 | 12000 | 14000 | 16000 | 18000 | 20000 | 22000 | 24000 |

图 6-5 给出了 12 种工况下圆柱绕流的升力系数（$Cl$）、阻力系数（$Cd$）随时间变化的曲线，并对升力曲线进行了快速傅里叶变换的谱分析。

快速傅里叶变换，即利用计算机计算离散傅里叶变换（DFT）的高效、快速计算方法的统称，简称 FFT。傅里叶在 1807 年经过了持续性的研究之后拟定出了傅立叶变换理论。周期信号会根据合适的正弦波组建而成，并且测量信号为一组不同频率的正弦波谐波。合成的重点指的是从时域至频域的转换，并且这种转换是通过一组特殊的正交基来实现的。20 世纪 60 年代提出了快速傅里叶变换算法，而在使用这种方法之后，使计算需要的乘法次数大幅减少，节约了计算成本。也能够快速分析信号之中包含的不同频率分量和分布。

傅里叶变换的公式是

$$F(\omega) = \int_{-\infty}^{\infty} f(t) \mathrm{e}^{-\mathrm{i}\omega t} \mathrm{d}t \tag{6-1}$$

式中，$F(\omega)$ 为 $f(t)$ 的像函数；$f(t)$ 为 $F(\omega)$ 的像原函数。

FFT 的公式为

$$\Delta f = \frac{1}{N \cdot T_{\mathrm{S}}} \tag{6-2}$$

式中，$\Delta f$ 为数据分辨率；$N$ 是序列长度（序列点数）；$T_S$ 是采样周期，$N \cdot T_S$ 是数据的实际长度。

通过快速傅里叶变换，我们可以直观地看出升力系数在不同频率上的分布。在对升力系数作频谱图时得到的横向频率即为主频率，也称为涡脱频率 $f_{st}$。

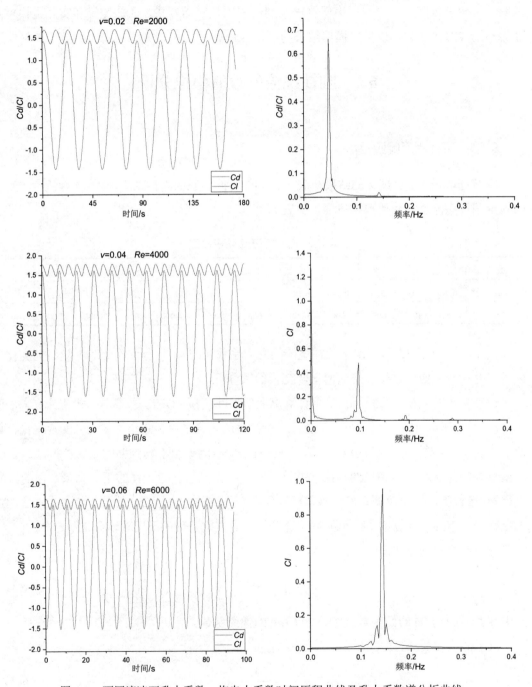

图 6-5　不同流速下升力系数、拖曳力系数时间历程曲线及升力系数谱分析曲线

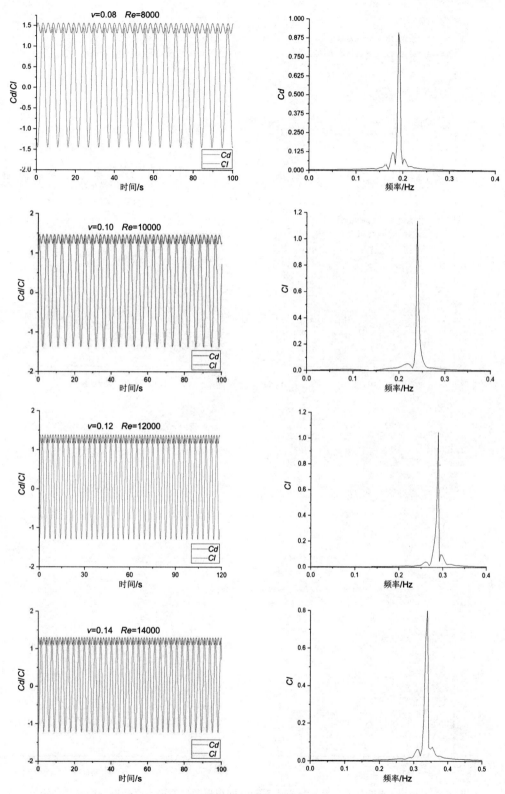

图 6-5　不同流速下升力系数、拖曳力系数时间历程曲线及升力系数谱分析曲线（续）

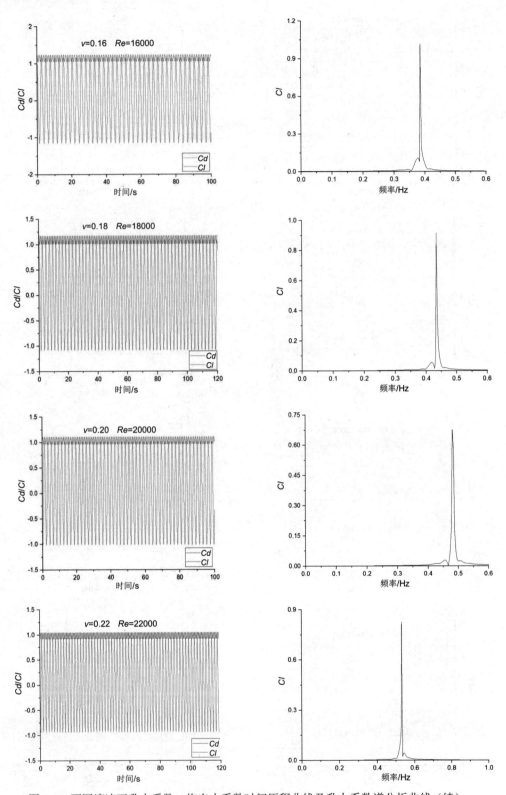

图 6-5　不同流速下升力系数、拖曳力系数时间历程曲线及升力系数谱分析曲线（续）

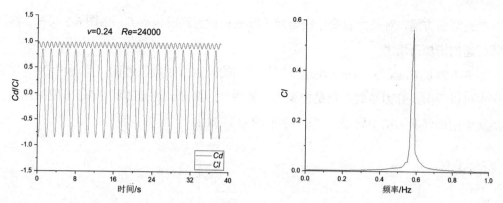

图 6-5 不同流速下升力系数、拖曳力系数时间历程曲线及升力系数谱分析曲线（续）

从图 6-5 可知，升力系数、拖曳力系数会呈现出正弦周期性变化，而且升力系数周期是拖曳力系数的两倍。这说明，圆柱绕流时每脱落一对旋涡会产生一个周期的升力变化，同时产生两个周期的拖曳力变化。对升力系数进行分析，均值接近零时，脉动较大，随着流速的持续增加，脉动值会不断的减小；对拖曳力系数进行分析，均值为正值，脉动较小，随着流速的持续增加，拖曳力系数均值与脉动值呈不断减小。这种趋势在图 6-6 中体现更为明显。

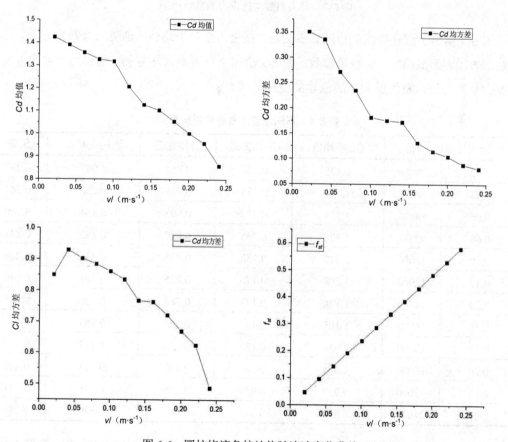

图 6-6 圆柱绕流各统计值随流速变化曲线

在谱分析方面，对升力曲线作快速傅里叶变换得到涡脱频率 $f_{st}$，由图 6-5 可知，涡泄频率随流速的增加而增大。

图 6-7 为 0.02m/s 与 0.1m/s 流速下圆柱绕流的升阻力系数轨迹图，呈现出"8"字形。从图中可以看出，升力系数周期是拖曳力系数周期的两倍，这是"8"字形出现的原因，也是后文中圆柱涡激运动中轨迹为"8"字形的力学原因。

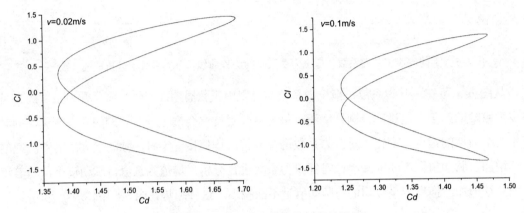

图 6-7　升力系数与拖曳力系数轨迹图

表 6-4 给出了圆柱绕流的流速、雷诺数、拖曳力系数平均值、拖曳力系数均方差、升力系数均方差、涡泄频率、$St$ 数等参数。图 6-7 给出了升力系数均方差、拖曳力系数均方差和拖曳力系数均值以及涡脱频率随流速的变化曲线。

表 6-4　不同流速下各参数对照表

| $v$/（m·s⁻¹） | $Re$ | $Cd$ 平均值 | $Cd$ 均方差 | $Cl$ 均方差 | 涡脱频率 $f_{st}$ | $St$ 数 |
|---|---|---|---|---|---|---|
| 0.02 | 2000 | 1.425 | 0.351 | 0.852 | 0.047 | 0.235 |
| 0.04 | 4000 | 1.391 | 0.336 | 0.919 | 0.096 | 0.241 |
| 0.06 | 6000 | 1.358 | 0.272 | 0.903 | 0.144 | 0.240 |
| 0.08 | 8000 | 1.328 | 0.235 | 0.884 | 0.193 | 0.241 |
| 0.10 | 10000 | 1.319 | 0.182 | 0.865 | 0.238 | 0.240 |
| 0.12 | 12000 | 1.208 | 0.176 | 0.835 | 0.288 | 0.240 |
| 0.14 | 14000 | 1.128 | 0.173 | 0.768 | 0.338 | 0.241 |
| 0.16 | 16000 | 1.105 | 0.132 | 0.763 | 0.385 | 0.240 |
| 0.18 | 18000 | 1.056 | 0.115 | 0.722 | 0.433 | 0.240 |
| 0.20 | 20000 | 1.003 | 0.105 | 0.670 | 0.484 | 0.242 |
| 0.22 | 22000 | 0.959 | 0.089 | 0.625 | 0.531 | 0.241 |
| 0.24 | 24000 | 0.860 | 0.081 | 0.488 | 0.580 | 0.241 |

由表 6-4 及图 6-6 可知，在流速从 0.02m/s 到 0.24m/s 不断增加的过程中，拖曳力系数

的均值与均方差呈减小的趋势，升力系数均方差呈现先增加后减小的趋势，圆柱绕流时涡脱频率 $f_{st}$ 随流速的增大近似呈线性增加趋势。

### 6.2.2 尾流特性

图 6-8 所示为固定圆柱在流速 0.2m/s 下某时刻前后相隔 1/4 周期的流线图。从图中可知，均匀流绕流圆柱后在柱体后方有旋涡生成，并伴随旋涡泄放，柱体后方的流线也呈现出曲线变化趋势。结合图 6-9 所示，一个完整周期内柱体周围流场的压强和涡量变化可知，柱体一侧出现负压区，随流动继续负压区逐渐向后移动，最终出现分离现象，分离后柱体另一侧亦出现负压区，与上一侧相同随流动继续负压区逐渐向后流动，最终出现分离，负压区被包裹继续向后移动，然后重复这一过程。

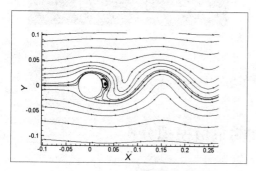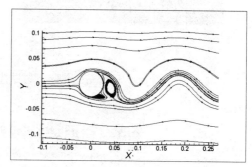

图 6-8　固定圆柱在流速 0.2m/s 下某时刻相隔 0.25T 时的流线图

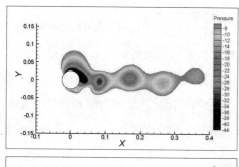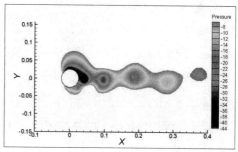
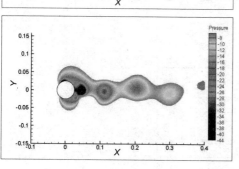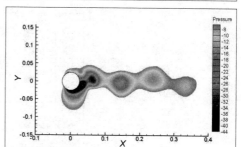

（a）圆柱一侧的压强变化

图 6-9　一个完整周期内圆柱周围流场的压强和涡量变化

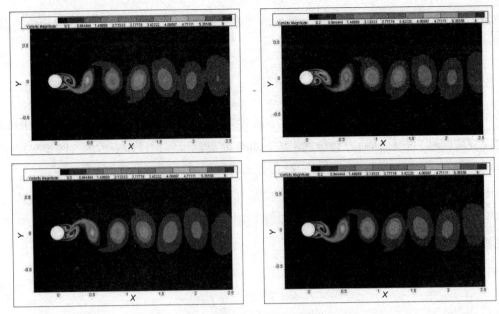

（b）圆柱另一侧的涡量变化

图 6-9　一个完整周期内圆柱周围流场的压强和涡量变化（续）

## 6.3　强迫运动圆柱的数值模拟分析

在周期性的外力作用下，驱使圆柱体以特定的振幅和频率从系统外部振荡，称之为强迫振动或强迫运动。

振荡圆柱体在均匀流中的尾流形态非常丰富，随约化速度、振幅比和频率比的不同而变化，Williamson&Roshko 对振荡柱体的尾流特性做了大量相关实验，发现可将圆柱后方的尾流大致分为 2S、2P 和 P+S 三种不同模式，如图 6-10 所示[5-8]。本节利用 Fluent 软件，并结合动网格技术对裸圆柱的强迫运动进行了数值模拟，重点对动网格的使用方法和参数设置进行了试算，分析了不同约化速度下的圆柱强迫运动的尾流特征，为圆柱涡激运动的计算提供了参考。

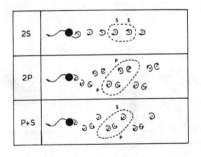

S 代表单个旋涡，P 代表涡对

图 6-10　三种不同涡泄模式的示意图

### 6.3.1　参数设置

假定圆柱体在横向作简谐运动，研究了圆柱在不同约化速度下的强迫运动过程，重点分析了相同振幅比、不同约化速度下的尾流场特征。计算模型直径 0.1m，网格模型见图 6-2，运动频率为 0.5Hz，计算工况见表 6-5。

表 6-5　横向强迫运动计算工况

| 振幅比 | 约化速度 | | | |
|---|---|---|---|---|
| $A/D=0.6$ | 2 | 4 | 6 | 8 |

圆柱作简谐运动的方程为

$$\begin{cases} X = 0 \\ Y = A \cdot \sin(2\pi f_n t) \end{cases} \tag{6-3}$$

圆柱的速度为

$$\begin{cases} X' = 0 \\ Y' = 2\pi f_n \cdot A \cdot \cos(2\pi f_n t) \end{cases} \tag{6-4}$$

在强迫运动和涡激运动的数值仿真中，动网格的设置和微分方程的求解是计算中的关键。首先，在 Gambit 网格输出中一定要将近场区和远场区划分成两个不同的域，在 Fluent 动网格设置中需要设置圆柱周围的随体运动域。然后借助 UDF 宏 DEFINE_CG_MOTION 来实现重心处线速度的处理，该宏可以实现圆柱在每个时间步上的速度变化。最关键的是进行弹簧光顺模型和局部重构模型的参数设置，这些参数是保证网格不发生畸变的关键。文中弹簧光顺模型的参数设置为：弹簧常数因子取 0、边界节点松弛因子取 0.4、迭代精度为 0.001、迭代 50 次；局部重构模型的参数选取为：最小网格尺寸 0.001（根据与随体网格相连的非结构网格确定，保证每个时间步内的运动位移小于该网格边长大小），最大网格尺寸 0.1，最大网格偏度和最大单元偏度都取 0.7，网格重构间隔取 1。

### 6.3.2　旋涡脱落模式

图 6-11 为不同流速下圆柱强迫运动的涡旋脱落模式。由图示可知，振幅相同、频率相同时，不同流速下的旋涡模式呈现不同形式，对比图 6-10 中 Williamson 总结的旋涡脱落模式可知，约化速度为 2 时旋涡脱落模式为 P+S 模式，$v_r$=4 时为 P+S 模式，$v_r$=6 时为 2S 模式，$v_r$=8 时为 2P 模式。

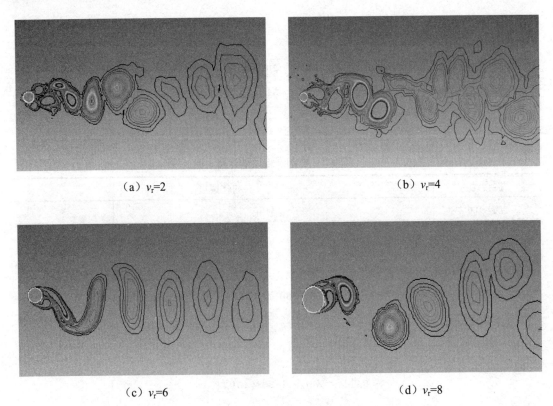

（a）$v_r$=2  （b）$v_r$=4

（c）$v_r$=6  （d）$v_r$=8

图 6-11　A/D=0.6 时不同约化速度下的涡旋脱落模式

对比图 4-4 所示的圆柱涡泄模式图可知，$v_r$=2 和 $v_r$=8 时的计算结果与 Williamson 总结的结果相同，而 $v_r$=4 和 $v_r$=6 时旋涡结构与 Williamson 的计算不同，这是因为这两种工况时的约化速度和幅值比正处在旋涡模式变化的临界区，旋涡泄放模式易发生改变。

# 6.4　本章小结

本章应用计算流体力学方法对圆柱绕流和强迫运动进行数值模拟研究。第一节测试了圆柱在不同条件下的网格划分及时间步长，确定了最终圆柱绕流和强迫运动使用的网格。第二节对圆柱绕流进行模拟，在雷诺数从 2000～24000 范围内，绘制了圆柱绕流的升力系数和拖曳力系数的时间历程曲线，并进行谱分析；发现升力系数周期是拖曳力系数周期的两倍，并绘制了升力系数和拖曳力系数的轨迹曲线，这与涡激运动轨迹十分相似。第三节对圆柱强迫运动进行数值模拟，发现随着约化速度的不同，涡泄模式也随着改变；当约化速度为 2、4 时旋涡脱落模式为 P+S 模式，但约化速度为 6 时为 2S 模式，约化速度为 8 时为 2P 模式。本章的工作为后文研究海洋浮式结构的涡激运动打下了基础。

# 参考文献

[1] 樊娟娟，唐友刚，张若瑜，等. 高雷诺数下圆柱绕流与大振幅比受迫振动的数值模拟 [J]. 水动力学研究与进展，2012，27（1）：24~32.

[2] ZHAO M, CHENG L, AN H. Numerical investigation of vortex-induced vibration of a circular cylinder in transverse direction in oscillatory flow [J]. Ocean Engineering, 2012, 41: 39-52.

[3] 白治宁. 深吃水半潜式平台涡激运动响应特性研究[D]. 上海：上海交通大学，2013.

[4] 宋虹. 考虑流固耦合的张力腿平台涡激运动研究[D]. 青岛：中国海洋大学，2016.

[5] WILLIAMSON C H K. Advances in our understanding of vortex dynamics in bluff body wakes [J]. Journal of wind engineering and industrial aerodynamics, 1997, 69: 3-32.

[6] WILLIAMSON C H K, Govardhan R. Vortex-induced vibrations [J]. Annu. Rev. Fluid Mech., 2004, 36: 413-455.

[7] WILLIAMSON C H K. Three-dimensional vortex dynamics in bluff body wakes [J]. Experimental Thermal and Fluid Science, 1996, 12(2): 150-168.

[8] WILLIAMSON C H K, Miller G D. Three-dimensional phase dynamics in a cylinder wake [J]. Meccanica, 1994, 29(4): 411-429.

# 第7章 浮式单圆柱型海洋结构物涡激运动实验研究

## 7.1 概述

长期以来，工程上对涡激振动（Vortex-Induced Vibrations，VIV）现象进行了大量的研究。涡激振动是结构物在一定的来流速度下，其下游产生了周期性的旋涡泄放，引起脉动压力，从而致使结构发生振动。海洋工程中，研究较为广泛的是海底油气管道、立管等极大长径比柔性结构的涡激振动现象。自 20 世纪 90 年代，Spar 海洋平台第一次应用在墨西哥湾水深 588m 的水域，其在环墨西哥湾洋流作用下的低频、大幅运动成为工业界关注的热点。一方面，Spar 平台的主体结构为深吃水的立柱结构，在一定流速作用下同样会发生旋涡的泄放，所以根据涡激振动的理论，Spar 平台同样表现出相应的运动特征；另一方面，由于平台为刚性结构，长径比相对较小，且漂浮于水面之上，从而表现出许多与涡激振动不同的运动特性。为了加以区别，将这种运动称为涡激运动（Vortex-Induced Motions，VIM）。大幅值的涡激运动会导致立管与锚链的疲劳损伤，降低疲劳寿命。随着海洋平台所处水域的水深更大，环境更恶劣，同样具有立柱式结构的 Monocolumn 平台应运而生，由于平台吃水降低，而具有更小的长径比，导致其涡激运动相比于 Spar 平台表现出更加强烈的三维特性[1-2]。

涡激运动的研究方法包括：实地监测研究、CFD 模拟研究和模型实验研究。实地监测可以获得平台涡激运动的第一手资料，但由于监测周期长、成本高昂，相关资料十分有限。CFD 模拟有着省时、直观、高效的特点，被越来越多学者所应用，但由于涡激运动的复杂性和特殊性，CFD 模拟需要考虑网格敏感度、边界层模拟、表面粗糙度、湍流模型等多个方面，因此必须结合模型实验共同进行。模型实验是涡激运动研究的主要方法，主要包括三种形式：一是静水拖曳实验；二是循环水槽实验；三是水池造流实验。三种方法优缺点明显：在拖曳水池中展开实验可以选择具有较大缩尺比的模型和相对较大的流速，但水池最大长度是有限的，所以采样时间十分有限，而且只能对均匀流进行模拟；在循环水槽展开实验可以保证充足的采样时间，以获得足够的统计数据，但循环水槽尺寸普遍较小，对模型的缩尺比有限制；在海洋工程水池造流，虽然可以模拟均匀流和非均匀流，且采样时间可以保证，但所造流速相对较小，有时达不到实验效果的要求。

为了更好地研究涡激运动的机理，揭示长径比变化对平台涡激运动的影响，本章在波流循环水槽中，对质量比为 1 的浮式圆柱进行模型实验，主要研究了在不同来流速度下的涡激运动特性。通过改变模型的压载质量及循环水槽内水面的高度，获得了三种不同的长径比：$L/D$=2.5、2.0、1.5，对比其响应幅值、频率、受力、运动轨迹等涡激特性的变化规律。

## 7.2　实验描述

### 7.2.1　研究对象

研究对象为有机玻璃材质的圆柱体模型，高度 $h$ 为 0.35m，直径 $D$ 为 0.1m，质量为 0.7kg，图 7-1 为实验模型。在模型上标注吃水刻度，模型侧面开孔用于水压力传感器的安装，顶部开孔用于水压力传感器线路的出口，顶部螺栓用于固定加速度传感器。

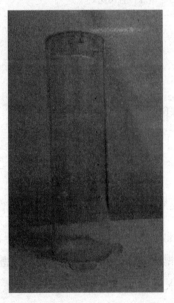

图 7-1　实验模型

在系泊状态下，涡激运动主要表现在水平方向，因此实验中采用一种水平等效系泊系统，以研究浮式圆柱在弹性系泊条件下的涡激运动特性。系泊系统由四根间隔 90° 的弹性系泊缆组成，一端固定在模型上，另一端固定在水槽内壁，如图 7-2 和图 7-3 所示。通过调整模型压载质量及水槽内水面高度，来改变模型的吃水，并始终保持圆柱的漂浮状态。为了获得拖曳力及升力，模型侧面安装四个压力传感器，分别布置于水平直径与垂直直径的两端，用于测量顺流向与横流向的动水压力；为了获得横流向及顺流向位移，在模型顶部安装加速度传感器，将加速度两次积分即可获得模型的位移数据。

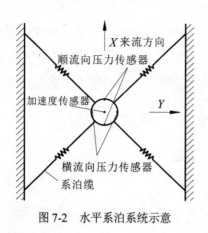

图 7-2　水平系泊系统示意

图 7-3　模型系泊于水槽中

### 7.2.2　实验设备及仪器

实验中主要用到的设备及仪器有波流水槽、水压力传感器、加速度传感器、电荷放大器、数据采集仪及分析系统。图 7-4 给出了主要设备的连接示意。

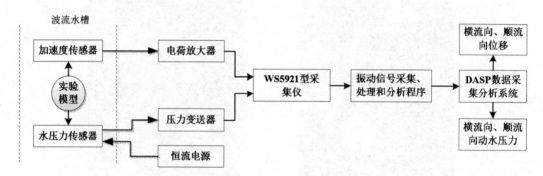

图 7-4　设备连接示意

（1）波流水槽。考虑长径比影响的浮式圆柱涡激运动实验研究在中国海洋大学波流水槽中进行。水槽尺寸为：长 30m，总宽 0.76m，槽内宽 0.6m，总高 1.85m，槽内高 0.95m，如图 7-5 所示。实验中为了减小波浪的影响，在水槽的来流处增加了消波装置。造流系统采用 2 台循环式潜水泵，利用计算机改变水泵转速来调节水槽内流速。图 7-6 为水深 0.5m 时，水泵转速与流速的关系，两者基本呈线性关系，操作性能良好。

（2）流速监测。本章实验中，需要多次改变水槽内水深，流速与水泵转速的关系也随着变化。加之涡激运动特性对流速的改变十分敏感，因此实验过程中需要对流速进行监测。水槽内流速监测选用挪威诺泰克公司生产的 Vectrino（小威龙）声学多普勒点式流速仪，如图 7-7 所示。该型号流速仪操作比较简单，可以直接与电脑连接，将数据采集和模数转换的功能相统一。

图 7-5　波流水槽

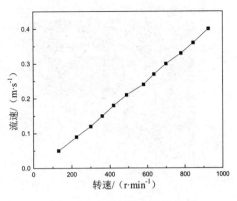

图 7-6　水泵转速与流速关系

图 7-7　Vectrino 声学多普勒点式流速仪

（3）动水压力测量。顺流向与横流向的动水压力测量应用昆山双桥公司生产的 CYG505
型微型水压力传感器。该型传感器标称尺寸外径为 5mm，专门为缩尺模型实验设计，具有
对流场扰动小、量程低、动态频响好和灵敏度高等特点，如图 7-8 所示。传感器安装于模型
侧壁的开孔处，并用 704 硅橡胶进行密封，如图 7-9 所示。

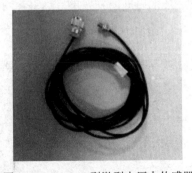

图 7-8　CYG505 型微型水压力传感器

图 7-9　压力传感器安装示意

传感器需要通过恒流电源（见图 7-10）供电，信号输出通过压力变送器（见图 7-11）
对信号放大，以方便数据采集。

图 7-10  恒流电源

图 7-11  压力变送器

（4）加速度测量。加速度的测量选用北京波普公司生产的 KD1002S 型压电加速度传感器，$X$、$Y$ 方向的电压灵敏度分别为 1.597mV/ms$^{-2}$、1.594mV/ms$^{-2}$，最大可测值为 5000ms$^{-2}$。加速度传感器固定在模型顶部，如图 7-12 所示。传感器与北京波普公司生产的 WS-2401 四合一电荷放大器（见图 7-13）相连，使加速度信号转换为电荷信号输出，方便后续数据采集及处理。

图 7-12  加速度传感器固定于模型顶部

图 7-13  四合一电荷放大器

（5）数据采集及处理。数据采集选择北京波普公司生产的 WS5921 型采集仪（见图 7-14），并与电脑连接，应用 Vib'SYS 振动信号采集、处理和分析程序（见图 7-15）对数据进行记录和整理。数据处理应用北京东方振动和噪声技术研究所开发的 DASP 数据采集分析系统。该系统功能十分强大，本文只应用了其中示波、高通及低通滤波、数据积分等功能。

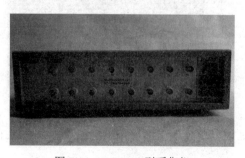

图 7-14  WS5921 型采集仪

图 7-15  振动信号采集、处理和分析程序

### 7.2.3 静水自由衰减实验

实验装置安装调试完毕后，为了确定模型不同方向的运动固有频率及无因次阻尼比，需要进行静水条件下的自由衰减实验。由于涡激运动表现在水平方向，自由衰减实验中只考虑了横荡与纵荡。

浮式圆柱处于弹性系泊的状态下，若以 $y$ 表示横荡运动，则静水中模型横荡运动方程可以表示为

$$I\ddot{y} + 2N\dot{y} + ky = 0 \tag{7-1}$$

式中，$\ddot{y}$、$\dot{y}$、$y$ 分别为模型横荡的加速度、速度、位移；$I$ 为模型横荡方向的质量或惯性矩；$N$ 为阻尼力（矩）系数；$k$ 为横荡方向上的系统刚度系数。

令 $\upsilon = \dfrac{N}{I}$ 为横荡运动方向上的衰减系数，$\omega_y = \sqrt{\dfrac{k}{I}}$ 为横荡运动的固有频率，则横荡运动微分方程可以表示为

$$\ddot{y} + 2\upsilon\dot{y} + \omega_y^2 y = 0 \tag{7-2}$$

通解为

$$y = \mathrm{e}^{-\upsilon t}\left[ c_1 \cos\omega_y' t + c_2 \sin\omega_y' t \right] \tag{7-3}$$

其中：

$$\omega_y' = \sqrt{\omega_y^2 - \upsilon^2} \tag{7-4}$$

式中，$\omega_y'$ 为考虑了水阻尼条件下的模型横荡运动固有圆频率，在静水自由衰减实验中，主要考虑势流阻尼，由于 $\upsilon$ 极小，$\omega_y'$ 与固有频率 $\omega_y$ 相差无几，所以可以认为 $\omega_y' \approx \omega_y$。

令 $\zeta = \dfrac{\upsilon}{\omega_y'} \approx \dfrac{\upsilon}{\omega_y}$，$\zeta$ 为横荡运动无因次阻尼比。

结合图 7-16 及上述推导过程，横荡衰减幅值随时间呈现指数规律衰减，相邻两个波峰或波谷之间的时间距离为横荡运动的固有周期 $T_y$。实验中为了更准确地获得固有周期，采用快速傅里叶变换得到固有周期。

半个周期内，横荡运动幅值的绝对值变化可以写成：

$$\left| \frac{y_{A3}}{y_{A2}} \right| = \mathrm{e}^{-\upsilon\frac{T_y}{2}} = \mathrm{e}^{-\zeta\pi} \tag{7-5}$$

$$\zeta = \frac{1}{\pi}\ln\left| \frac{y_{A3}}{y_{A2}} \right| \tag{7-6}$$

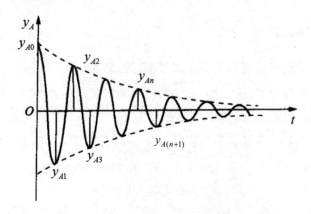

图 7-16 自由衰减曲线示意图

加以推广可得：

$$\zeta = \frac{1}{\pi}\ln\left|\frac{y_{An}}{y_{A(n+1)}}\right| \tag{7-7}$$

由上述推导过程可知，通过模型静水横荡方向的自由衰减曲线，可以获得其固有周期$T_y$和无因次阻尼比$\zeta$。

实验过程中，对浮式圆柱模型取 3 种不同长径比，分别是：$L/D$=2.5、2.0、1.5。分别对其进行横荡、纵荡方向的自由衰减实验，以获得两个方向的运动固有周期、阻尼比等重要数据。各工况横荡运动的自由衰减曲线及对应的快速傅里叶变换如图 7-17 所示。实验结果的相关统计值见表 7-1。

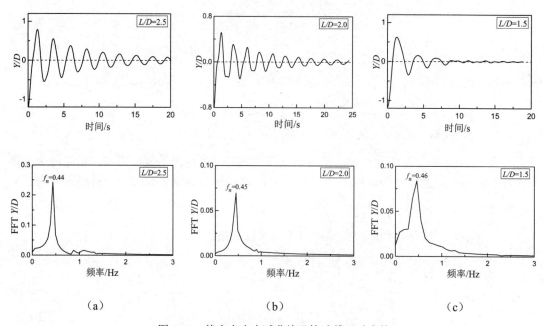

图 7-17 静水自由衰减曲线及快速傅里叶变换

### 7.2.4 实验工况

实验中，通过调整浮式圆柱的压载质量及水槽内水深来改变模型的吃水 $L$，可以获得不同的吃水 $L$ 与直径 $D$ 的比值——$L/D$，参考涡激振动研究中对立管的描述，将 $L/D$ 定义为长径比。本文取 3 种不同长径比，分别为工况 1，$L/D$=2.5；工况 2，$L/D$=2.0；工况 3，$L/D$=1.5。通过对浮式圆柱进行静水自由衰减实验，可以获得横流向和顺流向运动固有频率和阻尼比。由于模型及系泊方式对称，横荡固有频率与纵荡固有频率相等，$f_{ny}=f_{nx}=f_n$。实验在波流循环水槽中模拟均匀流，在水流稳定后开始采样，采样频率为 100Hz，采样时间为 100s，相关工况数据见表 7-1。

表 7-1　实验工况表

| 工况序号 | 吃水高度 $L$/m | 长径比 $L/D$ | 固有频率 $f_n$/Hz | 阻尼比 $\zeta$ | 来流速度 $v_C$/(m·s$^{-1}$) | 约化速度 $v_r$ | 雷诺数 $Re$ |
|---|---|---|---|---|---|---|---|
| 1 | 0.25 | 2.5 | 0.44 | 0.01 | 0.03~0.41 | 0.7~9.3 | 3000~41000 |
| 2 | 0.20 | 2.0 | 0.45 | 0.05 | 0.04~0.44 | 0.9~9.8 | 4000~44000 |
| 3 | 0.15 | 1.5 | 0.46 | 0.15 | 0.05~0.50 | 1.0~11.0 | 5000~50000 |

## 7.3　实验结果与分析

通过波流水槽，对不同长径比浮式圆柱涡激运动进行模型实验研究：对其进行了受力分析；以 $L/D$=2.5 的浮式圆柱为例，研究横流向、顺流向涡激运动响应幅值、频率及运动轨迹；并从有限长圆柱的自由端效应、圆柱穿过自由液面这两个角度，讨论了可能影响实验的主要因素；重点分析了改变浮式圆柱的长径比对其涡激运动特性的影响。具体结果及分析见下文所述。

### 7.3.1 受力分析

图 7-18 给出了 $L/D$=2.5 的浮式圆柱在 $v_r$=6.8 时动水压力测试结果：图中虚线为垂直流向的两个水压力传感器的压力差 $F_l$，即升力方向的动水压力谱；实线为沿流向的两个水压力传感器的压力差 $F_d$，即拖曳力方向的动水压力谱。图 7-19 给出了在相同工况下，$v_r$=6.8 时模型涡激运动响应测试结果：虚线为横流向无量纲位移（$Y/D$）响应谱；实线为顺流向无量纲位移（$X/D$）响应谱。

对比两图可以发现：升力谱曲线与横流向涡激运动响应谱曲线的频率均为 0.44Hz；拖曳力谱曲线与顺流向涡激运动响应谱曲线的频率均为 0.44Hz、0.88Hz。说明受力决定了位移，可以假设横流向运动的频率 $f_y$ 即为旋涡泄放频率 $f_s$[3]。

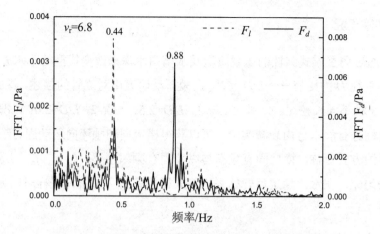

图 7-18　实测涡激升力、拖曳力谱 （$L/D$=2.5，$v_r$=6.8）

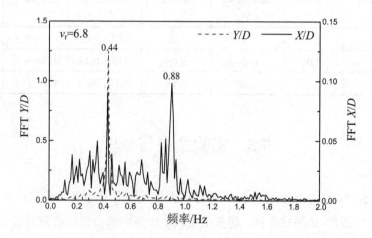

图 7-19　模型顺流向、横流向的涡激运动响应谱 （$L/D$=2.5，$v_r$=6.8）

### 7.3.2　涡激运动响应分析

本节以长径比为 2.5 的浮式圆柱为例，从涡激运动幅值、无量纲位移时历曲线、运动频率和运动轨迹等多个角度详细分析了浮式圆柱涡激运动的关键特性。

**1.　涡激运动响应特征**

图 7-20 给出了 $L/D$=2.5 时浮式圆柱无量纲涡激运动幅值随约化速度的变化规律；图 7-21、图 7-22 分别给出了部分约化速度下横流向、顺流向无量纲涡激运动位移的时历曲线。

从图 7-20 可以直观地看出，横流向涡激运动占据主导地位，其幅值明显高于顺流向涡激运动幅值，最大处达到 2 倍以上，这也说明了为什么绝大部分涡激运动的研究重点在横流向响应。但从图中也可以看出，顺流向涡激运动的最大幅值达到了 0.62$D$，同样不能忽略其影响。由图 7-20 可知，可以将浮式圆柱涡激运动大体分成以下 4 个阶段。

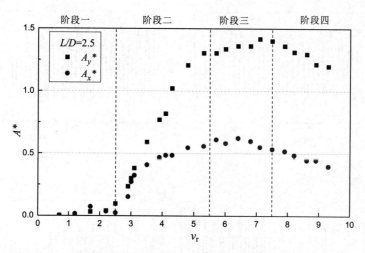

图 7-20　浮式圆柱无量纲涡激运动幅值随 $v_r$ 的变化（$L/D=2.5$）

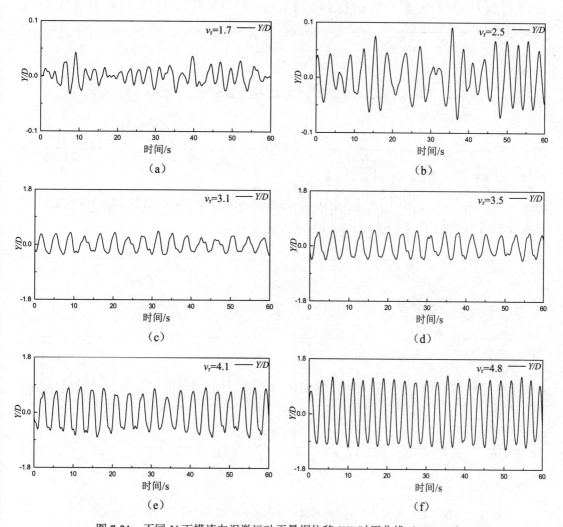

图 7-21　不同 $U_r$ 下横流向涡激运动无量纲位移 $Y/D$ 时历曲线（$L/D=2.5$）

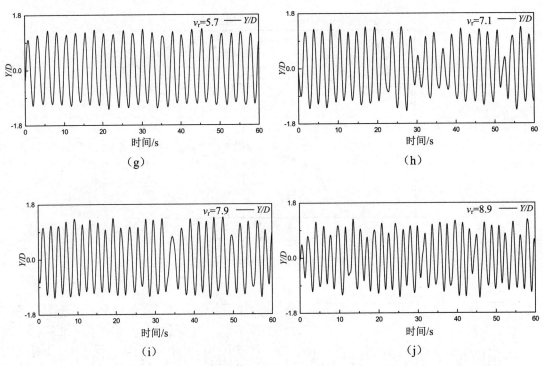

图 7-21　不同 $v_r$ 下横流向涡激运动无量纲位移 $Y/D$ 时历曲线（$L/D$=2.5）（续）

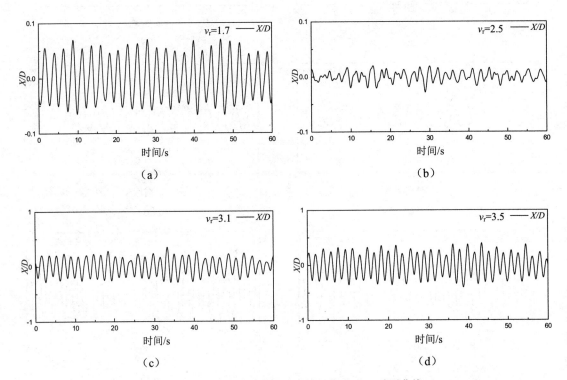

图 7-22　不同 $v_r$ 下顺流向涡激运动无量纲位移 $X/D$ 时历曲线（$L/D$=2.5）

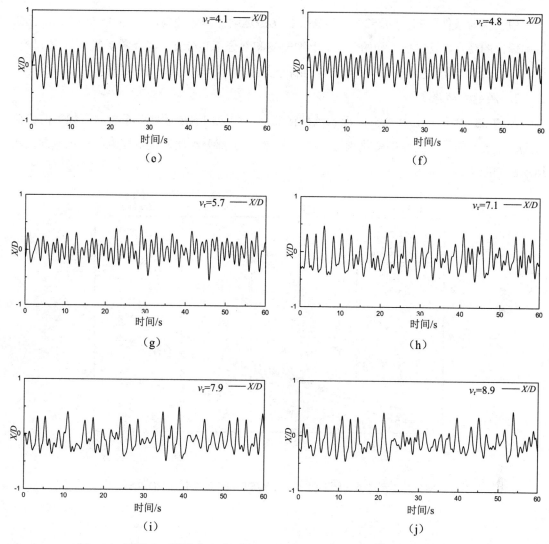

图 7-22　不同 $v_r$ 下顺流向涡激运动无量纲位移 $X/D$ 时历曲线（$L/D$=2.5）（续）

第一阶段，在 0＜$v_r$＜2.5 之间，由于流速较小，运动幅值极小。不过在此区间，顺流向涡激运动幅值大于横流向幅值，而且在 $v_r$=1.7 时顺流向幅值达到一个局部最大值，如图 7-21（a）、图 7-22（a）所示，这与顺流向涡激运动的频率有关。

第二阶段，在 2.5≤$v_r$＜5.5 时，随着流速增加，涡激运动幅值增加迅速，横流向幅值开始明显大于顺流向幅值占据主导地位。

第三阶段：在 5.5＜$v_r$≤7.5 时，涡激运动幅值随流速的增加基本保持稳定，运动进入同步化阶段。此区间也为涡激运动幅值最大的阶段，横流向涡激运动最大幅值达到了 1.4$D$，顺流向最大幅值为 0.62$D$。

第四阶段：在 7.5＜$v_r$≤9.3 时，涡激运动幅值随流速的增加开始有所下降，不过仍处于比较高的位置。

由于实验条件限制，$L/D$=2.5 的浮式圆柱涡激运动的约化速度范围为 0～9.3，按照涡激振动理论的观点，只包括了初始分支、上端分支和部分下端分支。结合图 7-20 及上述讨论，第一、二阶段为初始分支，第三阶段为上端分支，第四阶段为部分下端分支。

**2. 涡激运动频率**

图 7-23 给出了 $L/D$=2.5 时浮式圆柱横流向、顺流向涡激运动频率与固有频率的比值（$f_y/f_n$、$f_x/f_n$）随约化速度的变化规律。图 7-24 给出了部分约化速度下横流向、顺流向涡激运动的响应谱。

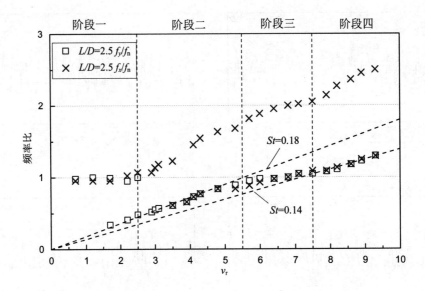

图 7-23　浮式圆柱频率比（$f_y/f_n$、$f_x/f_n$）随 $v_r$ 的变化（$L/D$=2.5）

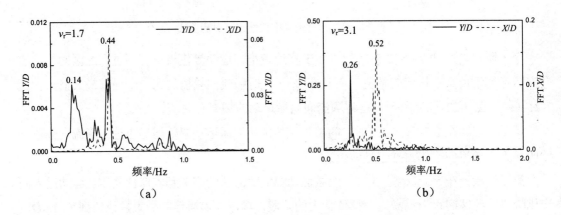

图 7-24　不同 $v_r$ 下浮式圆柱 $X/D$、$Y/D$ 的涡激运动响应谱（$L/D$=2.5）

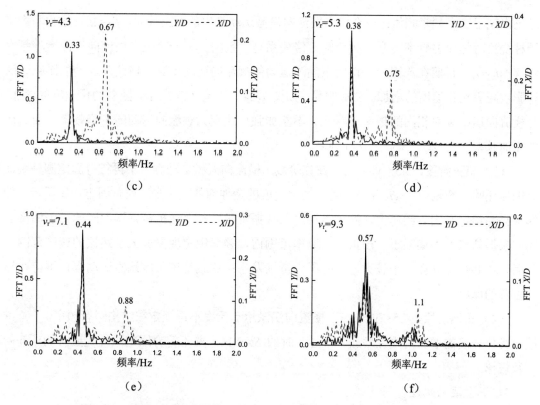

图 7-24　不同 $v_r$ 下浮式圆柱 $X/D$、$Y/D$ 的涡激运动响应谱（$L/D$=2.5）（续）

在图 7-23 中，为了方便讨论，对应涡激运动幅值随约化速度的变化规律同样划分为以下 4 个阶段：

（1）第一阶段，$0 < v_r < 2.5$。该阶段最突出的现象是顺流向涡激运动频率比 $f_x/f_n$ 并没有随约化速度的增加而增大，而是集中在 1 附近，这说明顺流向涡激运动频率始终锁定在固有频率附近（$f_x \approx f_n$），此时顺流向运动为共振运动[4]。这也解释了为什么在此阶段顺流向运动幅值大于横流向运动幅值，而且出现了一个局部最大值。

在约化速度极低时（$v_r$=0.7、1.2），横流向涡激运动刚刚开始激发，完全受到顺流向运动的影响，横流向运动频率等于顺流向运动频率。随着流速的增加，横流向涡激运动出现了另外一个频率，该频率随约化速度的增加而线性增大。如图 7-24（a）所示，$v_r$=1.7 时，横流向运动频率 $f_y$=0.14Hz、0.44Hz，0.14Hz 为 $St \approx 0.18$ 时，固定圆柱绕流的自然涡泄频率；0.44Hz 为顺流向涡激运动的频率。说明此阶段，横流向涡激运动受到了自然涡泄频率和顺流向涡激运动频率的双重影响。

（2）第二阶段，$2.5 \leqslant v_r < 5.5$。横流向涡激运动频率随约化速度的增加而线性增加，且 $St \approx 0.18$，符合固定圆柱绕流时的斯托哈尔数规律。

在 $v_r$=3.1 时，如图 7-24（b）所示，顺流向涡激运动频率 $f_x$=0.52，是横流向频率 $f_y$=0.26 的 2 倍，符合较高长径比圆柱涡激振动模型的频率关系。而随着流速的增加，顺流向涡激运动出现了 2 个频率峰值：一个值为横流向涡激运动频率的两倍关系，$f_{x1}=2f_y$，这也与固定圆柱绕流时拖曳力频率为升力频率的两倍关系是一致的；另一个值与横流向涡激运动频率相等，$f_{x2}=f_y$，说明在流固耦合作用下涡激运动的顺流向运动受到了横流向运动的影响。这种影响随着约化速度的增加，愈加明显。如图 7-24（c）～（f）所示，随着约化速度的增加，与横流向运动频率相同的频率（$f_{x2}=f_y$）不断加强，演变为顺流向运动的主峰频率；而二倍关系的频率（$f_{x1}=2f_y$）减弱为次峰频率。

（3）第三阶段，$5.5 < v_r \leqslant 7.5$。在该阶段，横流向涡激运动频率不再符合固定圆柱绕流时的斯托哈尔数规律。$f_y/f_n$ 并没有随着约化速度的增加而线性增加，而是固定在 1 附近，即涡泄频率锁定在固有频率上，涡激运动进入共振阶段。与普通机械共振不同的是，涡激运动的共振效应并不局限于一段很小的频率范围内，频率锁定现象放大了共振的速度范围，从而导致共振运动在一个较大速度范围内持续发生。这就是该阶段涡激运动幅值维持在较高位置的原因。

（4）第四阶段，$7.5 < v_r \leqslant 9.3$。横流向涡激运动频率不再锁定在结构固有频率，$f_y/f_n$ 继续随约化速度的增加而线性增加。不过此时的 $St \approx 0.14$，并不符合固定圆柱绕流时的斯托哈尔数规律。

3. 涡激运动轨迹

图 7-25 给出了 $L/D=2.5$ 时浮式圆柱在部分约化速度下的涡激运动轨迹。在涡激运动的第一阶段，约化速度较小，运动响应幅值极低，不过由于顺流向运动频率的锁定现象，顺流向幅值大于横流向幅值，如图 7-25（a）所示。在第二阶段，随着流速的增大，横流向涡激运动幅值明显大于顺流向运动幅值，运动轨迹呈现"新月"形，如图 7-25（b）～（f）所示。在第三阶段，涡激运动幅值为四个阶段的最大值，且随约化速度的增加基本保持稳定，运动轨迹呈现"8"字形，如图 7-25（g）～（h）所示。在第四阶段，涡激运动幅值有所下降，不过仍保持在较高位置，运动轨迹继续保持"8"字形，如图 7-25（i）所示。

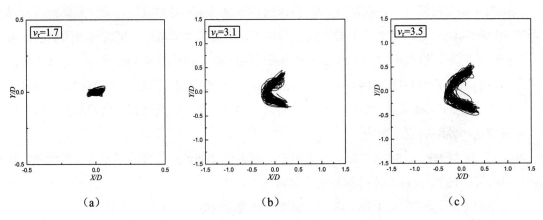

图 7-25　不同 $v_r$ 下浮式圆柱涡激运动轨迹图（$L/D=2.5$）

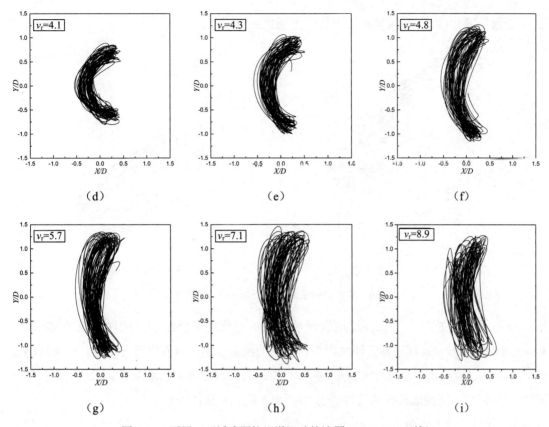

图 7-25　不同 $v_r$ 下浮式圆柱涡激运动轨迹图（$L/D$=2.5）（续）

### 7.3.3　影响浮式圆柱涡激运动实验的主要因素

低长径比浮式圆柱为有限长圆柱，且穿过自由液面，自由端会对下游涡泄模式造成影响。本节从有限长圆柱的自由端和圆柱穿过自由液面两个因素进行讨论，分析其有可能对实验造成的影响。

#### 1. 有限长圆柱的自由端

低长径比浮式圆柱为有限长圆柱且有一自由端浸入水中。针对长径比变化的研究，绝大部分集中在自由端对圆柱绕流特性的影响。Okamota 和 Yagita 在 1972 年的研究为大部分学者所接受：随着长径比的下降，旋涡泄放强度也随之下降，涡泄模式发生改变[5]。1983年，Sakamoto 和 Arie 研究提出：对于存在自由端的有限长圆柱，长径比 $L/D \approx 2.0$ 为一临界值[6]。针对这一临界值，Kawamura 在 1984 年进行了进一步的研究，得出有限长圆柱存在两种旋涡泄放模式：长径比高于此临界值时涡泄模式为传统的卡门涡街；长径比低于此临界值时卡门涡街不复存在，如图 7-26 所示[7]。近期的众多研究也证实了这一观点，如 Roh 和Park（2003 年）、Sumner（2004 年）、Adaramola（2006 年）、Rodiger（2007 年）以及 Rostamy（2012 年）等[8-12]。2010 年，Palau-Salvador 对长径比为 2 和 5 的圆柱进行了实验，并结合大涡数值模拟（LES）系统解释了产生以上现象的原因[13]。

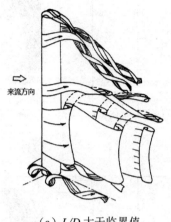

（a）*L/D* 大于临界值　　　　　　　　　　　　（b）*L/D* 小于临界值

图 7-26　具有自由端的有限长圆柱绕流涡泄模式[7]

可以肯定的是，有限长圆柱旋涡泄放模式的变化势必会影响到圆柱绕流的 *St* 数。Okamoto 和 Yagita 通过对固定圆柱附近速度场的测量得出：随着靠近自由端，*St* 数逐渐变小。Baban 以及 Iungo 通过对 $L/D \leqslant 3$ 的圆柱流体力的监测证实涡泄模式的不同的确对绕流升力产生影响，而且低长径比圆柱的 *St* 数要低于高长径比的圆柱[14-15]。

2.　圆柱穿过自由液面

实验中，浮式圆柱穿过自由液面，如图 7-27 所示，此时圆柱周围的压力会随着弗鲁德数的变化而变化[16]。Hay 在 1947 年针对穿过自由液面的不同长径比圆柱进行了一系列实验，以测量液面高度的变化[17]。实验中，圆柱前液面上升的最大高度为 $D_1$，圆柱后液面下降的最大高度为 $L_0$，如图 7-28 所示。

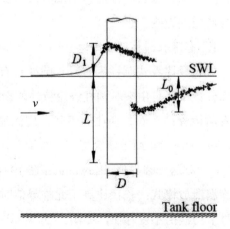

图 7-27　浮式圆柱穿过自由液面　　　　　图 7-28　自由液面影响示意[18]

Chaplin 和 Teigen 在 2003 年重现了这一实验，并验证了 $D_1$ 和 $L_0$ 与弗鲁德数 $Fr_L$ 有关[18]：

$$Fr_{\mathrm{L}} = \frac{v_{\mathrm{C}}}{\sqrt{gL}} \tag{7-8}$$

式中，$v_{\mathrm{C}}$ 为来流速度；$L$ 为吃水高度。

$$\frac{D_1}{D} = \frac{Fr_{\mathrm{L}}^2}{2} \tag{7-9}$$

$$\frac{L_0}{D} = 0.283 Fr_{\mathrm{L}}^2 \tag{7-10}$$

通过上述理论，可以得到本章实验中与自由液面相关的参数，见表 7-2。从表中可得，圆柱前液面升高 $D_1$ 的最大值仅为吃水高度 $L$ 的 5.6%，圆柱后液面下降 $L_0$ 的最大值仅为吃水高度 $L$ 的 3.2%，自由液面对实验影响较小，数据分析时可以忽略。

表 7-2　与自由液面相关参数

| 序号 | $L/D$ | $v_{\mathrm{C}}/$ (m·s$^{-1}$) | $Fr_{\mathrm{L}}$ | $\frac{D_1}{D}$ /% | $\frac{D_1}{L}$ /% | $\frac{L_0}{D}$ /% | $\frac{L_0}{L}$ /% |
|---|---|---|---|---|---|---|---|
| 1 | 2.5 | 0.03～0.41 | 0.02～0.26 | 0.02～3.38 | 0.01～1.35 | 0.01～1.91 | 0～0.76 |
| 2 | 2.0 | 0.04～0.44 | 0.03～0.31 | 0.05～4.8 | 0.03～2.4 | 0.03～2.7 | 0.02～1.35 |
| 3 | 1.5 | 0.05～0.50 | 0.04～0.41 | 0.08～8.4 | 0.05～5.6 | 0.05～4.8 | 0.03～3.2 |

### 7.3.4　长径比变化对涡激运动的影响

以上对 $L/D$=2.5 的浮式圆柱涡激运动关键特性进行了研究，并对实验过程中的相关影响因素作了讨论。本节从涡激运动幅值、运动频率以及运动轨迹等方面入手，重点研究长径比变化对涡激运动特性的影响。

**1. 长径比变化对涡激运动响应幅值的影响**

图 7-29 给出了不同长径比浮式圆柱无量纲涡激运动横流向、顺流向幅值随约化速度的变化规律。从图中可以看出总的趋势是，涡激运动幅值随长径比的下降而下降。按照上一节讨论，可以假设低长径比会对尾流造成更强的三维效应，从而引起升力的下降，造成运动幅值的降低[3]。

长径比的变化会对涡激运动响应阶段的范围产生影响，具体在下文讨论，因此只在图 7-29 中标出各响应阶段的粗略划分。在第一阶段，不同长径比浮式圆柱之间涡激运动响应幅值区别并不明显，均处于较低位置。在第二阶段，涡激运动幅值增加迅速，横流向运动幅值明显大于顺流向运动幅值。在这一阶段，$L/D$=2.5、2.0 的圆柱涡激运动响应幅值几乎相等，且明显大于 $L/D$=1.5 的圆柱涡激运动响应幅值。在第三阶段，$L/D$=2.5 的圆柱涡激运动幅值开始高于 $L/D$=2.0 的圆柱运动幅值；$L/D$=1.5 的圆柱涡激运动幅值虽有明显增加，但仍大幅低于 $L/D$=2.0 的圆柱运动幅值。在第四阶段，各长径比圆柱涡激运动幅值均有所下降。

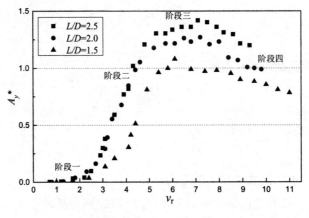

（a）横流向涡激运动幅值

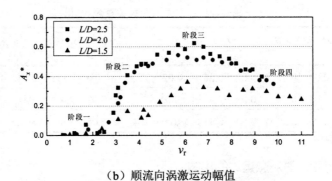

（b）顺流向涡激运动幅值

图 7-29　不同长径比浮式圆柱无量纲涡激运动幅值随 $v_r$ 的变化

**2. 长径比变化对涡激运动频率的影响**

图 7-30、图 7-31 分别给出了长径比为 2.0、1.5 的浮式圆柱横流向、顺流向涡激运动频率与固有频率的比值（$f_y/f_n$、$f_x/f_n$）随约化速度的变化规律。对比图 7-23 可以得出，涡激运动频率随长径比的变化主要表现出以下 3 个特点。

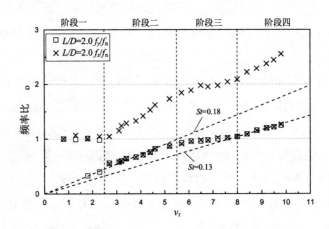

图 7-30　浮式圆柱频率比（$f_y/f_n$、$f_x/f_n$）随 $v_r$ 的变化（$L/D=2.0$）

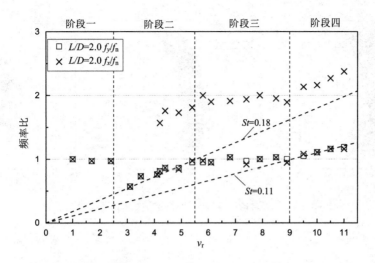

图 7-31　浮式圆柱频率比（$f_y/f_n$、$f_x/f_n$）随 $v_r$ 的变化（$L/D$=1.5）

①随着长径比的降低，涡激运动第三阶段锁定区的范围有扩大的趋势。②在图 7-31 中第一阶段和第二阶段的前半部分，横流向、顺流向涡激运动频率几乎相等，大大超出 $L/D$=2.5、2.0 圆柱涡激运动中出现该现象的范围；这说明，随着长径比下降横流向与顺流向涡激运动的相互耦合作用有所增强。③在第四阶段 $St$ 数随着长径比的下降而下降，这可能与有限长圆柱绕流时，低长径比圆柱的 $St$ 数要低于高长径比的圆柱有关系[14-15]。

3. 长径比变化对涡激运动轨迹的影响

图 7-32 给出了部分约化速度下不同长径比浮式圆柱的涡激运动轨迹。从图中可以看出，随着长径比的下降，涡激运动幅值有下降的趋势。而且相对于 $L/D$=2.5、2.0 的圆柱，$L/D$=1.5 的圆柱表现出不规则的涡激运动轨迹。再次印证了随着长径比的下降自由端对尾流涡泄模式的影响不断增加，从而导致更强的三维特征。

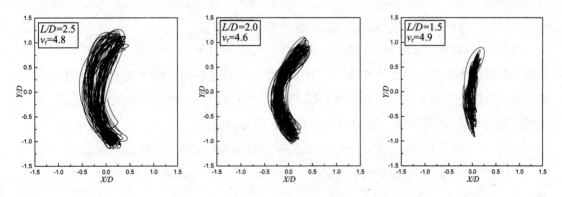

图 7-32　不同长径比浮式圆柱涡激运动轨迹

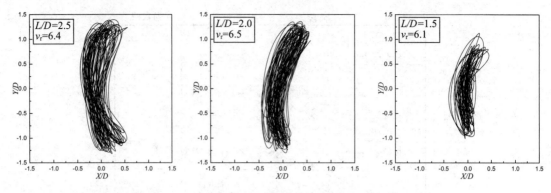

图 7-32　不同长径比浮式圆柱涡激运动轨迹（续）

## 7.4　本章小结

本章应用波流水槽，进行了低长径比浮式圆柱的涡激运动实验。通过调整水槽内的水深及圆柱的压载质量，来改变模型吃水，对 3 种不同长径比浮式圆柱进行涡激运动研究。讨论了有限长圆柱自由端和圆柱穿过自由液面等因素可能对实验造成的影响。重点从实测水动力频率、运动响应幅值、响应频率和运动轨迹等多个方面研究了浮式圆柱涡激运动的特性，得到以下结论。

（1）实测升力频率与横流向涡激运动频率相等，实测拖曳力频率与顺流向涡激运动频率相等，说明受力决定了位移。

（2）将实验中的涡激运动响应分为 4 个阶段，按照涡激振动的理论，第一、二阶段对应初始分支，第三阶段对应上端分支，第四阶段对应部分下端分支。

（3）在 $L/D$=2.5 的浮式圆柱涡激运动的第一阶段，顺流向运动锁定在静水固有频率附近，顺流向运动为共振运动，从而引起该阶段顺流向幅值大于横流向幅值。在该阶段横流向运动受到了自然涡泄频率和顺流向运动频率的双重影响。

（4）从浮式圆柱涡激运动的第二阶段开始，顺流向涡激运动出现了 2 个频率峰值：一个值为横流向涡激运动频率的 2 倍，符合固定圆柱绕流时拖曳力频率为升力频率的 2 倍关系；另一个值与横流向涡激运动频率相等，说明在流固耦合作用下顺流向运动受到了横流向运动的影响。这种影响随着约化速度的增加，愈加明显。

（5）对于低长径比浮式圆柱，总的趋势是涡激运动幅值随长径比的降低而减小。但在第二阶段，$L/D$=2.5、2.0 的圆柱涡激运动响应幅值几乎相等，且显著高于 $L/D$=1.5 的圆柱涡激运动响应幅值。

（6）在涡激运动第四阶段，$f_y/f_n$ 随约化速度增加而线性增加，但此时不再符合固定圆柱绕流时的 $St$ 数的相关规律，且 $St$ 数随长径比的降低而减小。

（7）$L/D$=2.5 的浮式圆柱涡激运动中，第二阶段运动轨迹为"新月"形，第三、四阶段为"8"字形。相对于 $L/D$=2.5、2.0 的圆柱，$L/D$=1.5 的圆柱表现出不规则的涡激运动轨迹。

# 参考文献

[1]    CUEVA M, Fujarra A L C, NISHIMOTO K, et al. Vortex-induced motion: model testing of a monocolumn floater[C]//25th International Conference on Offshore Mechanics and Arctic Engineering. American Society of Mechanical Engineers, 2006: 635-642.

[2]    Gonçalves R T, Fujarra A L C, Rosetti G F, et al. Vortex-Induced motion of a monocolumn platform: new analysis and comparative study[C]//ASME 2009 28th International Conference on Ocean, Offshore and Arctic Engineering. American Society of Mechanical Engineers, 2009: 343-360.

[3]    Gonçalves R T, Rosetti G F, Franzini G R, et al. Two-degree-of-freedom vortex-induced vibration of circular cylinders with very low aspect ratio and small mass ratio[J]. Journal of Fluids and Structures, 2013, 39: 237-257.

[4]    BLEVINS R D, COUGHRAN C S. Experimental investigation of vortex-induced vibration in one and two dimensions with variable mass, damping, and Reynolds number[J]. Journal of Fluids Engineering, 2009, 131(10): 101202.

[5]    OKAMOTO T, YAGITA M. The experimental investigation on the flow past a circular cylinder of finite length placed normal to the plane surface in a uniform stream[J]. Bulletin of JSME, 1973, 16(95): 805-814.

[6]    SAKAMOTO H, ARIE M. Vortex shedding from a rectangular prism and a circular cylinder placed vertically in a turbulent boundary layer[J]. Journal of Fluid Mechanics, 1983, 126: 147-165.

[7]    KAWAMURA T, HIWADA M, HIBINO T, et al. Flow around a finite circular cylinder on a flat plate: Cylinder height greater than turbulent boundary layer thickness[J]. Bulletin of JSME, 1984, 27(232): 2142-2151.

[8]    ROH S, PARK S. Vortical flow over the free end surface of a finite circular cylinder mounted on a flat plate[J]. Experiments in fluids, 2003, 34(1): 63-67.

[9]    SUMNER D, HESELTINE J L, DANSEREAU O J P. Wake structure of a finite circular cylinder of small aspect ratio[J]. Experiments in Fluids, 2004, 37(5): 720-730.

[10]   ADARAMOLA M S, AKINLADE O G, SUMNER D, et al. Turbulent wake of a finite

circular cylinder of small aspect ratio[J]. Journal of Fluids and Structures, 2006, 22(6): 919-928.

[11] Rödiger T, Knauss H, Gaisbauer U, et al. Pressure and heat flux measurements on the surface of a low-aspect-ratio circular cylinder mounted on a ground plate[M]//New Results in Numerical and Experimental Fluid Mechanics VI. Springer Berlin Heidelberg, 2007: 121-128.

[12] ROSTAMY N, SUMNER D, BERGSTROM D J, et al. Local flow field of a surface-mounted finite circular cylinder[J]. Journal of Fluids and Structures, 2012, 34: 105-122.

[13] PALAU-SALVADOR G, STOESSER T, Fröhlich J, et al. Large eddy simulations and experiments of flow around finite-height cylinders[J]. Flow, turbulence and combustion, 2010, 84(2): 239.

[14] BABAN F, SO R M C. Aspect ratio effect on flow-induced forces on circular cylinders in a cross-flow[J]. Experiments in Fluids, 1991, 10(6): 313-321.

[15] IUNGO G V, PII L M, BURESTI G. Experimental investigation on the aerodynamic loads and wake flow features of a low aspect-ratio circular cylinder[J]. Journal of Fluids and Structures, 2012, 28: 279-291.

[16] SARPKAYA T. Vorticity, free surface, and surfactants[J]. Annual review of fluid mechanics, 1996, 28(1): 83-128.

[17] HAY A D. Flow about semi-submerged cylinders of finite length[M]. Princeton University Report, 1947.

[18] CHAPLIN J R, Teigen P. Steady flow past a vertical surface-piercing circular cylinder[J]. Journal of Fluids and Structures, 2003, 18(3): 271-285.

# 第 8 章　浮式多圆柱型海洋结构物涡激运动实验研究

## 8.1　概述

自从 Spar 平台应用于墨西哥湾油气资源开发后，其在墨西哥环流作用下的大幅、低频运动开始被工业界广泛关注，逐渐发展成刚性浮式平台的涡激运动问题。海洋平台的涡激运动一般是指结构的大幅值、低频平面运动，主要集中在横荡、纵荡和艏摇方面的问题。研究发现，大幅的涡激运动可导致立管和锚泊系统的疲劳损伤，增大系泊缆的有效负载[1-2]。随着研究的深入，发现半潜平台和张力腿平台（TLP）有可能发生大幅的涡激运动现象。

目前浮式平台涡激运动问题的研究方法主要有模型实验、CFD 数值仿真和实地监测[3-12]。由于实地监测周期长、费用昂贵以及海洋环境的不确定性，因此观测资料非常少，主要是靠模型实验和 CFD 数值仿真进行研究。CFD 数值仿真作为一种快速、省时、高效的计算方法正被科研人员广泛应用，但还不能单独应用于涡激运动问题的研究，必须结合模型实验方法，进行参数修正和模型简化，因此模型实验作为现阶段流体力学问题的重要研究方法被广泛应用于浮式海洋平台涡激运动问题的研究中来。

浮式平台的涡激运动实验研究一般分 3 种：一是在拖曳水池中进行静水拖曳实验；二是在循环水槽中进行水槽实验；三是在海洋工程水池中进行整体造流实验。3 种实验方法各有优缺点，在拖曳水池中进行静水拖曳实验虽然可以获得较高的速度，但是由于水池长度有所限制，因此采用时间较短，且只能模拟均匀流；在循环水槽中可以进行长时间持续性实验，而且实验模型相对较小，实验前期准备较方便，但是模型尺寸相对较小并有一定的边壁效应；在海洋工程水池中虽然可以进行整体造流，但是流速一般较小，某些情况下达不到实验要求。

在 Spar 平台和半潜平台涡激运动问题的研究中，由于其质量比约等于 1，因此大多都可以在拖曳水池中进行拖曳实验，而 TLP 由于其质量比小于 1，对张力筋腱模拟有困难，实验研究较少。Tan 和 Magee 针对 TLP 低纵横比和低质量比特点，进行了模型实验和 CFD 数值仿真研究[13]。实验中通过在低摩擦气浮轴承下安装反向压缩弹簧系统，实现 TLP 真实的质量比，该装置可以使平台在水平方向自由移动，并通过压缩弹簧模拟张力筋腱的刚度，达到匹配 TLP 横荡和纵荡周期的模拟。

参考上述实验方式的优缺点并结合本实验室的具体情况，本文采用循环水槽实验方法进行低雷诺数 TLP 涡激运动问题的研究。实验过程中最重要的是 TLP 模型尺寸大小和系泊系统的模拟。张力腿平台模型尺寸大小主要是根据水槽截面宽度来确定，尽量减小边壁效应而又不至于模型过小。系泊系统的合理模拟则是整个涡激运动实验的重点，对实验的成败至关重要，实验中采用等效系泊方法，设计了一套考虑垂向和水平系泊刚度的系泊方案，实验结果显示该方案达到了预期目的，具体模型设计和系泊设计见下文详述。

## 8.2  实验简介

本实验的内容就是进行 TLP 涡激运动问题的模型实验，机理就是平台在来流情况下，流场在立柱两侧产生流动分离，并在立柱后方有交替的旋涡生成，随流动的持续柱体两侧的旋涡周期性地脱落，因此在平台立柱两侧形成了周期性的脉动压力，带来浮式结构的周期性振荡。实验的关键是如何合理的模拟平台系泊系统，使平台在来流作用下产生周期性尾涡脱落，在脉动压力的驱动下引起周期性的涡激运动。

TLP 模型实验在中国海洋大学波流水槽中进行，此方案可以进行长时间实验观测和数据采集，保证实验结果的稳定。同时也方便实验模型的前期安装和调试，每次实验只需调节流速大小，不需要调整其他装置，整个实验过程外因影响较小，实验结果可靠性高。

实验过程中首先进行模型安装，而后进行水槽放水，然后在模型上安装加速度传感器、压力传感器，并通过电荷放大器连接至数据采集仪，实验中在模型来流前方放入流速仪以监测流速变化，最后将采集到的加速度信号和压力信号进行处理分析，完成模型实验。整个实验过程共分 3 次完成，每次一周左右，前后大约 8 个月，后两次为第一次实验内容的补充。3 次实验使用模型和仪器相同，实验步骤相同，实验结果基本一致，具有可重复性，达到预期目的。

实验仪器设备的良好是完成实验的重要保障，实验中的主要仪器设备有波流水槽、流速仪、加速度传感器、压力传感器、电荷放大器、数据采集仪以及 DASP 多功能数据采集分析系统等，下面就实验中使用的仪器设备进行简单介绍。

波流水槽主体有效尺寸为长 30m，外宽 76cm，内宽 59cm，高 95cm，见图 7-5。水槽首端安装造波机，造波机后部安装消能网，实验段采用钢架结构，两边壁镶嵌厚玻璃，便于实验观察。水槽装备有循环式潜水泵造流系统，采用 2 台双向潜水泵，用计算机控制造流泵转数，并通过在模型来流前方放置流速仪监测流速。

涡激运动实验中，其运动特性随约化速度的不同而发生变化，当模型装置安装完成后，约化速度仅随速度的变化而变化，因此实验过程中最主要的变量就是流速。水槽流速采用"小威龙"声学多普勒点式流速仪测定，见图 7-7 所示。该型号流速仪属于高精度三维现场

仪器，主要用来测量三维流速的变化，头部共有三个或四个聚集声束，以很高的采样频率
测量一个很小点的流速，可用于湍流、边界层测量和碎波带测量，也可用于极地流速的测量。
"小威龙"流速仪主要用于实验室的湍流以及水槽、水工模型和水池等的三维流速的测量。

实验中流场速度通过潜水泵转速实现，用电脑控制潜水泵转速，转速范围为 0～
1200r/min（水深 0.5m，流速约 0.4m/s），图 8-1 为水泵转速与流速的关系图。实验中，若一
开始需要设置较高转速，设置转速需逐渐增大，实验结束时，设置转速也应该逐渐减小（约
100r/min 每次），达到相应设置转速时再进行调整，防止过快增大或减小时影响潜水泵稳定
性。当潜水泵达到一定转速后，用流速仪测量流场实际流速，通过转速控制和流速测量来
达到实验流速，当流速达到指定流速时，流速计相关性达到 50%以上开始采样，通过改变
流场流速来改变涡激力和模型涡激运动的动力特性。

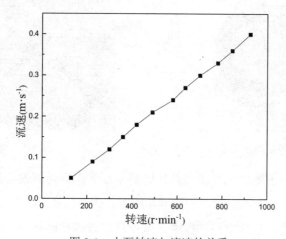

图 8-1　水泵转速与流速的关系

加速度传感器采用北京波普的压电式加速度传感器，型号为 KD1002S，如图 8-2 所示，
该类型传感器的工作流程为：传感器—放大器—数据采集仪—计算机。该系列加速度传感
器具有频响宽、灵敏度高、横向灵敏度小和抗外界干扰能力强等特点。使用过程中，电缆
安装是很重要的一个环节，电缆将加速度传感器与电荷放大器连接在一起，要求在信号传
递过程中不失真或不引入噪声，因此应选用低噪声电缆线，使用过程中不宜来回晃动，以
免带来低频干扰。图 8-3 为压电式加速度传感器在 TLP 立柱上的安装形式及位置。

压力传感器采用昆山双桥的 CYG505 型微型水工压力传感器，如图 8-4 所示。CYG505
微型传感器为标称尺寸外径为 $\phi$5mm 的表压传感器，量程为 0～10kPa，其设计是为满足缩
尺模型实验要求，对流场扰动小、量程低、灵敏度高和动态频响好而专门设计的微型脉动
压力传感器。实验中发现由于信号放大器、转换电源以及电机等设备的电磁干扰，需要在
压力传感器上外接电容进行多级滤波，如图 8-5 所示，结果表明多级滤波可以过滤掉高频的
干扰信号。

图 8-2　压电式加速度传感器

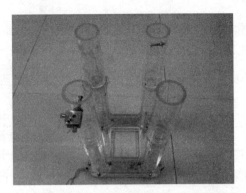

图 8-3　压电式加速度传感器安装位置

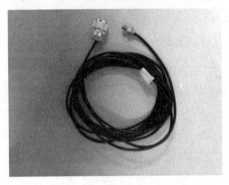

图 8-4　CYG505 型微型水工压力传感器

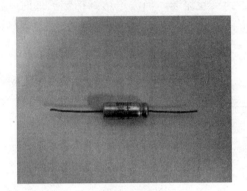

图 8-5　外接电容

压力传感器通过恒压源供电，需要将传感器末端专门为传感器信号调理与补偿设计的平衡管适度加大，装入转换恒流源，如图 8-6 所示。此时转换恒流源处电压为 220V，且线头裸露，因此十分危险，整个实验过程中必须保证不直接接触转换恒流源，需要调整电容或其他连接仪器时，应先关闭电源，等待数分钟后再进行仪器调整。标准 CYG505 产品提供信号放大器，信号放大器调理部分分体安装在一个与电缆相连的仪器小盒内，提供 0～5V 的电压信号输出，方便与采集接口相连，如图 8-7 所示。

图 8-6　转换恒流源

图 8-7　信号放大器

压力传感器主要用于测量 TLP 涡激运动过程中脉动升力和阻力，关键是测量柱体前后或左右的压力差，因此在 TLP 立柱某平面内前后或左右进行钻孔，直径略大于 5mm，方便传感器从立柱内侧向外伸出，并用硅胶密封，防止水流进入，影响平台质量。压力传感器的安装如图 8-8 所示，TLP 下水安装后压力传感器在水下的位置如图 8-9 所示。

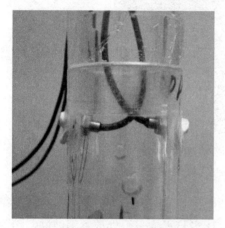 

图 8-8　压力传感器安装位置　　　　图 8-9　压力传感器在水下的位置

电荷放大器主要与加速度传感器相连，使加速度信号以电荷大小输出，在后续中再进行转化，是振动冲击实验中应用较广的仪器，如图 8-10 所示。实验中发现电荷放大器断电后有剩余电荷，与之连接的加速度传感器有漏电现象，对实验人员危害较大，实验中应着重注意。

图 8-10　电荷放大器

数据采集仪采用北京波普的 WS-5922 型号，如图 8-11 所示。采集中可以先暂时储存在仪器内，等实验结束后再进行后处理。数据采集前应先检测采集仪采集信号是否正确，若实验开始时，采集仪显示数据不在初始位置（零刻度线）或相应压力数值大小附近波动，则需进行数据清零处理；当测试某一通道数据变化是否正确时，应选择一合适稳定状态，看数据变化是否合理，若数据无变化或者较混乱，有可能是通道接口问题，应对该通道每一接口重新连接测量，使各通道数据显示正常为止。

图 8-11  数据采集仪

实验中，由于造流水槽设备的影响，水槽内的流动会有一定的波浪影响，对采集的数据有较大影响，因此为了消除波浪的不利影响，在实验水槽来流处放置消波网，消除不良波浪因素的影响。根据实验结果分析可知，本次实验基本消除了流致波浪因素的影响，达到了实验要求。

数据处理选用北京东方所研发的 DASP 多功能数据采集分析系统。该系统可以对各种采样信号进行各种分析，包括频域、时域和其他方面的多种分析方法。DASP 也可以对数据进行编辑和滤波，数据编辑包括对任一段数据进行切除、置零和压缩。对大容量数据的滤波可以同时进行高通、低通、多个带通和多个带阻滤波。文中应用了该系统的高通滤波、低通滤波以及数据积分等功能，具有界面友好、处理数据方便等功能。

## 8.3  模型实验方案

### 8.3.1  实验模型

实验模型参考 Brutus TLP 设计，该传统型平台共有 15 座，占 TLP 总数的 50%，非常具有代表性。

实验模型为全新设计模型，仅立柱直径和间距按照 Brutus 平台比例设计，模型大小根据水槽尺寸确定，尽量减小壁面效应影响。设计中考虑到模型材料、浮力大小以及简化的上部组块等因素，将模型浮箱尺寸略增大并加长立柱长度，主要参数见表 8-1，实验模型如图 8-12 所示。

表 8-1　TLP 主要参数　　　　　　　　　　　　　　　　单位：m

| 参数 | 值 |
| --- | --- |
| 总长（宽） | 0.20 |
| 立柱高 | 0.35 |
| 立柱直径 | 0.05 |
| 立柱间距 | 0.15 |
| 作业吃水 | 0.24 |
| 沉箱横截面宽 | 0.05 |
| 沉箱横截面高 | 0.03 |

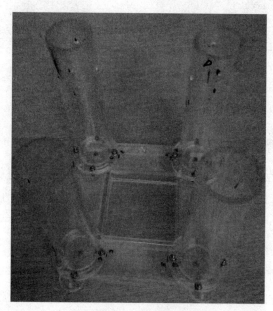

图 8-12　实验模型

　　TLP 模型用有机玻璃制成，是由甲基丙烯酸甲酯聚合而成的高分析化合物。该物质具有较好的力学性能，无色透明、易染色、易加工、强度高、质量轻，非常适合作为水槽实验模型所需的材料。

　　为便于实验的进行，模型制作前必须设计好实验方案，这样才能保证实验的顺利进行，尽可能多地采集到实验数据。本实验主要目的就是进行张力腿平台涡激运动特性的实验，需要的数据是横向和顺流向位移，以及拖曳力和升力，因此需要对如何合理地测量不同来流方向的数据进行模型设计。图 8-13 所示为模型制作时对 TLP 进行的细节处理，图 8-16（a）为对立柱和浮箱连接点进行分离处理，并用螺母连接。每个螺母处留出一个 45°的弧形槽，平均分成 3 等份，方便模型在 0°、15°、30°和 45°来流时进行立柱旋转，测量不同角度的脉动升力和阻力。而图 8-16（b）为对 TLP 各立柱进行截断处理，因立柱直径仅 0.05m，这一处理既方便在此处放置压力传感器，又可以对上部立柱进行转动，方便实验中不同来流角度时对横向和顺流向加速度的测量，这些细节处理大大增加了可研究的内容，方便了实验过程。

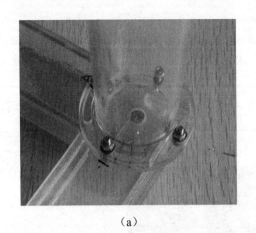 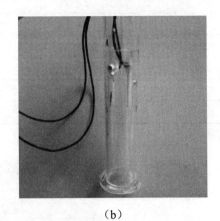

（a）　　　　　　　　　　　　　　　（b）

图 8-13　模型处理

### 8.3.2　坐标系与系泊方案

TLP 涡激运动实验在水槽中进行，先用等效系泊方法对模型进行锚泊处理，再通过改变水槽流速进行涡激运动实验，然后采集实验数据，通过对数据的后处理研究涡激运动特性。而等效系泊方案的处理对整个涡激运动实验至关重要，因此下文就实验坐标系和等效系泊方案进行详细说明。

实验中坐标系如图 8-14 所示，$OXYZ$ 为大地坐标系，$oxyz$ 为平台坐标系，原点位于左下侧圆柱中心，来流方向沿大地坐标系 $OX$ 轴，来流角度定义为来流方向与平台 $ox$ 轴所成的角度（即平台坐标 $ox$ 轴与大地坐标 $OX$ 轴所成的夹角）。本文中横荡即垂直于来流方向的运动（大地坐标系的 $OY$ 轴运动），亦称横向响应；纵荡为顺流向运动（大地坐标系的 $OX$ 轴运动），亦称顺流向响应。

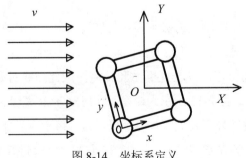

图 8-14　坐标系定义

考虑到实际的系泊状态，模型实验中设计了一套考虑水平和垂向系泊刚度的锚泊方案，垂向系泊系统模拟张力筋腱作用以达到 TLP 低质量比特性（$m^*\approx0.9$），而水平系泊方案使平台横荡和纵荡固有周期达到设计值为准，系泊方案如图8-15所示。

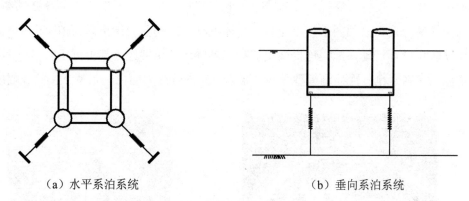

（a）水平系泊系统　　　　　　　　　　　（b）垂向系泊系统

图 8-15　等效系泊系统

考虑到约化速度在涡激运动问题中的重要性，模型实验中的约化速度要包含较宽范围。根据水槽的造流能力（$0\sim0.4$m/s）和涡激运动实验的基本约化速度要求（约为 $v_r=0\sim12$），选用橡皮筋材料模拟系泊系统，满足实验要求[14]。

### 8.3.3　实验内容

由于该类型 TLP 的对称性，模型实验选取 4 个不同来流角度进行，分别为 0°、15°、30° 和 45° 方向，每个来流角度选取 12 个不同的流速，共 48 个工况，见表8-2。

表 8-2　实验工况

| $v_C$/（m·s⁻¹） | $v_r=v_C T_n/D$ | $Re$ |
|---|---|---|
| 0.05 | 1.75 | 2500 |
| 0.09 | 3.15 | 4500 |
| 0.12 | 4.2 | 6000 |
| 0.15 | 5.25 | 7500 |
| 0.18 | 6.3 | 9000 |
| 0.21 | 7.35 | 10500 |
| 0.24 | 8.4 | 12000 |
| 0.27 | 9.45 | 13500 |
| 0.3 | 10.5 | 15000 |
| 0.33 | 11.55 | 16500 |
| 0.36 | 12.6 | 18000 |
| 0.4 | 14 | 20000 |

实验中，当流速达到指定流速时，流速计相关性达到 50%以上开始采样，采样频率100Hz。通过转动模型来改变来流角度，通过改变潜水泵转数渐进式改变来流速度。

实验装置如图 8-16 所示，模型外钢结构框架方便模型转动时系泊系统的固定，该框架垂向由三根立柱支撑，立柱直径为 1cm，长度可以伸缩，实验时上部圆环必须高于水面且前面两立柱分别在前部两端，以免影响流体流动，影响实验结果。底留有一个圆环，上面放压铁防止圆环运动，绳索连接橡皮筋从底部圆环穿出并经底部附近压铁沿壁面穿出，方便实验人员在水槽外面控制模型垂向预张力，垂向预张力的控制是整个实验成败的关键。

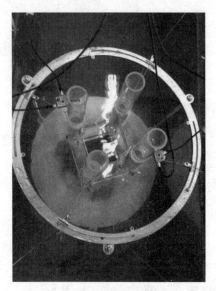 

（a）实验装置俯视图　　　　　　　　　　（b）实验装置侧视图

图 8-16　模型实验装置

### 8.3.4　模型静水和涡激运动实验

完成实验模型装置的安装后，首先要进行静水自由衰减实验，用来测量各方向的运动固有周期，然后再进行造流开始对不同速度和来流下的涡激运动实验。由于涡激运动现象最主要的是平面内运动，因此本实验过程中只进行横荡和纵荡运动的测量。

浮式平台在系泊力的作用下，以 $\phi$ 表示平台横荡方向的运动，则浮体在静水中的横荡运动方程为

$$I\phi'' + 2N\phi' + k\phi = 0 \qquad (8-1)$$

式中，$\phi$、$\phi'$、$\phi''$ 分别表示平台在横荡运动上的位移、速度、加速度；$I$ 表示平台横荡运动方向上的质量或惯性矩；$N$ 表示阻尼（矩）系数；$k$ 表示系统的刚度系数。

令 $\upsilon = \dfrac{N}{I}$ 为横荡方向的衰减系数，$\omega_\phi = \sqrt{\dfrac{k}{I}}$ 为横荡固有圆频率，则其运动微分方程可

写为

$$\phi'' + 2\upsilon\phi' + \omega_\phi^2\phi = 0 \qquad (8\text{-}2)$$

其通解为

$$\phi = \mathrm{e}^{-\upsilon t}\left[ c_1 \cos \omega_\phi' t + c_2 \sin \omega_\phi' t \right] \qquad (8\text{-}3)$$

式中

$$\omega_\phi' = \sqrt{\omega_\phi^2 - \upsilon^2} \qquad (8\text{-}4)$$

其中 $\omega_\phi'$ 是考虑流体阻尼后的横荡固有圆频率，在衰减实验中，主要考虑势流阻尼因素，由于 $\upsilon$ 的值很小，$\omega_\phi'$ 与固有圆频率 $\omega_\phi$ 十分接近，因此一般认为在衰减实验中 $\omega_\phi' = \omega_\phi$。

令 $\mu = \dfrac{\upsilon}{\omega_\phi'} \approx \dfrac{\upsilon}{\omega_\phi}$，$\mu$ 称为横荡的无因次系数或无因次阻尼系数。浮式平台的自由衰减实验就是根据以上分析结果进行计算的。

根据上述推理并参考图 8-17 静水中的横荡自由衰减曲线，衰减幅值按照指数规律随时间衰减，相邻两个峰值之间的时间即是横荡的固有周期 $T_\phi$。在半个周期时间间隔内的横荡幅值变化的绝对值为

$$\left|\frac{\phi_{A2}}{\phi_{A1}}\right| = \mathrm{e}^{-\upsilon\frac{T_\phi}{2}} = \mathrm{e}^{-\mu\pi} \qquad (8\text{-}5)$$

$$\mu = \frac{1}{\pi}\ln\left|\frac{\phi_{A1}}{\phi_{A2}}\right| \qquad (8\text{-}6)$$

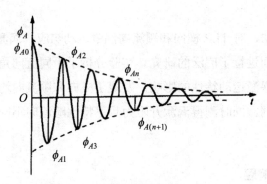

图 8-17 静水中的横荡自由衰减曲线

推广的普通表达式为

$$\mu = \frac{1}{\pi}\ln\left|\frac{\phi_{An}}{\phi_{A(n+1)}}\right| \qquad (8\text{-}7)$$

其中 $\phi_{An} > \phi_{A(n+1)}$。

因此可求得横荡方向的固有周期 $T_\phi$ 和无因次阻尼系数,其他自由度运动的固有周期和无因次阻尼系数均可根据此法求得。

本章静水衰减实验中经过对实验装置的多次调整以及张力腿平台模型的对称性,使横荡和纵荡固有周期几乎相等。图 8-18 为实验测得横荡衰减曲线,由实验数据计算可得,横荡(纵荡)固有周期约 2s,无因次阻尼系数为 0.1。

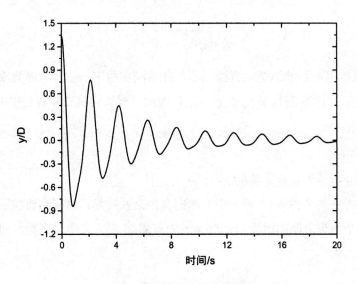

图 8-18　横荡自由衰减曲线

## 8.4　实验结果与分析

通过模型实验方法,对 TLP 横向和顺流向涡激运动响应、涡激升阻力频率特性、涡激运动轨迹以及锁定区间进行了广泛的研究。实验分析了不同流向角下的涡激运动特性,探讨了不同柱体形状对涡激运动特性的影响,发现了横向和顺流向均发生频率锁定现象,但涡激响应特性明显不同,同时测得涡激升阻力频率特性随流向不同而变化,具体结果见下文所述。

### 8.4.1　涡激运动响应

1. 横流向涡激运动特性

横流向运动是浮式平台涡激运动问题研究的重点,平台在一定的来流条件下会产生大幅低频的横流向涡激响应,该横流向涡激运动是造成立管、锚缆疲劳损伤的主导因素,因此应重点考虑。

  图 8-19 给出了 0°流向时不同约化速度下横流向无量纲运动响应幅值（运动幅值与管径之比）。由图可知，当流速较小时（约 $v_r$=1.75），横流向运动幅值很小，几乎无涡激运动发生；随着流速的增加（1.75＜$v_r$≤4.2），横流向运动幅值逐渐增大（约 0.1$D$），且运动响应较规律，此时发生了涡激运动；当流速继续增加至约 $v_r$=4.2 时，横流向涡激响应幅值大幅增加，且随着流速的继续增大横流向运动幅值变化较小，此时发生了涡激共振现象，横流向运动幅值不再随流速的增加而增大，横流向运动幅值保持不变的范围亦称锁定区间，在锁定区间横流向运动响应较规则（约 0.6$D$）；随着流速的继续增加（约 $v_r$＞9.45），运动幅值有所减小（约 0.2D），但运动响应仍然比较规则。

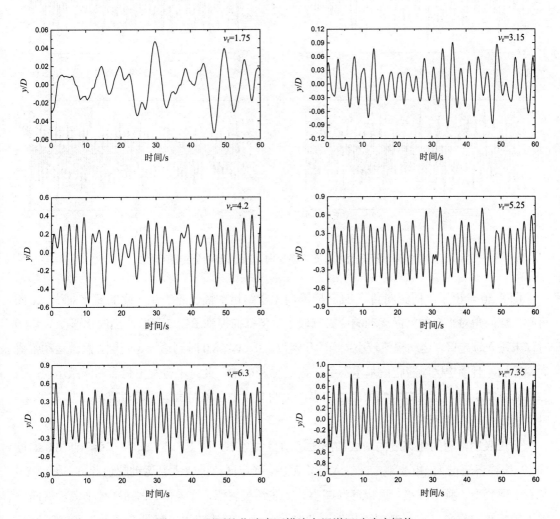

图 8-19 不同约化速度下横流向涡激运动响应幅值

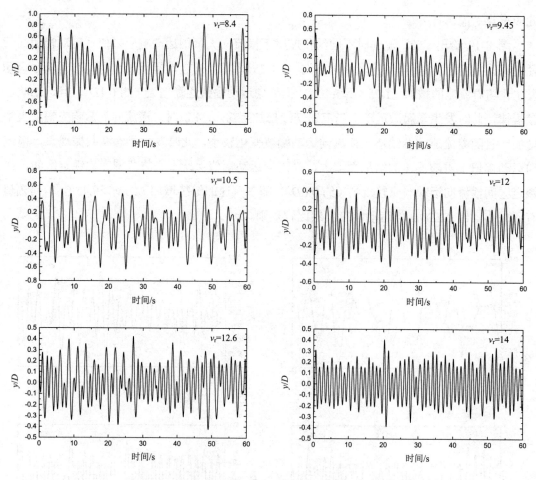

图 8-19　不同约化速度下横流向涡激运动响应幅值（续）

图 8-20 给出了不同流向角下 TLP 横流向无量纲运动幅值随约化速度的变化曲线。由图可知，流向角对平台的涡激运动响应影响较小，但都捕捉到了锁定现象。当约化速度 $v_r < 4.0$ 时尚未进入锁定区，运动幅值较小；当约化速度 $4.0 \leqslant v_r \leqslant 8.0$ 时到达锁定范围，涡激运动幅值大幅增加，且锁定区响应幅值基本不变，振幅约为 $0.6D$，此时平台发生强烈的涡激运动；当 $8.0 \leqslant v_r \leqslant 12.0$ 时，运动响应幅值开始减小，说明此时平台的涡激运动逐渐减弱；当 $v_r > 12.0$ 时，运动响应变化无序。

分析表明，随约化速度的增大，涡激运动呈现上下"两支"现象，从 $3.0 \leqslant v_r \leqslant 8.0$ 的过程中，振幅逐渐增大，由非锁定区进入锁定范围，锁定区范围较大且运动幅值相同；在 $v_r = 8.0$ 左右出现突变，频率解锁，振幅逐渐减小。上述结果表明，在 $4.0 \leqslant v_r \leqslant 8.0$ 时平台横流向发生了频率锁定现象，与涡激振动相似，此时平台运动幅值较大，容易造成系泊和立管设备的疲劳破坏。

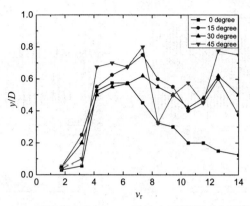

图 8-20　不同流向角下 TLP 横流向无量纲运动幅值曲线

## 2. 顺流向涡激运动特性

浮式平台的顺流向涡激响应一般较小，部分学者在研究中常常忽略其影响，本文对 TLP 顺流向涡激响应亦进行了详细的研究，发现顺流向也存在锁定现象。

图 8-21 给出了 0°流向时不同约化速度下顺流向无量纲运动响应幅值。由图可知，顺流向运动响应幅值相对较小，且随约化速度的变化趋势亦与横向不同。当流速较小时（约 $v_r \leqslant 4.2$），顺流向运动幅值很小，几乎无涡激运动发生；当流速继续增加至约 $v_r=4.2$ 时，顺流向涡激响应幅值大幅增加，且随着流速的继续增大顺流向运动幅值基本不变（约 $0.1D$），此时顺流向亦发生了涡激共振现象，锁定区间为 $4.2 \leqslant v_r \leqslant 8.0$；随着流速的继续增加（约 $8.0 \leqslant v_r \leqslant 12.0$），顺流向运动幅值出现急剧增长（约 $0.2 \sim 0.3D$），呈现低频大幅运动；当越过 $v_r=12.0$ 时，顺流向运动幅值逐渐减小，运动响应呈现高频低幅值运动现象，此时有可能发生驰振现象。

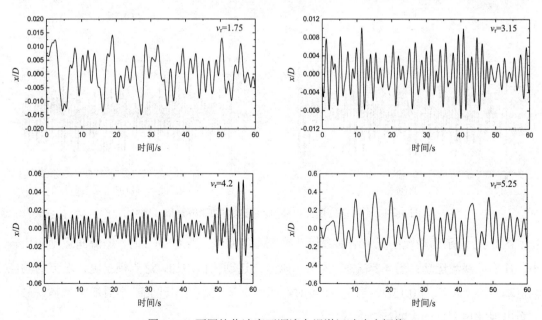

图 8-21　不同约化速度下顺流向涡激运动响应幅值

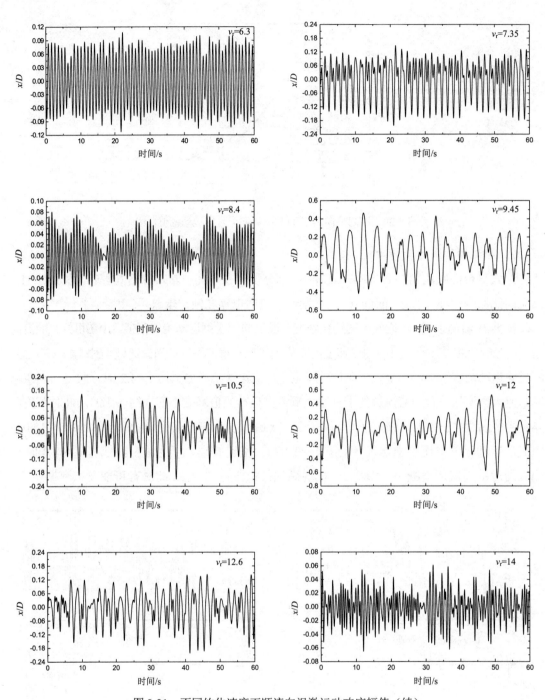

图 8-21　不同约化速度下顺流向涡激运动响应幅值（续）

　　图 8-22 所示为顺流向无量纲涡激运动响应幅值曲线。当 $v_r \leqslant 4.2$ 时，顺流向运动幅值较小，几乎无涡激运动；当 $4.2 \leqslant v_r \leqslant 8.4$ 时，顺流向运动幅值增加，达到锁定区，顺流向响应幅值基本不变，约为 $0.15D$；当 $v_r > 8.4$ 时，顺流向运动幅值出现先减小后增大趋势，最后又会出现非周期性的大幅运动响应。

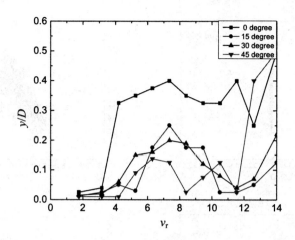

图 8-22 不同流向角下顺流向无量纲运动幅值曲线

上述结果表明，平台在顺流向亦会发生频率锁定，且顺流向响应幅值要小于横流向，但在锁定区不宜忽略其运动响应。因此，平台涡激运动问题应同时考虑横流向和顺流向的运动响应。

**3. 涡激运动轨迹**

图 8-23 所示为 0° 流入射时，平台在不同约化速度下的涡激运动轨迹。对比不同约化速度时的运动轨迹可知，在非锁定区 $v_r < 4.2$ 时，平台的运动幅值较小，基本无涡激运动；在锁定区 $4.2 \leqslant v_r \leqslant 8.4$ 时，运动幅值突然增大，横流向和顺流向运动幅值不再随约化速度增大而变化，且运动轨迹较规则，此时发生了涡激共振现象，横流向运动幅值远大于顺流向；当 $v_r > 8.4$ 越过锁定范围时，运动混乱无序，运动幅值略小于锁定区，横流向和顺流向运动幅值大体相等。由图 8-26 可知，在锁定区范围内横流向和顺流向幅值之比为 5~8，因此在锁定区平台的横流向运动居主导地位。

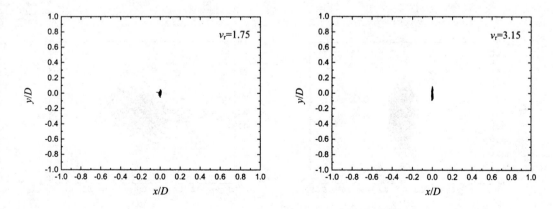

图 8-23 不同约化速度下的涡激运动轨迹

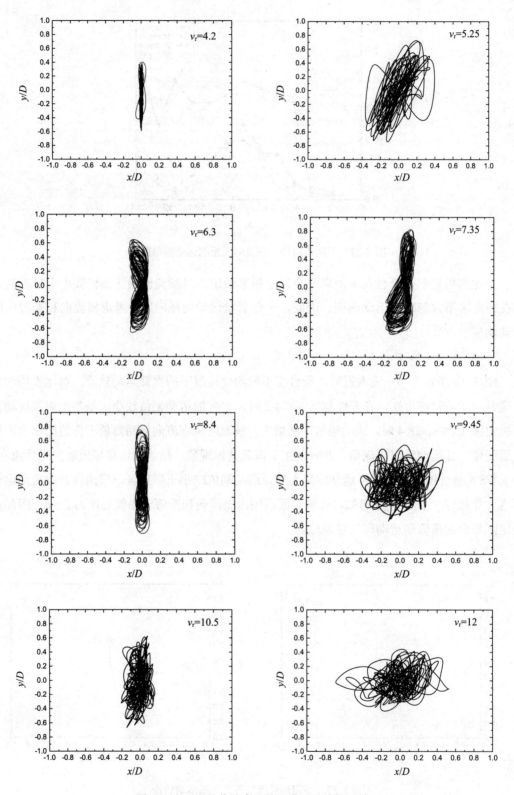

图 8-23  不同约化速度下的涡激运动轨迹（续）

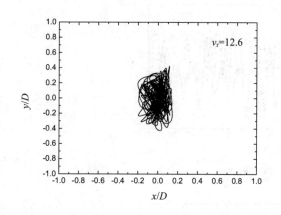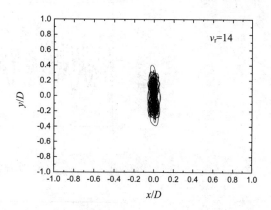

图 8-23　不同约化速度下的涡激运动轨迹（续）

在锁定区，当 0°流入射时，平台的运动轨迹呈较规则的"8"字形，此时顺流向响应频率为横流向的两倍。

结果表明，在锁定区发生了剧烈的涡激共振现象，此时，横流向运动幅值远大于顺流向，而且在横流向和顺流向的耦合作用下，平台的运动轨迹具有较规则的形态，说明涡激运动具有一定的自限性。

4. 涡激力

图 8-24（a）所示为实测平台在 0°流入射下发生涡激共振时（约化速度 $v_r$=6.3）的涡激力响应时程曲线，图（b）、图（c）分别为涡激力响应谱和无量纲涡激运动响应谱。由图（a）、图（b）可以看出，流体对平台的涡激力主要集中在两个频率带，一个接近涡脱频率，而另一个则接近横荡固有频率[15-16]。

由图 8-24（b）知平台升、阻力频率分别为 0.49Hz 和 1.01Hz，阻力频率约为升力频率的 2 倍。此时斯托哈尔频率为 0.76Hz，升力频率不再满足斯托哈尔关系。比较图 8-24（b）、（c）可知，涡激升力频率与横流向涡激运动响应频率相同，阻力频率与顺流向涡激响应频率相同，即在平台的流固耦合问题中，横流向涡激运动响应频率就是涡激升力频率，亦是涡泄频率。

表 8-3 给出了均匀流场作用下，实测 TLP 横流向涡激运动响应频率，同时也给出了由斯托哈尔关系计算得到的涡泄频率。由图 8-27（b）、（c）结论可知，平台横流向涡激运动响应频率就是涡激升力频率，因此表 8-3 中给出的实测横流向涡激响应频率也是流场的涡泄频率。

分析表 8-3 数据可知，在约化速度较低的非锁定区（$v_r$<4.0），升力频率满足斯托哈尔关系；达到锁定区时，发生频锁现象，平台的运动引起了涡泄频率的改变，因此涡激升力也随之改变；当越过锁定区时，涡泄频率出现先增大后减小趋势，均不再符合斯托哈尔关系。

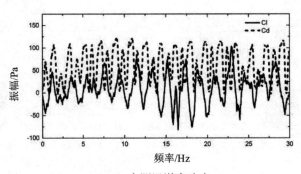

（a）实测涡激力响应

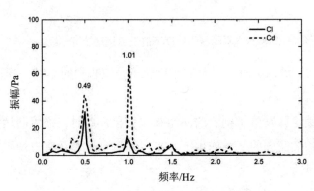

（b）涡激力响应谱

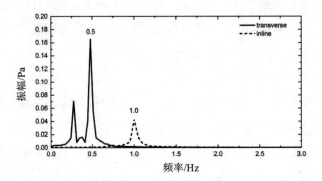

（c）无量纲涡激运动响应谱

图 8-24  TLP 频谱分析

表 8-3  平台横流向涡激运动频率

| 流场速度/（m·s⁻¹） | 约化速度 | 斯托哈尔频率/Hz | 实测横流向涡激响应频率/Hz |
|---|---|---|---|
| 0.05 | 1.75 | 0.21 | 0.2 |
| 0.09 | 3.15 | 0.38 | 0.38 |
| 0.12 | 4.2 | 0.50 | 0.48 |
| 0.15 | 5.25 | 0.63 | 0.48 |
| 0.18 | 6.3 | 0.76 | 0.50 |

| 流场速度/（m·s⁻¹） | 约化速度 | 斯托哈尔频率/Hz | 实测横流向涡激响应频率/Hz |
|---|---|---|---|
| 0.21 | 7.35 | 0.88 | 0.53 |
| 0.24 | 8.4 | 1.0 | 0.64 |
| 0.27 | 9.45 | 1.1 | 0.7 |
| 0.3 | 10.5 | 1.26 | 0.74 |

由此可知，TLP 涡激运动问题中，在 $v_r \leqslant 4.0$ 的非锁定区，涡激升力模型满足斯托哈尔关系；而当 $v_r > 4.0$ 以后，该模型不再适用。

图 8-25 给出了横流向涡激运动频率与横荡固有频率的频率比 $f_v/f_n$ 以及斯托哈尔频率（固定圆柱绕流的涡泄频率）与横荡固有频率的频率比 $f_s/f_n$ 随约化速度的变化关系。

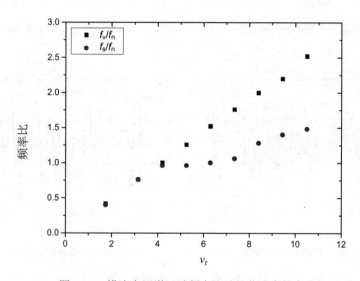

图 8-25　横流向涡激运动频率比随约化速度的变化

由图 8-28 可知，TLP 横流向涡激运动频率比随约化速度的变化过程可以分为 3 个阶段：当 $v_r < 5$ 时，横流向运动频率比与斯托哈尔频率比一致，同时随约化速度的增大而线性增加，此时 $St$ 约为 0.2；当 $5 \leqslant v_r \leqslant 8$ 时，横流向涡激运动频率比不再随约化速度的增加而增大，而是锁定在 1 附近，横流向涡激运动频率等于固有频率，出现频率锁定现象；当 $v_r > 8$ 时，频率解锁，横流向涡激运动频率继续随约化速度的增加呈线性增大，此时斯托哈尔频率约为 0.09，远小于固定绕流斯托哈尔频率。

### 8.4.2　流向对 VIM 的影响

图 8-26 所示为锁定区约化速度 $v_r = 6.3$ 时，0°、15°、30° 和 45° 流向 TLP 平台横流向和顺流向涡激运动时程曲线。由图可知，在锁定区，横流向和顺流向均有较大的运动幅值，

但横流向运动居主导地位。在锁定区范围内，不同流向的运动幅值基本不变，横流向运动响应幅值为 $0.5D \sim 1.0D$，顺流向运动响应幅值为 $0.1D \sim 0.2D$，因此，应同时考虑横流向和顺流向的涡激运动问题。

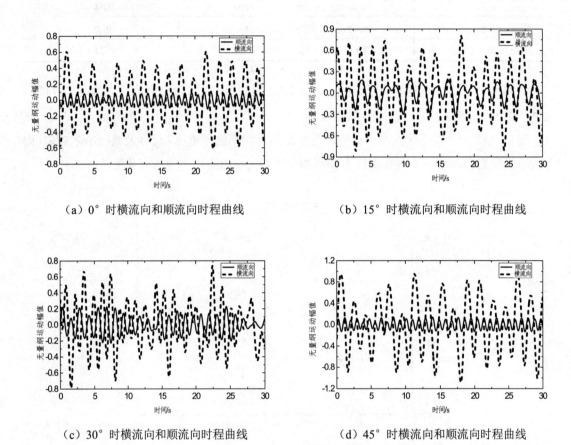

（a）0°时横流向和顺流向时程曲线　　　　（b）15°时横流向和顺流向时程曲线

（c）30°时横流向和顺流向时程曲线　　　　（d）45°时横流向和顺流向时程曲线

图 8-26　模型涡激运动时程曲线

图 8-27 所示为锁定区约化速度 $v_r$=6.3 时，0°、15°、30°和 45°流向 TLP 平台横流向和顺流向功率谱曲线。由图可知，0°时顺流向和横流向的峰值频率分别为 1.1Hz 和 0.55Hz，15°时顺流向和横流向的峰值频率均为 0.55Hz，30°时顺流向和横流向的峰值频率均为 0.75Hz，45°时顺流向和横流向的峰值频率分别为 1.1Hz 和 0.55Hz。因此，0°和 45°流向时，顺流向振荡频率是横流向振荡频率的两倍；而 15°和 30°流向时，顺流向振荡频率与横流向振荡频率相同。

结果表明，涡激振荡频率与结构在来流中的位置相关。当结构沿流向对称时，顺流向振荡频率是横流向振荡频率的两倍；当结构沿流向不对称时，顺流向振荡频率与横流向振荡频率相同。

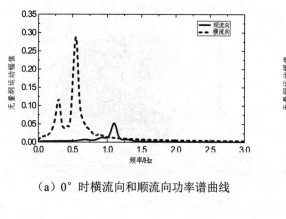

（a）0°时横流向和顺流向功率谱曲线

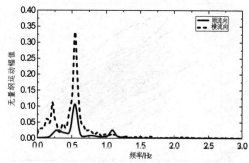
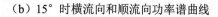

（b）15°时横流向和顺流向功率谱曲线

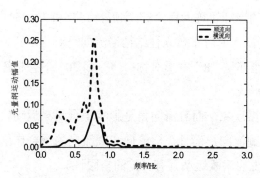

（c）30°时横流向和顺流向功率谱曲线

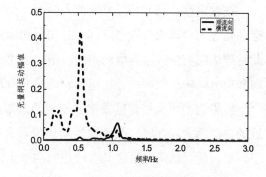

（d）45°时横流向和顺流向功率谱曲线

图 8-27　模型涡激运动功率谱曲线

图 8-28 分别给出了在 0°、15°、30°和 45°流向时，TLP 在锁定范围内（约化速度 $v_r$=6.3）的涡激运动轨迹图。由图可知，在锁定区，各流向下平台运动幅值较大且运动轨迹较规则，说明此时发生了强烈的涡激共振现象；而且横向和顺流向幅值之比约为 2～6，因此在锁定区 TLP 的横向运动居主导地位。

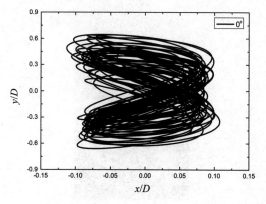

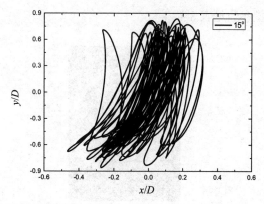

图 8-28　TLP 涡激运动轨迹

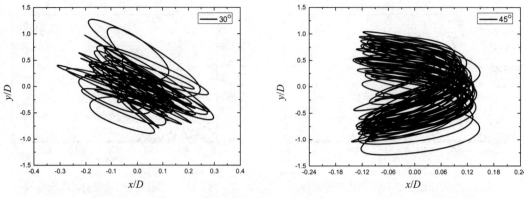

图 8-28　TLP 涡激运动轨迹（续）

在锁定区，当 0° 和 45° 流入射时，结构的运动轨迹为扁 "8" 字形；15° 和 30° 时，运动轨迹为 "香蕉形"。分析可知，0° 和 45° 流入射时平台立柱结构沿流向呈对称形式，此时顺流向响应频率为横流向的两倍，运动轨迹亦呈 "8" 字形对称；15° 和 30° 时，横流向和顺流向响应频率相等，运动轨迹呈非对称形式。

结果表明，在锁定区发生了剧烈的涡激共振现象，而且流向角是影响平台涡激运动轨迹的关键因素。此时，横流向运动幅值远大于顺流向，而且在横流向和顺流向的耦合作用下，平台的涡激运动轨迹具有较规则的形态，说明涡激运动具有一定的自限性。

### 8.4.3　立柱截面形状对 VIM 的影响

以往的研究大多只针对单柱变截面形式进行数值仿真[17-21]，或者进行某实型平台缩尺比模型的实验研究，缺少不同立柱截面平台之间的涡激特性对比。因此，本节利用模型实验方法，通过施加等效系泊方式，研究了相同质量比情况下（$m* \approx 0.9$），圆柱和方柱两种不同截面形式 TLP 的涡激运动特性，实验装置如图 8-29 所示。研究发现，立柱截面形式对 TLP 尾涡脱落模式、横流向运动幅值、振荡频率和运动轨迹等涡激运动特性有较大影响。平台模型参数见表 8-4。

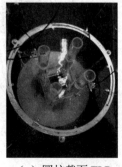

（a）圆柱截面 TLP　　　　　　　　　　　　　　（b）方柱截面 TLP

图 8-29　实验装置

表 8-4　平台模型参数　　　　　　　　　　单位：m

| 参数 | 圆柱截面 TLP | 方柱截面 TLP |
|---|---|---|
| 总长（宽） | 0.20 | 0.24 |
| 立柱高 | 0.35 | 0.35 |
| 立柱直径（边长） | 0.05 | 0.06 |
| 立柱间距 | 0.15 | 0.18 |
| 吃水 | 0.24 | 0.24 |
| 浮箱宽 | 0.05 | 0.06 |
| 浮箱高 | 0.03 | 0.04 |

图 8-30 为 0° 和 45° 来流时，圆截面立柱 TLP 在锁定区（$v_r$=6.3）的涡激力谱。由图 8-33 可知，0° 来流时，平台涡激升力和阻力频率分别为 0.5Hz 和 1.0Hz；45° 来流时，平台涡激升力和阻力频率分别为 0.52Hz 和 1.04Hz。因此，圆截面立柱 TLP 在锁定区的涡激阻力频率是升力频率的两倍。同时也发现，流体对平台的涡激力主要集中在两个频率带，即涡激升力频率和阻力频率，且升力和阻力之间相互耦合。

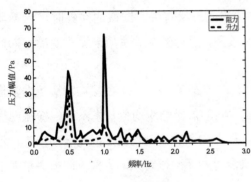
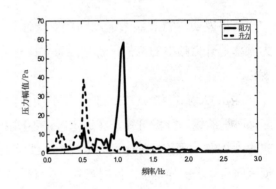

　（a）0°时涡激力谱　　　　　　　　　　　（b）45°时涡激力谱

图 8-30　圆截面立柱 TLP 涡激力谱

图 8-31 为 0° 和 45° 来流时，方截面立柱 TLP 在锁定区（约化速度 $v_r$=6.3）的涡激力谱。由图 8-31 可知，0° 来流时，平台涡激升力和阻力频率分别 0.5Hz 和 0.72Hz；45° 来流时，平台涡激升力和阻力频率同为 0.6Hz。由此可知 0° 来流时，方截面立柱 TLP 的涡激升力和阻力频率无相关性；而 45° 来流时，升力和阻力频率相同。

对比图 8-30、图 8-31 可知，圆柱和方柱 TLP 涡激升力和阻力频率特性差异明显。由圆截面 TLP 涡激运动实验结论可知，涡激升力频率与横流向运动频率相同，阻力频率与顺流向频率相同，因此，圆柱和方柱 TLP 涡激运动特性明显不同。根据实验观测，造成这一现象的主要原因是旋涡泄放的模式不同。圆截面立柱平台来流时，随流速的增加流体在柱体两侧分离，两侧形成的旋涡在柱体后方轮流交替泄放，由此产生的脉动压力是造成涡激运动的主因。而方截面立柱平台在 0° 来流时，方柱前面与来流方向垂直，由于柱体侧向的负压区，流体在柱体前面两端分离，涡旋沿与柱体侧向成 45° 的外侧脱落，随旋涡的不断生成，旋涡逐渐向柱体侧后方运动，并不会在柱体后方交汇；45° 来流时，方柱对角线与来流方向垂直，流体在对角线两端产生分离，在柱体后方有交替泄放的旋涡。

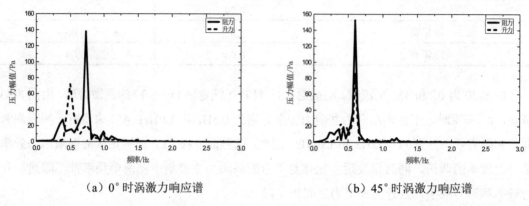

（a）0°时涡激力响应谱　　　　　　　　（b）45°时涡激力响应谱

图 8-31　方截面立柱 TLP 涡激力谱

结果表明，TLP 涡激运动的频率特性与立柱截面形状有关。圆截面立柱时，涡激阻力频率是升力频率的两倍；而方截面立柱时，涡激升、阻力频率关系随来流角度的不同而变化。

图 8-32 为 0° 和 45° 来流时，圆截面立柱 TLP 在锁定区（$v_r$=6.3）的横向和顺流向涡激运动时程曲线。分析可知，在锁定区，不同来流方向的涡激响应均值基本不变，横流向振幅约为 0.6$D$，顺流向振幅约为 0.1$D$，由此可知，横流向和顺流向均发生涡激运动现象，但横流向运动居主导地位。同时可知，0° 和 45° 来流时顺流向振荡频率为横流向振荡频率的两倍，与阻力和升力的频率关系相同。

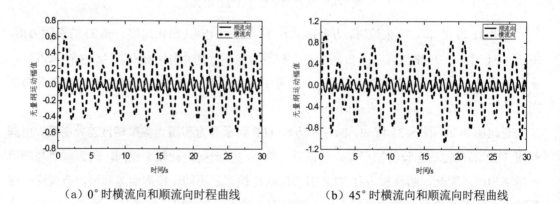

（a）0°时横流向和顺流向时程曲线　　　　（b）45°时横流向和顺流向时程曲线

图 8-32　圆截面立柱 TLP 涡激运动时程曲线

图 8-36 所示为锁定区（Ur=6.3）0°和 45°流向时，方截面立柱 TLP 横向和顺流向涡激运动的时程曲线。由图可知，在锁定区，方截面立柱平台的涡激运动幅值较小，横向振幅约为 0.12D，顺流向振幅约为 0.08D，且 45°流向时振荡曲线较 0°流向时规则，这与尾涡脱落模式有关。

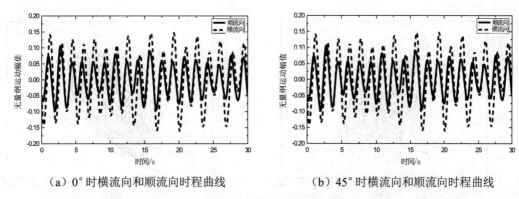

（a）0°时横流向和顺流向时程曲线　　　　（b）45°时横流向和顺流向时程曲线

图 8-33　方截面立柱 TLP 涡激运动时程曲线

对比图 8-32、图 8-33 可知，圆截面和方截面立柱 TLP 的涡激运动幅值明显不同。圆截面平台的横向运动幅值约为 0.6D，而方截面平台的运动幅值约为 0.15D，顺流向运动幅值大体相等（约 0.1D）。因此，立柱截面的变化对横流向涡激运动的影响较大，对顺流向几乎无影响。

结果表明，不同立柱截面，其尾涡脱落模式不同，主要影响平台的横流向涡激运动幅值，对顺流向涡激响应几乎无影响。圆截面立柱平台的横流向涡激运动幅值远大于方截面平台，而顺流向运动幅值大体相等。

图 8-34 给出了 0°和 45°来流时，圆截面立柱 TLP 在锁定区（$v_r$=6.3）的涡激运动轨迹。由图可知，在锁定区，平台横向运动幅值较大，顺流向相对较小，且结构的运动轨迹为较规则的扁"8"字形，并随来流角度不同呈肥瘦变化，说明此时发生了强烈的涡激共振现象。横流向和顺流向振幅之比为 6～8，因此在锁定区横流向运动居主导地位。

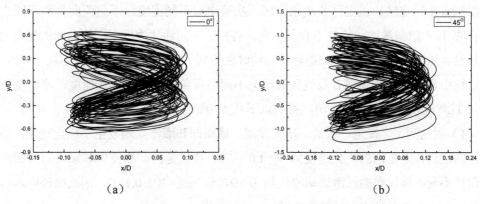

（a）　　　　　　　　　　（b）

图 8-34　圆截面立柱 TLP 涡激运动轨迹

图 8-35 给出了 0° 和 45° 来流时，方截面立柱 TLP 在锁定区（$v_r$=6.3）的涡激运动轨迹图。由图可知，在锁定区，平台横流向和顺流向涡激运动幅值相对较小，横流向和顺流向振幅之比约为 1。而 0° 来流时，平台的运动轨迹混乱无序；45° 来流时，平台运动轨迹呈椭圆形。

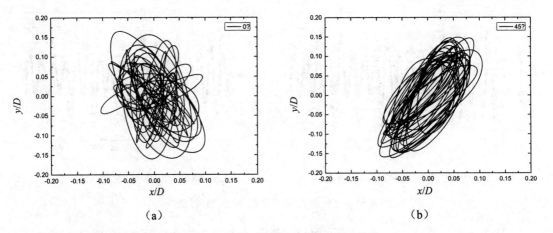

（a）　　　　　　　　　　　　　　　（b）

图 8-35　方截面立柱 TLP 涡激运动轨迹

结果表明，在锁定区立柱截面形式对平台的涡激运动轨迹有较大影响。圆截面立柱TLP，横流向运动幅值远大于顺流向，平台的涡激运动轨迹呈较规则的扁"8"字形；方截面立柱平台，横流向运动幅值和顺流向均较小，平台的涡激运动轨迹随来流角度的不同而变化。

## 8.5　本章小结

本章利用水槽模型实验方法，研究了 TLP 的涡激运动特性。实验中设计了一套考虑水平和垂向系泊刚度的等效锚泊方案，可以较好地模拟张力筋腱作用，使实验约化速度范围尽可能包含非锁定区、锁定区和超锁定区。实验中对不同速度、不同流向角和不同立柱截面形状的 TLP 的涡激运动特性进行了研究，得到了不同约化速度下横流向和顺流向的涡激运动幅值、运动周期和运动轨迹等特征，同时也得到了锁定范围内的涡激力以及频谱特性。实验过程中观测到一些与现有数值仿真结果不同的现象，发现了约化速度、流向角和截面形式对 TLP 涡激运动特性的影响，得到以下几点结论。

（1）观测到了"锁定"现象。研究发现，横流向和顺流向均发生了锁定现象，横流向和顺流向达到锁定范围的约化速度为 $v_r$=4.0～7.0。在锁定区，横流向和顺流向的涡激运动幅值保持不变，横流向的涡激运动幅值约 0.6$D$，而顺流向约 0.15$D$，因此横流向运动居主导地位，但不应忽略顺流向的涡激运动。

（2）横向振荡频率与脉动升力频率相等，顺流向振荡频率与脉动阻力频率相等，且横流向涡激响应频率亦是涡泄频率。而且在 TLP 涡激运动问题中，当处在 $v_r \leqslant 4.0$ 的非锁定区，涡激升力模型满足斯托哈尔关系，$St$ 约为 0.24；而当 $v_r > 4.0$ 以后，该模型不再适用，在锁定区振荡频率等于固有频率，当 $v_r > 8.0$ 时 St 约为 0.09。

（3）涡激振荡频率与平台在来流中的位置有关。当结构沿流向对称时，顺流向振荡频率是横流向振荡频率的两倍；当结构沿流向不对称时，顺流向振荡频率与横流向相同。

（4）流向角是影响 TLP 涡激运动轨迹的关键因素。在锁定区，当流向角为 0° 和 45° 时，结构的运动轨迹呈不规则 "8" 字形；15° 和 30° 时，运动轨迹为 "香蕉形"。

（5）不同立柱截面形式的 TLP，其尾涡脱落模式不同。圆截面立柱平台在来流作用下，其柱体后方会产生交替泄放的旋涡。而方截面平台在 0° 来流时，柱体前面两侧边缘发生旋涡分离，旋涡向立柱两侧泄放，不会在柱体后方交汇；45° 来流时，旋涡在立柱两侧对角线边缘分离，在柱体后方形成交替的旋涡脱落。

（6）TLP 的涡激运动频率特性与立柱截面形状有关。圆截面立柱时，当结构沿流向对称时，阻力频率是升力频率的两倍；当结构沿流向不对称时，阻力频率与升力频率相同。而方截面立柱时，涡激升阻力频率关系随来流角度的不同而变化。

（7）立柱截面形式对平台的横流向涡激运动幅值影响较大，对顺流向几乎无影响。圆截面时，平台的横流向运动幅值约为 $0.6D$，而方截面立柱平台的运动幅值约为 $0.15D$；圆柱和方柱的顺流向运动幅值大体相等。

（8）在锁定区，立柱截面形式对平台的涡激运动轨迹有较大影响。圆截面立柱 TLP，其结构沿流向对称时的涡激运动轨迹呈较规则的扁 "8" 字形，并随来流角度不同呈肥瘦变化，结构沿流向不对称时呈不规则 "香蕉形" 运动；方截面立柱 TLP，平台的涡激运动轨迹随来流角度的不同而变化，0° 时运动轨迹混乱无序，45° 时运动轨迹呈椭圆形。

# 参考文献

[1] 于馨. Spar 平台涡激运动对立管的动响应及疲劳分析[D]. 大连：大连理工大学，2010.

[2] BAI Y, TANG A, et al. Steel catenary riser fatigue due to vortex induced spar motions[J]. offshore technology conference, 2004.

[3] BEARMAN P W, OBASAJU E D. An experimental study of pressure fluctuations on fixed and oscillating square-section cylinders [J]. Journal of Fluid Mechanics, 1982, 119: 297-321.

[4] GABBAI R D, BENAROYA H. An overview of modeling and experiments of vortex-induced vibration of circular cylinders [J]. Journal of Sound and Vibration, 2005, 282(3): 575-616.

[5] BRIKA D, LANEVILLE A. Vortex-induced vibrations of a long flexible circular cylinder [J]. Journal of Fluid Mechanics, 1993, 250: 481-508.

[6] BEARMAN P W. Vortex shedding from oscillating bluff bodies [J]. Annual review of fluid mechanics, 1984, 16(1): 195-222.

[7] RIJKEN O, LEVERETTE S. Experimental study into vortex induced motion response of semi submersibles with square columns[C]//ASME 2008 27th International Conference on Offshore Mechanics and Arctic Engineering. American Society of Mechanical Engineers, 2008: 263-276.

[8] ATLURI S, HALKYARD J, SIRNIVAS S. CFD Simulation of truss spar vortex-induced motion[C]//International Conference on Offshore Mechanics & Arctic Engineering. 2006.

[9] DOWNIE M J, GRAHAM J M R, Hall C, et al. An experimental investigation of motion control devices for truss spars [J]. Marine structures, 2000, 13(2): 75-90.

[10] HALKYARD J, SIRNIVAS S, HOLMES S, et al. Benchmarking of truss spar vortex induced motions derived from CFD with experiments[C]//ASME 2005 24th International Conference on Offshore Mechanics and Arctic Engineering. American Society of Mechanical Engineers, 2005: 895-902.

[11] CUEVA M, FUJARRA A L C, NISHIMOTO K, et al. Vortex-induced motion: model testing of a monocolumn floater[C]//25th International Conference on Offshore Mechanics and Arctic Engineering. American Society of Mechanical Engineers, 2006: 635-642.

[12] TAHAR A, FINN L. Vortex induced motion (VIM) performance of the Multi Column Floater (MCF)–drilling and production unit[C]//ASME 2011 30th International Conference on Ocean, Offshore and Arctic Engineering. American Society of Mechanical Engineers, 2011: 755-763.

[13] TAN J, TENG Y J, MAGEE A, et al. Vortex induced motion of TLP with consideration of Appurtenances[C]//ASME 2014 33rd International Conference on Ocean, Offshore and Arctic Engineering. American Society of Mechanical Engineers, 2014.

[14] 张蕙，杨建民，肖龙飞，等. Truss Spar 平台涡激运动拖曳模型试验方法研究[J]. 中国海洋平台，2012（1）：22-27.

[15] 黄维平，刘娟，王爱群. 基于实验的圆柱体流固耦合升力谱模型研究[J]. 工程力学，2012，29（2）：192-196.

[16] 范杰利，黄维平. 细长立管两向自由度涡激振动数值研究[J]. 振动与冲击，2012，31（24）：65-68.

[17] 谷家扬. 张力腿平台复杂动力响应及涡激特性研究[D]. 上海：上海交通大学，2013.

[18] 邓见，任安禄，邹建锋. 方柱绕流横向驰振及涡激振动数值模拟[J]. 浙江大学学报：
工学版，2005，39（4）：595-599.

[19] 徐枫，欧进萍，肖仪清. 不同截面形状柱体流致振动的 CFD 数值模拟[J]. 工程力学，
2009，26（4）：7-15.

[20] 谷家扬，杨建民，肖龙飞. 两种典型立柱截面涡激运动的分析研究[J]. 船舶力学，2014，
18（10）：1184-1194.

[?1] 谷家扬，焦经纬，渠基顺. 倒角半径对方柱涡激特性的影响研究[J]. 中国造船，2015，
56（1）：51-60.

# 第 9 章　浮式单圆柱型海洋结构物涡激运动数值模拟研究

## 9.1　引言

置于水中的圆柱体结构在一定来流速度下，其后方会产生周期性的涡旋脱落，致使结构受到垂直于流向的升力以及沿流向的拖曳力。如果柱体为弹性支撑，在此激励作用下，会发生周期性的振动，柱体振动又会影响流场，这种流固耦合现象称为涡激振动（VIV）。早期涡激振动的研究主要集中于海底管道、电缆、立管等细长柔性体。随着海洋浮式结构物的广泛应用，人们发现 Spar 平台、Monocolumn 平台、Spar 型浮式风电基础等所包含的立柱式结构，在一定流速下也会发生涡激振动现象。为了加以区别，将这种长径比较低且漂浮于水面的刚性结构物的涡激振动现象称为涡激运动（VIM）。

由第 7 章研究得出，长径比的变化对浮式圆柱涡激运动的影响是显著的，随着长径比的减小涡激运动最大振幅降低，斯托哈尔数等规律也随之改变。然而在实验中，涡激运动的阻尼比 $\zeta$ 随长径比的减小而增加，从而导致质量比-阻尼比参数 $m*\zeta$ 的增大。根据早期涡激振动理论[1-2]，$m*\zeta$ 的增加同样会导致最大幅值的下降。为了从理论上和运动机理上研究浮式圆柱涡激运动的现象，本章重点研究阻尼比 $\zeta$ 的变化与浮式圆柱涡激运动特性之间的关系。

当涡旋泄放频率与结构固有频率相近时，会导致涡激共振现象，圆柱在一定流速范围内，振动频率维持在固有频率附近，且振幅保持在较高水平。这种现象称为锁定（lock-in）或同步（synchronize），其对应的流速范围即为锁定区间。不同的质量比-阻尼比系数 $m*\zeta$ 会影响振动幅值、锁定区间以及响应分支，如图 9-1 所示：对于高 $m*\zeta$，只有两个分支，初始分支 I（Initial excitation branch）和下端分支 L（Lower branch）；对于低 $m*\zeta$，有三个响应分支，分别为初始分支 I、上端分支 U（Upper branch）以及下端分支 L。Khalak 和 Williamson[3]利用三角函数表达涡激振动的运动方程，并推导出振幅比 $A*$ 与质量比 $m*$、阻尼比 $\zeta$ 的关系式：

$$A* = \frac{1}{4\pi^3} \frac{C_Y \sin\phi}{(m*+C_A)\zeta} \left(\frac{U*}{f*}\right)^2 f* \tag{9-1}$$

由式（9-1）得出用 $(m^*+C_A)\zeta$ $(m^*+C_A)\zeta$ 代替 $m^*\zeta$ 区分涡激振动响应规律更为精确，其中 $C_A$ 为附加质量系数，对于圆柱体取 1。

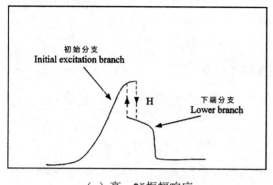

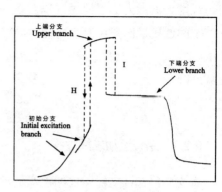

（a）高 $m^*\zeta$ 振幅响应     （b）低 $m^*\zeta$ 振幅响应

图 9-1    不同 $m^*\zeta$ 时的两种响应振幅示意[1]

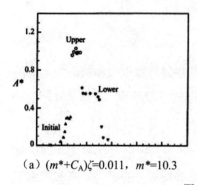

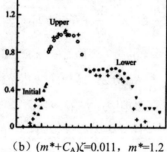

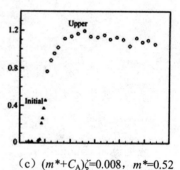

（a）$(m^*+C_A)\zeta=0.011$，$m^*=10.3$    （b）$(m^*+C_A)\zeta=0.011$，$m^*=1.2$    （c）$(m^*+C_A)\zeta=0.008$，$m^*=0.52$

图 9-2    不同质量比时响应振幅曲线图

Kraghvav[4]通过整理前人研究结果，并结合实验对比，发现当 $(m^*+C_A)\zeta$ 相近而 $m^*$ 不同时，振动明显不同，如图 9-2 所示。为此，需要将质量比 $m^*$、阻尼比 $\zeta$ 作为 2 个独立参数，考察其对涡激特性的影响。对于质量比 $m^*$，可依据 Williamson 等[5]的观点，将 $m^*=6$ 作为高低质量比的分界线。对于阻尼比 $\zeta$ 并没有给出明确的高低界限，综合已有实验数据，将 $\zeta \leqslant 0.01$ 作为低阻尼比，反之为高阻尼比[6]。目前，涡激特性的研究内容主要集中在低阻尼比范畴，有关高阻尼比条件下的涡激特性研究相对较少。可见，人们对高阻尼比范畴下独立参数及组合参数对涡激特性的影响认识较为欠缺。因此，对浮式圆柱在高、低阻尼比条件下的涡激运动特性研究是很有必要的。

本章采用 CFD 方法模拟二维圆柱涡激运动，将运动系统简化为质量（$m$）-弹簧（$k$）-阻尼（$\zeta$）系统，分析圆柱运动的控制方程并通过四阶 Runge-Kutta 法离散，得到一个时间步长内的位移和速度。通过软件的自定义功能编程并嵌入到 Fluent 软件中，可以实现圆柱体的运动以及流场的更新，流场更新后再次反作用于圆柱，实现圆柱与流体的流固耦合。

通过与 Jauvtis 和 Williamson[5]的经典实验在响应幅值、运动轨迹及涡泄模式等方面的对比，确定数值模拟方法的可靠性。在高、低阻尼比条件下，研究浮式圆柱涡激运动中的响应幅值、频率、涡激力、涡泄模式以及运动轨迹等特性。同时研究了 $m^*=1$ 的浮式圆柱与其他 $m^*>1$ 的低质量比圆柱涡激特性的异同。

## 9.2 数值计算模型

### 9.2.1 涡激运动求解过程

本文中将弹性支撑圆柱的涡激运动系统简化为质量-弹簧-阻尼系统。如图 9-3 所示。均匀流中，圆柱涡激运动控制方程为

$$m\frac{\mathrm{d}^2 x}{\mathrm{d}t^2} + C_x\frac{\mathrm{d}x}{\mathrm{d}t} + K_x x = F_\mathrm{d}(t) \tag{9-2}$$

$$m\frac{\mathrm{d}^2 y}{\mathrm{d}t^2} + C_y\frac{\mathrm{d}y}{\mathrm{d}t} + K_y y = F_\mathrm{l}(t) \tag{9-3}$$

式中，$t$ 为时间；$m$ 为质量；$C_x = 4\pi m\zeta_x f_{nx}$ 和 $C_y = 4\pi m\zeta_y f_{ny}$ 分别为顺流向和横流向运动的阻尼系数，其中 $\zeta$ 为阻尼比；$K_x$ 和 $K_y$ 分别为顺流向和横流向的系统刚度；$x$ 和 $y$ 分别为顺流向和横流向涡激运动位移；$F_\mathrm{d}(t)$ 为阻力；$F_\mathrm{l}(t)$ 为升力。

应用四阶 Runge-Kutta 法对上述方程求解并获得一个时间步长内圆柱涡激运动的速度与位移。四阶 Runge-Kutta 法具有求解精确程度高、计算稳定等特点，能够满足本文数值模拟的要求。以横流向涡激运动的控制方程（9-3）为例，应用全隐式格式求解微分方程的初值问题：

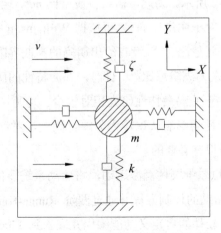

图 9-3　弹性支撑圆柱涡激运动模型

$$y'' = g(t, y, y') = \frac{F_1(t) - C_y y' - K_y y}{m} \tag{9-4}$$

式中，

$$y(t_0) = y_0 = 0 , \quad y'(t_0) = y_0' = 0 \tag{9-5}$$

令 $z = y'$，可以化为一阶微分方程的初值问题：

$$\frac{\mathrm{d}y}{\mathrm{d}t} = z$$

$$\frac{\mathrm{d}z}{\mathrm{d}t} = g(t, y, z) \tag{9-6}$$

$$y(t_0) = y_0 = 0 , \quad z(t_0) = y_0' = 0$$

上式中，令 $\dfrac{\mathrm{d}y}{\mathrm{d}t} = z = f(t, y, z)$，可以化为一阶微分方程组初值问题：

$$\frac{\mathrm{d}y}{\mathrm{d}t} = f(t, y, z), y(t_0) = y_0 = 0 \tag{9-7}$$

$$\frac{\mathrm{d}z}{\mathrm{d}t} = g(t, y, z), z(t_0) = y_0' = 0 \tag{9-8}$$

对上式应用四阶 Runge-Kutta 公式：

$$y_{n+1} = y_n + \frac{1}{6}(k_1 + 2k_2 + 2k_3 + k_4)$$

$$z_{n+1} = z_n + \frac{1}{6}(m_1 + 2m_2 + 2m_3 + m_4)$$

$$k_1 = hf(t_n, y_n, z_n)$$
$$m_1 = hg(t_n, y_n, z_n)$$

$$k_2 = hf\left(t_n + \frac{h}{2}, y_n + \frac{k_1}{2}, z_n + \frac{m_1}{2}\right)$$

$$m_2 = hg\left(t_n + \frac{h}{2}, y_n + \frac{k_1}{2}, z_n + \frac{m_1}{2}\right)$$

$$k_3 = hf\left(t_n + \frac{h}{2}, y_n + \frac{k_2}{2}, z_n + \frac{m_2}{2}\right)$$

$$m_3 = hg\left(t_n + \frac{h}{2}, y_n + \frac{k_2}{2}, z_n + \frac{m_2}{2}\right)$$

$$k_4 = hf(t_n + h, y_n + k_3, z_n + m_3)$$

$$m_4 = hg(t_n + h, y_n + k_3, z_n + m_3) \quad n = 0, 1, 2, \cdots \tag{9-9}$$

有

$$k_1 = hz_n = hy'_n$$

$$k_2 = h\left(z_n + \frac{m_1}{2}\right) = hy'_n + \frac{hm_1}{2}$$

$$k_3 = h\left(z_n + \frac{m_2}{2}\right) = hy'_n + \frac{hm_2}{2}$$

$$k_4 = h(z_n + m_3) = hy'_n + hm_3 \tag{9-10}$$

则

$$y_{n+1} = y_n + \frac{1}{6}(k_1 + 2k_2 + 2k_3 + k_4) = y_n + hy'_n + \frac{h}{6}(m_1 + m_2 + m_3) \tag{9-11}$$

又因为

$$z_n = y'_n, \ z_{n+1} = y'_{n+1} \tag{9-12}$$

$$z_{n+1} = z_n + \frac{1}{6}(m_1 + 2m_2 + 2m_3 + m_4) \tag{9-13}$$

所以

$$y'_{n+1} = y'_n + \frac{1}{6}(m_1 + 2m_2 + 2m_3 + m_4) \tag{9-14}$$

可以得到横流向涡激运动微分方程的求解公式：

$$y_{n+1} = y_n + hy'_n + \frac{h}{6}(m_1 + m_2 + m_3)$$

$$y'_{n+1} = y'_n + \frac{1}{6}(m_1 + 2m_2 + 2m_3 + m_4)$$

$$m_1 = hg(t_n, y_n, y'_n)$$

$$m_2 = hg\left(t_n + \frac{h}{2}, y_n + \frac{1}{2}hy'_n, y'_n + \frac{m_1}{2}\right)$$

$$m_3 = hg\left(t_n + \frac{h}{2}, y_n + \frac{1}{2}hy'_n + \frac{1}{4}hm_1, y'_n + \frac{m_2}{2}\right)$$

$$m_4 = hg\left(t_n + h, y_n + hy'_n + \frac{1}{2}hm_2, y'_n + m_3\right) \qquad n = 0, 1, 2, \cdots \tag{9-15}$$

式中，$h$ 表示为时间步长；$n$ 表示为迭代步数；$y_n$ 和 $y'_n$ 分别为第 $n$ 次迭代中横流向运动瞬时位移和速度。

　　圆柱涡激运动是一种流固耦合的现象，结构与流体间的耦合通过多次迭代来求解。首先通过 Fluent 求解器对作用于柱体上的流场进行计算，提取流体力，利用运动方程求解每个时间步内圆柱运动的速度及位移；根据上一步圆柱的运动结果，通过动网格更新流场，对新的流场再次计算并得到新的柱体运动速度和位移。本文中时间步长设置为 0.002s，流固耦合运动通过嵌入自定义函数（UDF）来实现，具体步骤如图 9-4 所示。整个数值模拟的流程如图 9-5 所示。

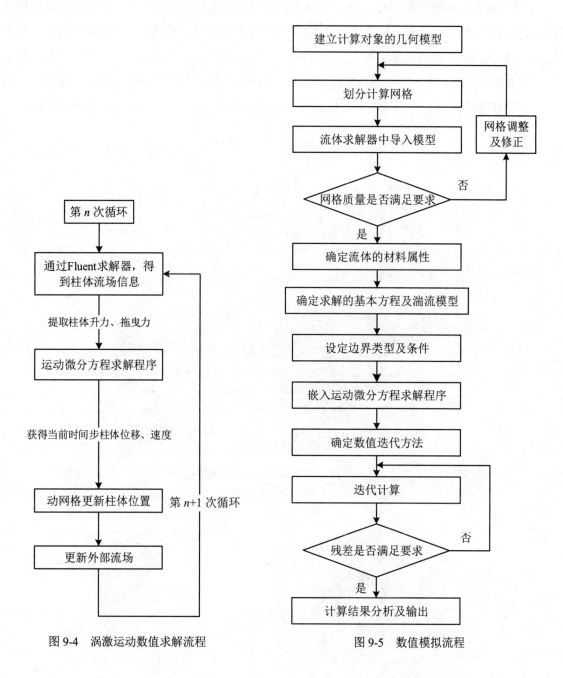

图 9-4　涡激运动数值求解流程　　　　　图 9-5　数值模拟流程

### 9.2.2 计算网格测试

图 9-6 为二维圆柱涡激运动的计算区域示意图和流场网格划分。圆柱直径 $D$=0.1m，计算区域大小为 $20D×40D$，速度入口距离圆心位置为 $10D$，压力出口距离圆心位置为 $30D$，上下边界为滑移型距离圆心 $10D$，柱体表面边界为无滑移型。为了考虑涡激运动数值模拟的动网格应用，圆柱周围设置了直径 $7D$ 的随体网格，随体网格采用结构网格，其他区域采用非结构网格。流场计算应用 Fluent 求解器，选择 SST $k$-$\omega$ 湍流模型，近壁面处理中设置了 10 层边界层，第一层网格高度符合 $y^+≈1$，如图 9-7 所示。动量方程中的压力-速度耦合应用 SIMPLEC 算法。为了减少数值的耗散，动量、湍流动能、耗散率应用二阶迎风格式。

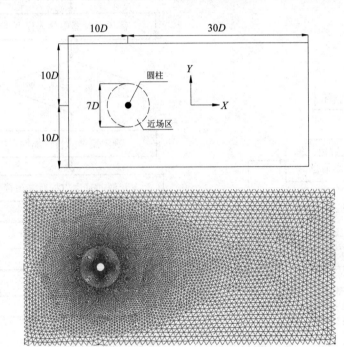

图 9-6　计算区域和流场整体网格划分

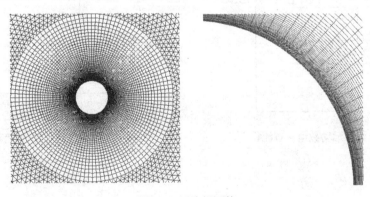

图 9-7　近流场网格

网格划分既要保证足够的计算精确程度，又要兼顾运算的时间成本。在正式计算之前需要测试网格的密度，以获得最佳效果。由于在数值模拟中采用了动网格技术，所以单纯测试圆柱绕流并不能获得计算精度与时间的最优方案。本文在质量比 $m^*$=2.6，阻尼比 $\zeta$=0.0036，两向固有频率相等 $f_{nx}=f_{ny}$=0.38Hz 的条件下，测试了在约化速度 $v_r$=5 的圆柱涡激运动。测试结果见表 9-1，通过比较本文选择了网格 b 作为最优方案。

表 9-1　网格测试结果

| 网格 | a | b | c |
|---|---|---|---|
| 单元数量 | 20328 | 25554 | 29452 |
| 计算时间/h | 18 | 22.5 | 25.3 |
| 横流向最大幅值 | 0.890 | 0.979 | 0.979 |
| 顺流向最大幅值 | 0.155 | 0.176 | 0.178 |
| 最大升力系数 | 3.124 | 3.697 | 3.698 |
| 最大拖曳力系数 | 2.013 | 2.174 | 2.176 |

### 9.2.3　计算工况

对质量比为 1 的浮式圆柱在不同阻尼比（$\zeta$=0、0.01、0.05、0.15、0.2）条件下进行数值模拟计算，以研究高、低阻尼比对浮式圆柱涡激运动的影响。同时，研究了相同阻尼比条件下浮式圆柱（$m^*$=1）与其他低质量比（$m^*$=2、3、4）圆柱涡激特性的异同。为了验证数值模拟的可靠性选择质量比为 2.6、阻尼比为 0.0036 的工况与 Jauvtis 和 Williamson[5]实验结果进行对比。具体工况信息见表 9-2。

表 9-2　计算工况表

| 序号 | 质量比 $m^*$ | 阻尼比 $\zeta$ | 横流向固有频率 $f_{ny}$/Hz | 顺流向固有频率 $f_{nx}$/Hz | 来流速度 $v_c$/（m·s$^{-1}$） | 约化速度 $v_r$ | 雷诺数 $Re$ |
|---|---|---|---|---|---|---|---|
| 1 | 1 | 0 | 0.38 | 0.38 | 0.05～0.81 | 1.32～21.32 | 5000～81000 |
| 2 | 1 | 0.01 | 0.38 | 0.38 | 0.05～0.81 | 1.32～21.32 | 5000～81000 |
| 3 | 1 | 0.05 | 0.38 | 0.38 | 0.05～0.81 | 1.32～21.32 | 5000～81000 |
| 4 | 1 | 0.15 | 0.38 | 0.38 | 0.05～0.73 | 1.32～19.21 | 5000～73000 |
| 5 | 1 | 0.2 | 0.38 | 0.38 | 0.05～0.73 | 1.32～19.21 | 5000～73000 |
| 6 | 2 | 0.01 | 0.38 | 0.38 | 0.05～0.69 | 1.32～18.16 | 5000～69000 |
| 7 | 3 | 0.01 | 0.38 | 0.38 | 0.05～0.81 | 1.32～21.32 | 5000～81000 |
| 8 | 4 | 0.01 | 0.38 | 0.38 | 0.05～0.81 | 1.32～21.32 | 5000～81000 |
| 9 | 2.6 | 0.0036 | 0.38 | 0.38 | 0.05～0.67 | 1.32～17.63 | 5000～67000 |

# 9.3 数值模拟可靠性验证

为了验证该数值模拟方法的可靠性，选择 Jauvtis 和 Williamson[5]在 2004 年的经典实验作为对照。该实验在康奈尔大学循环水槽中进行，如图 9-8 所示，水槽有效实验段长度为 2.5m、宽度为 0.381m，深度为 0.46m。实验圆柱直径 $D$=0.0381m，浸水长度为 $L$=0.381m，长径比为 10。实验中，质量比 $m^*$=2.6，阻尼比 $\zeta$=0.0036，两向固有频率相等，即 $f_{nx}$=$f_{ny}$=0.4Hz，约化速度 $v_r$ 范围为 2.2 至 13.5。数值模拟中参数选择为：质量比 $m^*$=2.6；阻尼比 $\zeta$=0.0036；两向固有频率相等 $f_{nx}$=$f_{ny}$=0.38Hz；圆柱直径选择与第 7 章实验相同，直径 $D$=0.1m；约化速度范围为 1.32～17.63，对应雷诺数为 5000～67000。

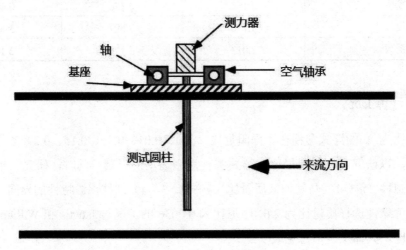

图 9-8    实验设置原理

## 9.3.1    振幅比较

图 9-9 给出了关于不同约化速度下，数值模拟与 Jauvtis 和 Williamson 实验所得的无量纲振幅比较。由图 9-9（a）可见，数值模拟与实验所得的无量纲横流向振幅 $A_y^*$曲线变化趋势是一致的，同样表现出：初始分支 I（Initial branch）、上端分支 U（Upper branch）、下端分支 L（Lower baranch）以及去同步化阶段 D（Desynchronization）。特别在初始分支、下端分支和去同步化阶段，数值模拟与实验结果吻合较好，能够真实反映实验结论。然而在上端分支，数值模拟没有达到实验中的最大横流向振幅。同样对于图 9-9（b），数值模拟与实验所得的无量纲顺流向振幅 $A_x^*$曲线趋势基本吻合，只是在上端分支的顺流向振幅有所低估。出现这种现象是由于：在上端分支时，圆柱的运动振幅相对较大，大大减弱了圆柱的轴向相关性，而在二维圆柱数值模拟中，内部假设了其轴向是完全相关的[7]；另外，Fluent

数值模拟中采用了雷诺平均法，未考虑流场中的随机扰动[8]。通过比较可以得出结论：应用数值计算可以较好地模拟圆柱涡激运动，但在最大振幅峰值方面有所低估。

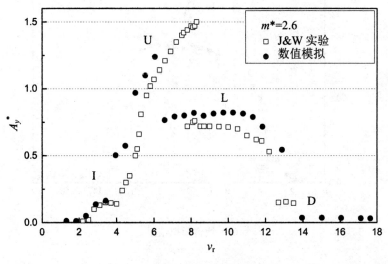

（a）横流向涡激运动振幅

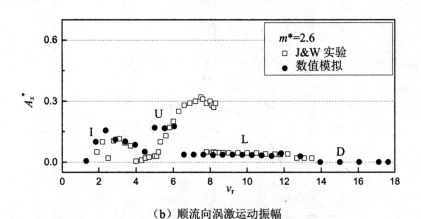

（b）顺流向涡激运动振幅

图9-9　不同约化速度下的无量纲振幅

## 9.3.2　轨迹比较

图9-10给出了不同约化速度下，数值模拟与Jauvtis和Williamson实验所得的运动轨迹比较。数值模拟所得到的初始分支、上端分支和下端分支的圆柱运动轨迹与实验结果基本相似，再次验证了数值模拟方法的可靠性。

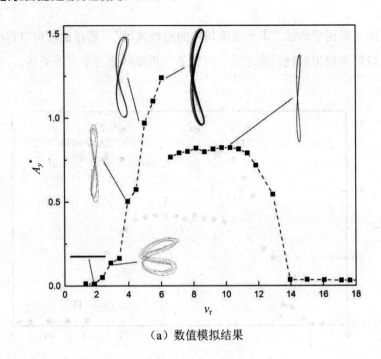

（a）数值模拟结果

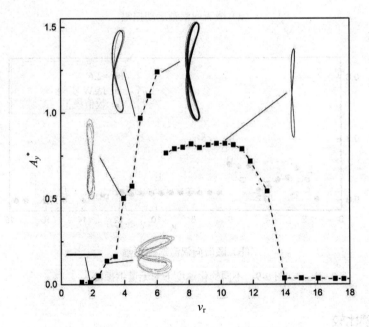

（b）Jauvtis 和 Williamson 实验结果

图 9-10　不同约化速度下的圆柱运动轨迹

### 9.3.3　涡泄模式比较

图 9-11 为不同响应分支所对应的旋涡泄放模式：左侧为数值模拟结果，右侧为 Jauvtis 和 Williamson 的实验结果。

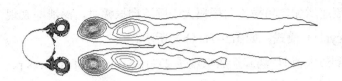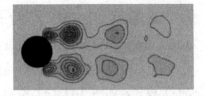

（a）初始分支 SS 模式

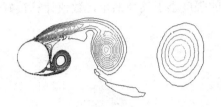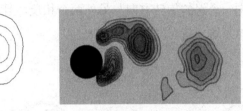

（b）初始分支 2S 模式

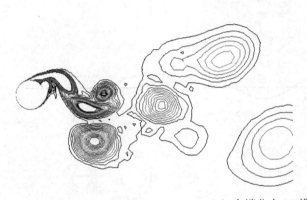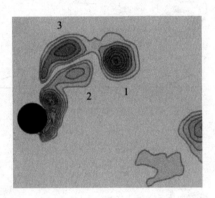

（c）上端分支 2T 模式

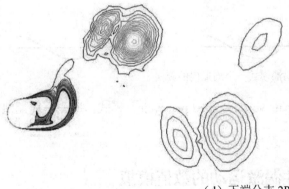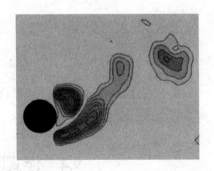

（d）下端分支 2P 模式

图 9-11　不同响应分支对应的旋涡泄放模式

在初始分支中，旋涡泄放（以下简称"涡泄"）模式有两种，分别为 SS 模式和 2S 模式。在初始分支的开始阶段，由于顺流向振幅大于横流向振幅处于主导地位，涡泄模式表现为特有的 SS（streamwise symmetric vortices shed per cycle）模式，即每个周期泄放一对对称的旋涡，如图 9-11（a）所示。随着流速增加，当横流向振幅大于顺流向振幅时，涡泄即表现为 2S（two single vortices shed per cycle）模式，如图 9-11（b）所示。

在上端分支，当横流向振幅达到最大值时，涡旋泄放出现了 2T（two triplets of vortices per cycle）模式，如图 9-11（c）所示。图 9-12 给出了 2T 模式在一个周期的旋涡图，当圆柱处于横流向最大位移时，速度最小但加速度最大，在这种较大加速度作用下产生了 3 个涡。其中一个涡的旋转方向与另外两个相反，且这个涡的强度小于其余两个，数值计算较好地模拟了这一特有现象。

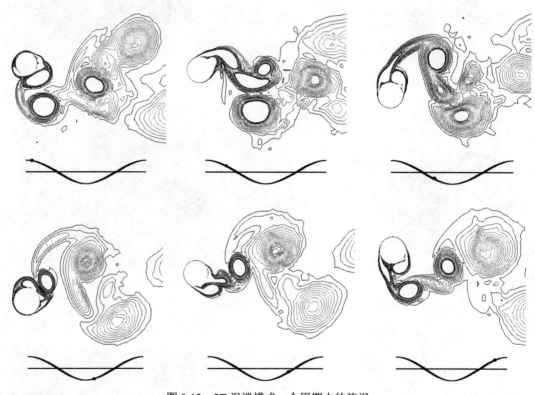

图 9-12　2T 涡泄模式一个周期内的旋涡

在下端分支，涡泄表现为 2P（two pair vortices shed per cycle）模式，即一个周期泄放两个涡对，如图 9-11（d）。

## 9.4　浮式圆柱涡激运动的数值模拟

海洋工程中的 Spar 平台、Monocolumn 平台、Spar 型浮式风电基础以及浮筒等的主体部分都为浮式圆柱体结构。研究质量比为 1 的浮式圆柱涡激运动特性对于海上结构物的设计具有重要意义。

### 9.4.1 涡激运动响应

图 9-13 为质量比等于 1 的浮式圆柱，在不同阻尼比条件下，圆柱涡激运动横流向和顺流向无量纲振幅 $A_y$*、$A_x$*随约化速度 $v_r$ 的变化规律，按照图 9-9 的划分方法同样可以分为初始分支（I）、上端分支（U）、下端分支（L）和去同步化分支（D）。图 9-14 为在不同阻尼比条件下，横流向涡激运动频率 $f_y$ 与结构静水固有频率 $f_n$ 的频率比 $f_y/f_n$ 随 $v_r$ 的变化规律，为方便对比，在图中标注了不同响应分支所对应的约化速度范围。

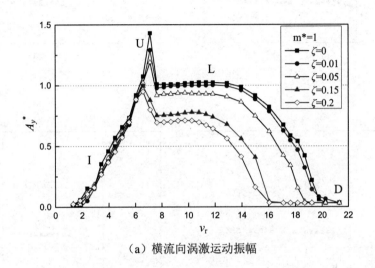

（a）横流向涡激运动振幅

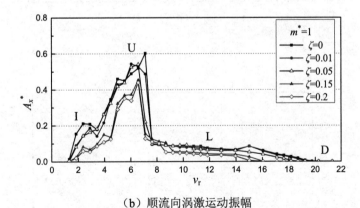

（b）顺流向涡激运动振幅

图 9-13  不同阻尼比条件下浮式圆柱无量纲振幅随 $v_r$ 的变化规律

在初始分支，浮式圆柱横流向涡激运动振幅随约化速度的增加不断增大，对阻尼比的变化并不敏感。而顺流向涡激运动振幅在初始分支对阻尼比的变化相对敏感，随尼比的增加而下降。而且，对于 $\zeta$=0、0.01 的低阻尼比浮式圆柱，其顺流向涡激运动振幅在此区间出现了一个局部峰值，且明显高于横流向涡激运动峰值。而对于 $\zeta$=0.05、0.15、0.2 的高阻尼比浮式圆柱，顺流向涡激运动中并没有出现局部峰值。在初始分支中，频率比 $f_y/f_n$ 总体表现为随约化速度的增加而线性增加，$St \approx 0.21$，符合固定圆柱绕流时的斯托哈尔数规律。

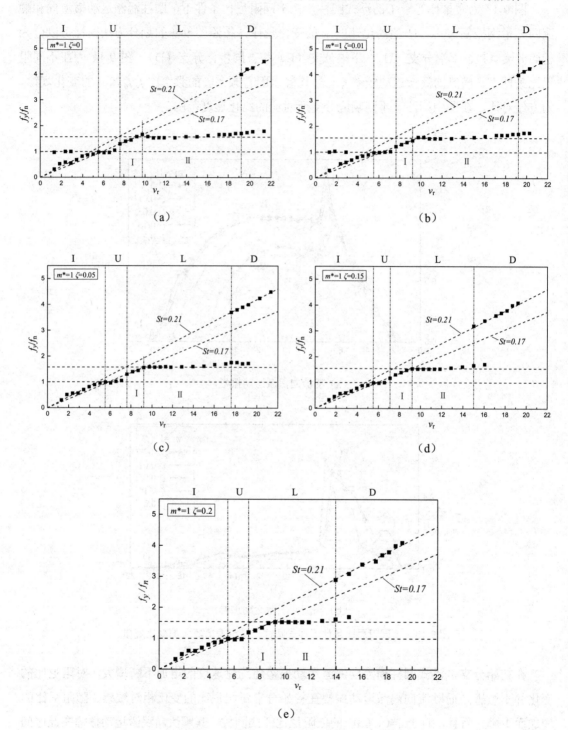

图 9-14　不同阻尼比下浮式圆柱涡激运动频率比 $(f_y/f_n)$ 随 $v_r$ 的变化

在上端分支，横流向涡激运动最大振幅出现在这一阶段，且随阻尼比的增大而显著下降。对于低阻尼比的圆柱，其横向涡激运动最大振幅达到了 1.43$D$、1.3$D$，按照 Jauvtis 和 Williamson[5]的分类，将这一超大振幅重新定义为超上端分支（Super-upper branch）。顺流向涡激运动的最大幅值同样出现在这一分支。上端分支的高幅值现象与频率比 $f_y/f_n$ 随约化速度的变化规律有关：由图 9-14 可以发现，这一阶段 $f_y/f_n \approx 1$，横流向涡激运动的频率锁定在结构静水固有频率附近。随着阻尼比的增加，上端分支的范围有减小的趋势。

在下端分支，横流向和顺流向涡激运动振幅急剧下降，并在一定约化速度范围内稳定在一个恒定幅值附近，而后逐渐降低。由图 9-14 发现，在下端分支，浮式圆柱涡激运动的频率比 $f_y/f_n$ 均可分为Ⅰ、Ⅱ两个阶段：第Ⅰ阶段为上端分支与下端分支的过渡区域，对应着第 7 章模型实验中的第四阶段，$f_y/f_n$ 不再维持在 1 附近，而是随约化速度的增加而线性增大，$St \approx 0.17$，明显低于固定圆柱绕流时的斯托哈尔数，数值模拟中该区域的 $St$ 数不随阻尼比的变化而变化；在第Ⅱ阶段，$f_y/f_n$ 不再随约化速度的增加而增大，而是稳定在一恒定值，$f_y/f_n \approx 1.54$。随着阻尼比的增加，下端分支所处的约化速度范围逐渐减小。

在去同步化分支，横流向和顺流向涡激运动振幅降到最低点，不同阻尼比之间振幅几乎一致。由图 9-14 可以看出：这一阶段，频率比 $f_y/f_n$ 摆脱锁定再次随约化速度的增大而线性增加，$St \approx 0.21$，符合固定圆柱扰流时的斯托哈尔数规律。下端分支与去同步分支之间有一段过渡区间，横流向涡激运动出现两个频率峰值：一个符合圆柱扰流时的斯托哈尔频率，$St \approx 0.21$；另一个继续锁定在结构固有频率 1.54 倍附近。

### 9.4.2 无量纲位移、升力及拖曳力系数时间历程曲线

为了对比高、低阻尼比对浮式圆柱涡激运动的影响，图 9-15、图 9-16 分别列出了 $m^*=1$ 的浮式圆柱在阻尼比为 0.01、0.2 时的涡激运动 $Cd$、$Cl$、$x/D$、$y/D$ 的时间历程曲线。

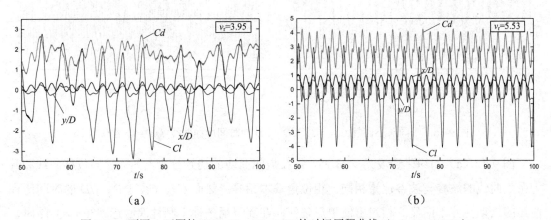

（a）　　　　　　　　　　　　　　（b）

图 9-15　不同 $v_r$ 下圆柱 $Cd$、$Cl$、$x/D$、$y/D$ 的时间历程曲线（$m^*=1$，$\zeta=0.01$）

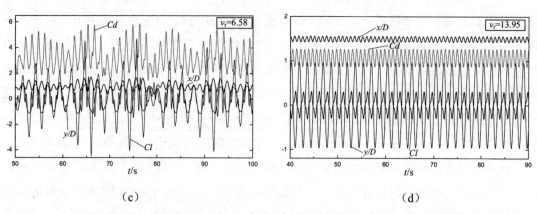

（c）　　　　　　　　　　　　　　（d）

图 9-15　不同 $U_r$ 下圆柱 $Cd$、$Cl$、$x/D$、$y/D$ 的时间历程曲线（$m^*$=1，$\zeta$=0.01）（续）

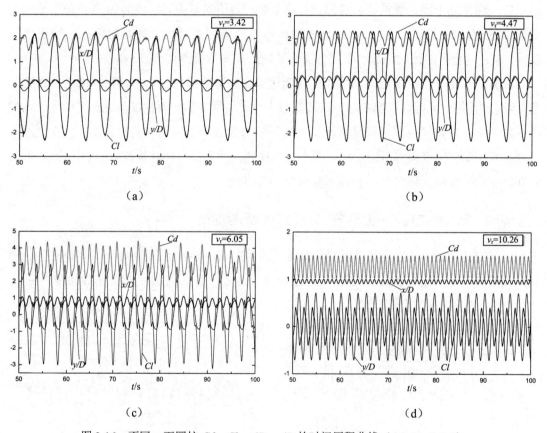

（a）　　　　　　　　　　　　　　（b）

（c）　　　　　　　　　　　　　　（d）

图 9-16　不同 $v_r$ 下圆柱 $Cd$、$Cl$、$x/D$、$y/D$ 的时间历程曲线（$m^*$=1，$\zeta$=0.2）

图 9-15（a）的约化速度为 $v_r$=3.95，处在振幅曲线的初始分支，其横流向位移曲线和升力系数曲线的波峰与波谷位置相同，相位角基本相等；然而 $Cd$、$Cl$、$x/D$、$y/D$ 的时间历程曲线的周期性并不明显。相对于低阻尼条件，在高阻尼条件下圆柱涡激运动在 $v_r$=3.42 时，除拖曳力系数曲线外，升力系数曲线和位移曲线均表现出良好的周期性；升力系数和横流

向位移曲线几乎完全同相，如图 9-16（a）所示。

随着约化速度继续增加，如图 9-15（b）、图 9-16（b）所示，圆柱沿流动方向逐渐偏离平衡位置，此时无论低阻尼比条件还是高阻尼比条件下的圆柱涡激运动，其 $Cd$、$Cl$、$x/D$、$y/D$ 的时间历程曲线均为良好的周期性。升力系数曲线和横流向位移曲线保持同相。然而，拖曳力系数曲线与顺流向位移曲线却表现出明显的相位差：低阻尼比条件下，拖曳力曲线的波谷对应顺流向位移曲线的波峰，两者相位差为 180°；高阻尼比条件下，拖曳力系数曲线与顺流向位移曲线的相位差小于 180°。

图 9-15（c）中约化速度 $v_r$=6.58 处于上端分支，所有曲线均表现出明显的"拍"现象。"拍"现象是涡激运动中的重要现象之一，曲线随时间时而增大时而减小，表现出调谐状态。而高阻尼比条件下，位移及力的曲线并没有出现"拍"现象，如图 9-16（c）所示。此时，无论高、低阻尼比条件下的圆柱涡激运动，其拖曳力系数与顺流向位移曲线的相位差均为 180°，升力系数与横流向位移曲线继续保持同相。

图 9-15（d）、图 9-16（d）位于振幅曲线的下端分支，所有曲线均为规则的正弦曲线，拖曳力系数与顺流向位移曲线的相位差继续保持 180°。然而，升力系数与横流向位移曲线不再继续同相：低阻尼比条件下，两者完全反向，相位差为 180°；高阻尼比条件下，相位差低于 180°。

### 9.4.3　力与位移间相位差

为了更好地研究阻尼比对力-位移之间相位差的影响，图 9-17、图 9-19 分别给出了不同阻尼比条件下，浮式圆柱涡激运动的升力-横流向位移间相位差、拖曳力-顺流向位移间相位差随 $v_r$ 的变化，并标注了各响应分支所对应的约化速度范围。

由图 9-17 可以发现，在初始分支和上端分支，升力与横流向位移间相位差相对较低，只是随着阻尼比的增大，相位差的波动变大。而在下端分支中，阻尼比的变化对升力-横流向位移间相位差的影响极为明显：在阻尼比 $\zeta$=0.01 时，相位差在 175°附近，几乎为反向；随着阻尼比的增大，相位差逐渐降低，在阻尼比 $\zeta$=0.2 时，相位差只有 145°；图 9-18 给出了下端分支中升力与横流向位移间相位差随阻尼比的变化规律。在去同步化分支中，相位角均为 180°，不随阻尼比的变化而变化。

由图 9-19 可以发现，在阻尼比 $\zeta$=0.01 时，拖曳力与顺流向位移间相位差在初始分支中就由 0°突变至 180°，随后始终保持在 180°。随着阻尼比的增大，拖曳力与顺流向位移间相位差由 0°至 180°的过程由突变转变为渐变。即随着阻尼比的增大，拖曳力与顺流向位移由同相至反相的转化范围变宽。

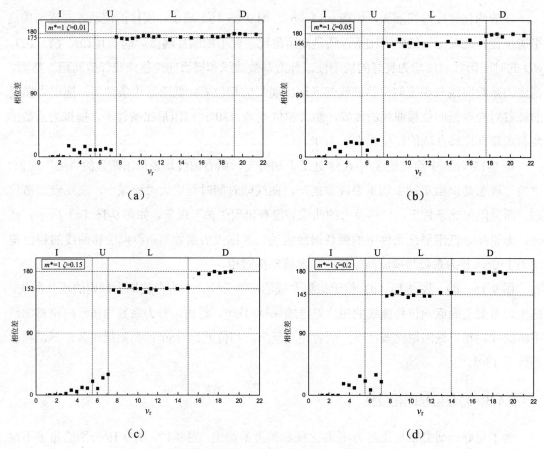

图 9-17  升力与横流向位移 *Cl-y/D* 相位差随 $v_r$ 的变化

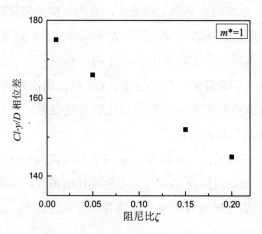

图 9-18  下端分支中升力与横流向位移 *Cl-y/D* 相位差随 $\zeta$ 的变化

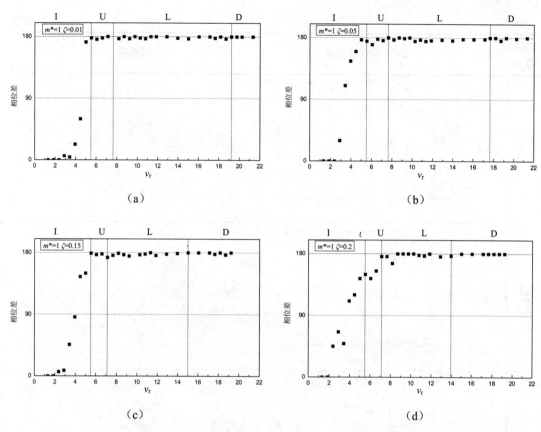

图 9-19　拖曳力与顺流向位移 $Cd$-$x/D$ 相位差随 $v_r$ 的变化

### 9.4.4　涡激运动响应谱与涡泄图

表 9-3 给出了质量比为 1、阻尼比为 0.01 的浮式圆柱横流向、顺流向涡激运动响应谱，以及各自对应的涡泄图。与图 9-11 对比可见，同样在低质量比、低阻尼比条件下，浮式圆柱的涡泄表现出了不同的形式。

表 9-3　浮式圆柱 $x/D$、$y/D$ 涡激运动响应谱与涡泄图（$m^*$=1，$\zeta$=0.01）

| 响应分支 | $v_r$ | $x/D$、$y/D$ 响应谱 | 涡泄图 |
|---|---|---|---|
| 初始分支 | 1.32 | | |

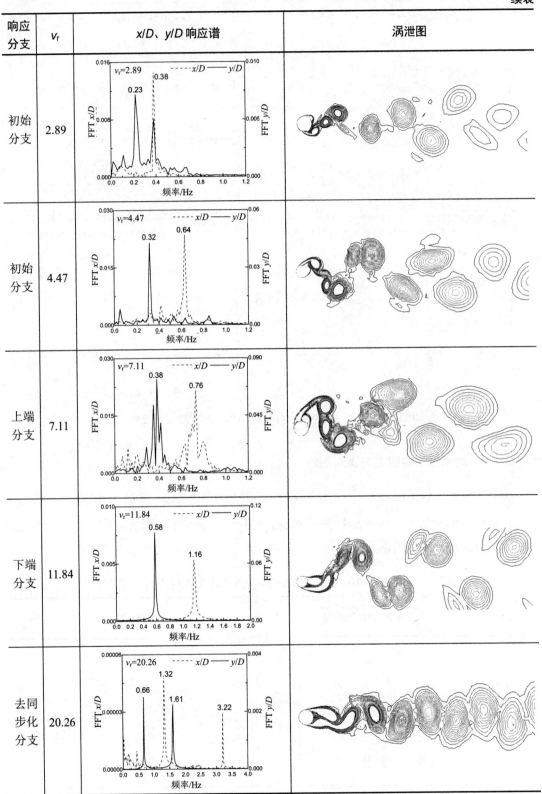

| 响应分支 | $v_r$ | $x/D$、$y/D$ 响应谱 | 涡泄图 |
|---|---|---|---|
| 初始分支 | 2.89 | | |
| 初始分支 | 4.47 | | |
| 上端分支 | 7.11 | | |
| 下端分支 | 11.84 | | |
| 去同步化分支 | 20.26 | | |

约化速度 $U_r$=1.32 处于涡激运动初始分支的前部，然而其涡泄模式与图 9-11（a）的 SS 模式并不相同，浮式圆柱涡激运动在这一条件下的涡旋泄放表现出一种不对称的模式。这种不对称在 $U_r$=2.89 时表现更为明显，图 9-20 给出了此约化速度下一个周期的涡泄图，与强迫振动中的 P+S 模式相似。

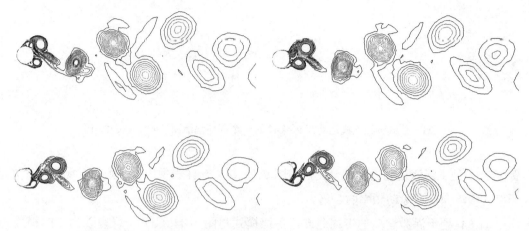

图 9-20　浮式圆柱涡激运动在 $v_r$=2.89 时一个周期涡泄图（$m$*=1，$\zeta$=0.01）

P+S 模式最早从圆柱体强迫运动中发现，Williamson 和 Roshko[9-10]认为 P+S 模式不能激励圆柱体发生振动，即 P+S 模式不会出现在圆柱涡激振动或涡激运动中。

然而，Leontini[11]在圆柱强迫运动研究中发现 P+S 模式可以出现一个小的正激励区域。Singh 和 Mitttal[12]对质量比 $m$*=10 的圆柱在雷诺数 $Re$=50～500 范围内进行两自由度涡激振动数值模拟，$Re$<300 时，涡泄表现为 2S 模式，$Re$=350、425 时，涡旋泄放表现为 P+S 模式。Papaioannou[13]对质量比 $m$*=3、雷诺数 $Re$=500 圆柱的涡激振动进行研究，重现了 P+S 模式。本文在质量比 $m$*=1、阻尼比 $\zeta$=0.01、约化速度 $v_r$=2.89、雷诺数 $Re$=11000 的圆柱涡激运动尾流中同样观察到不对称的 P+S 模式，进一步说明 P+S 模式不会出现在圆柱涡激振动或涡激运动中的结论是不准确的。

出现涡泄的不对称与横流向涡激运动的多个频率峰值有关，$v_r$=1.32、2.89 时横流向涡激运动有两个频率峰值，一个符合固定圆柱绕流时的斯托哈尔频率，另一个是浮式圆柱的静水固有频率。顺流向涡激运动频率在 $v_r$=1.32、2.89 时均锁定在固有频率，这种频率"锁定"解释了为什么顺流向涡激运动幅值大于横流向幅值。

随着约化速度的增加，顺流向涡激运动频率均为横流向涡激运动频率的 2 倍关系。$v_r$=4.47 处于涡激运动初始分支的后部，对比图 9-11（b），同样在低阻尼比条件下，质量比为 2.6 的圆柱表现为 2S 模式，而质量比为 1 的浮式圆柱表现为 2P 模式。图 9-21 给出了此约化速度下一个周期的涡泄图。

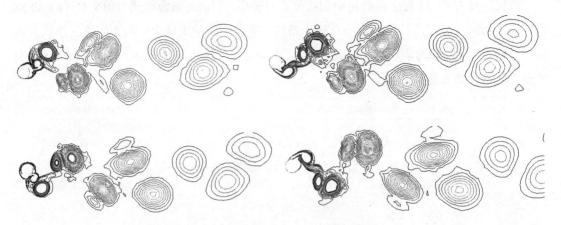

图 9-21 浮式圆柱涡激运动在 $v_r$=4.47 时一个周期涡泄图（$m^*$=1，$\zeta$=0.01）

$v_r$=7.11 处于涡激运动的上端分支，与图 9-11（c）一样表现出 2T 模式。顺流向涡激运动频率为横流向涡激运动频率的 2 倍。

$v_r$=11.84 处于涡激运动的下端分支，涡泄模式与图 9-11（d）一样表现为 2P 模式。$v_r$=20.26 处于下端分支与去同步化分支过渡区域，横流向涡激运动频率有两个，分别是 0.66Hz 和 1.61Hz：0.66Hz 与下端分支中的锁定频率相近；1.61Hz 与该流速下的固定圆柱绕流频率相等。虽然横流向运动表现为 2 个频率，但由于在去同步化分支中涡激运动幅值非常小，涡泄模式表现为 2S 模式。

表 9-4 给出了质量比为 1、阻尼比为 0.2 的浮式圆柱横流向、顺流向涡激运动响应谱，以及各自对应的涡泄图。顺流向与横流向频率比为 2 倍关系，初始分支和去同步化分支涡泄模式为 2S 模式，其他响应分支为 2P 模式。由于在高阻尼比条件下，上端分支的范围很小，与初始分支难以区分，所以上端分支中的 2P 涡泄模式表现并不明显。

表 9-4 浮式圆柱 $x/D$、$y/D$ 涡激运动响应谱与涡泄图（$m^*$=1，$\zeta$=0.2）

| 响应分支 | $v_r$ | $x/D$、$y/D$ 响应谱 | 涡泄图 |
|---|---|---|---|
| 初始分支 | 1.32 | | |

续表

| 响应分支 | $v_r$ | x/D、y/D 响应谱 | 涡泄图 |
|---|---|---|---|
| 上端分支 | 6.58 | 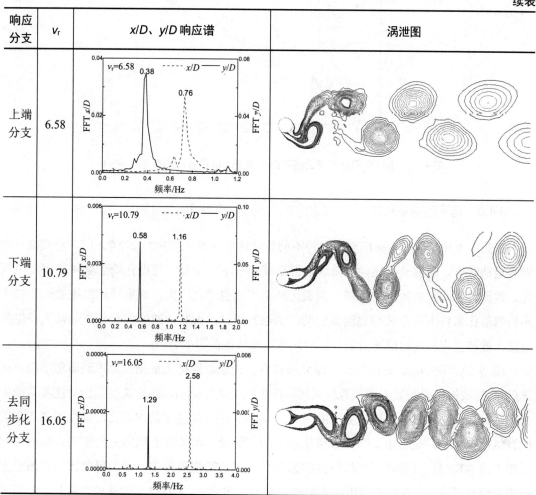 | |
| 下端分支 | 10.79 | | |
| 去同步化分支 | 16.05 | | |

## 9.4.5 顺流向平衡位置

在顺流向涡激运动中，圆柱体偏移至下游的某一平衡位置后作往复运动，然而这一平衡位置并没有完全随流速的增加而增大。图 9-22 给出不同阻尼比条件下浮式圆柱涡激运动的顺流向平衡位置随约化速度的变化规律。由图可见，在上端分支与下端分支的过渡阶段，平衡位置并没有随流速增加而增大，而是有一个突然的下降，随后继续增大。而且在下端分支，平衡位置随阻尼比变化而变化，相同约化速度下平衡位置随阻尼比的增加而减小。其他分支下，平衡位置曲线几乎是重合，对阻尼比的变化并不敏感。

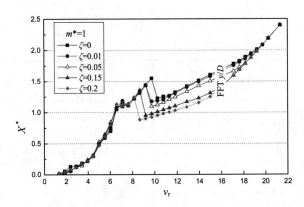

图 9-22　不同阻尼比下浮式圆柱顺流向平衡位置随 $v_r$ 的变化（$m^*=1$）

### 9.4.6　与实验结果对比

在第三章中，通过实验研究了三种不同长径比条件下（$L/D=2.5$、2.0、1.5）浮式圆柱的涡激运动特性。随着长径比的下降，涡激运动幅值下降明显，且斯托哈尔数规律也发生变化。然而随着圆柱长径比的下降，涡激运动阻尼比也随之增大。本章通过二维数值模拟了不同阻尼比条件下的浮式圆柱涡激运动，消除其长径比影响。通过实验数据与数值模拟的对比，能够区别研究阻尼比与长径比对涡激运动特性的影响。

图 9-23、图 9-24 分别给出了浮式圆柱横流向涡激运动无量纲振幅、涡激运动频率比（$f_y/f_n$）的实验结果与数值模拟数据对比。由于实验条件限制，约化速度范围只能覆盖初始分支、上端分支和部分下端分支。由图 9-23 可以看出，实验中的涡激运动振幅要高于对应的数值模拟振幅，这是由于二维数值模拟中潜在假设了流体力沿轴向完全相关，运动方程采用了线性模型，且忽略了三维特性的影响[14]。二维数值模拟中，不同阻尼比的初始分支响应曲线几乎重合。在低长径比浮式圆柱涡激运动实验中，$L/D=2.5$、2.0 的圆柱初始分支响应曲线同样几乎重合，但明显高于 $L/D=1.5$ 的响应曲线。

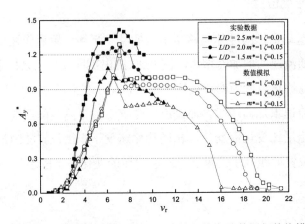

图 9-23　浮式圆柱横流向涡激运动无量纲振幅的实验数据与数值模拟对比

对比图 9-23、图 9-24 可以看出，二维数值模拟中上端分支的范围随阻尼比的上升有减小的趋势。但在低长径比实验中，上端分支的范围反而随阻尼比的上升而明显增大，这与长径比的变化有关。说明浮式圆柱涡激运动上端分支锁定范围随长径比的减小而增大。

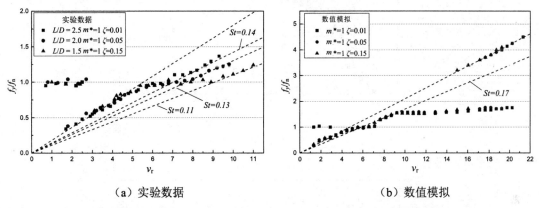

（a）实验数据　　　　　　　　　　　（b）数值模拟

图 9-24　浮式圆柱涡激运动频率比（$f_y/f_n$）的实验数据与数值模拟对比

在实验中，上端分支与下端分支的过渡区域的 $St$ 数随长径比和阻尼比的变化而变化，见图 9-24（a）所示。但在数值模拟中，这一区域的 $St$ 数为一定值，并没有随阻尼比的变化而变化。通过对比说明：上端分支与下端分支间过渡区域的 $St$ 数变化是由于长径比的变化而引起的。

## 9.5　质量比对圆柱涡激特性的影响

本节通过数值模拟方法，对阻尼比 $\zeta$=0.01 条件下，$m^*$=1、2、3、4 的低质量比圆柱涡激特性进行研究，探讨浮式圆柱与其他低质量比圆柱涡激特性的异同。

### 9.5.1　涡激运动响应

图 9-25 给出了在阻尼比为 0.01 条件下，不同质量比圆柱无量纲涡激运动振幅随约化速度的变化规律。图 9-26 为横流向运动频率 $f_y$ 与结构静水固有频率 $f_n$ 的频率比 $f_y/f_n$ 随约化速度的变化规律，为方便对比，在图中标注了不同响应分支所对应的约化速度范围。

响应振幅曲线中，质量比为 1 和 2 的圆柱出现了上端分支，对应的 $f_y/f_n$ 锁定在 1 附近；而质量比为 3、4 的圆柱只有初始分支和下端分支，没有上端分支，与此对应的频率比 $f_y/f_n$ 也没有锁定在 1 的区间。质量比为 1 的浮式圆柱，在上端分支与下端分支间出现了一段过渡区域，在这一区域 $St$≈0.17，如图 9-26（a）所示，且由 9.4.1 节知此 $St$ 数并不随阻尼比的变化而变化。然而在其他低质量比圆柱的频率比曲线中，并没有这一过渡区域的出现。在下端分支，不同质量比所对应的频率比 $f_y/f_n$ 不同，随着质量比的增加，频率比 $f_y/f_n$ 不断趋向于 1。

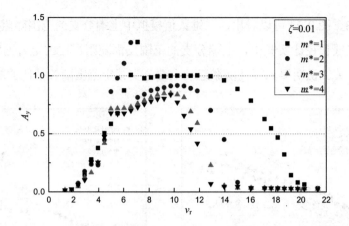

（a）横流向涡激运动振幅

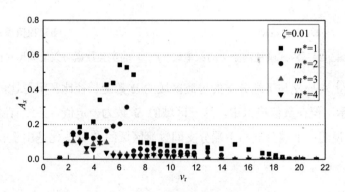

（b）顺流向涡激运动振幅

图 9-25　不同质量比下圆柱无量纲涡激运动振幅随 $v_r$ 的变化（$\zeta=0.01$）

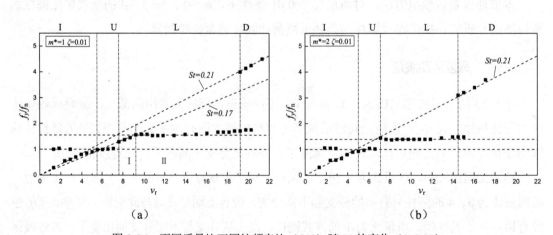

图 9-26　不同质量比下圆柱频率比（$f_y/f_n$）随 $U_r$ 的变化（$\zeta=0.01$）

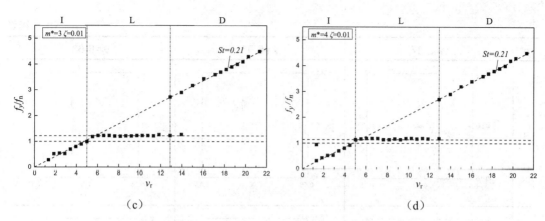

图 9-26　不同质量比下圆柱频率比（$f_y/f_n$）随 $v_r$ 的变化（$\zeta=0.01$）（续）

### 9.5.2　运动轨迹与顺流向平衡位置

表 9-5 为在阻尼比 0.01 条件下，质量比 $m^*=1$、2、3、4 的圆柱在不同约化速度下的运动轨迹。

$v_r=2.37$ 处于初始分支的前段位置，横流向运动振幅较小，顺流向运动占据主导地位。总体来讲，在同阻尼比条件，相同约化速度下，质量比越小其横流向振幅越大，这一规律在 $v_r=8.68$ 时有很好的体现[15]。但在上端分支，相同约化速度下，$m^*=2$ 的圆柱横流向运动幅值反而大于 $m^*=1$ 的圆柱横流向运动振幅，如 $v_r=6.05$。出现这一现象，是由于在此阶段 $m^*=1$ 顺流向振幅显著大于 $m^*=2$ 的顺流向振幅。可以说在上端分支，浮式圆柱的顺流向涡激运动"消耗"了横流向运动的能量[16]。

表 9-5　不同约化速度下圆柱运动轨迹

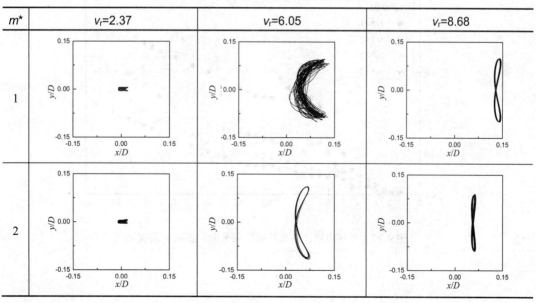

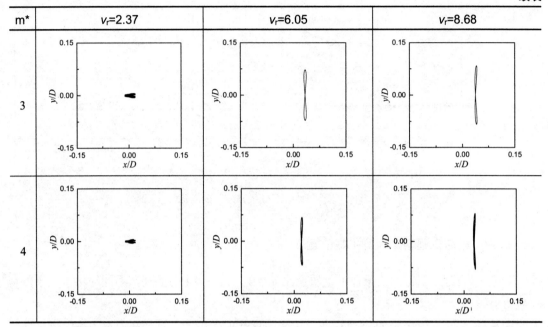

图 9-27 给出不同质量比圆柱在阻尼比 0.01 条件下的顺流向平衡位置随约化速度的变化规律。由图可知，相同约化速度下，质量比越低对应的平衡位置越大。且相同约化速度下，$m*$=1、2 的平衡位置间差值显著大于 $m*$=3、4 的平衡位置间差值，这一现象在约化速度较高处更为明显。

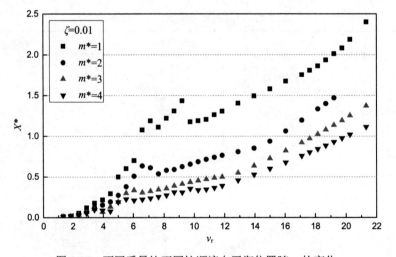

图 9-27　不同质量比下圆柱顺流向平衡位置随 $v_r$ 的变化

# 9.6　本章小结

本章应用 CFD 数值模拟方法对二维圆柱在不同流速下的涡激运动问题进行研究。将运动系统简化为质量（$m$）-弹簧（$k$）-阻尼（$\zeta$）系统，利用 Fluent 软件模拟圆柱周围流场，运动微分方程选择四阶龙格-库塔（Runge-Kutta）法求解，求解过程通过 UDF（User Defined Function）嵌入到 Fluent 求解器中，利用 DEFINE_CG_MOTION 函数提取流体力后代入运动微分方程求解，并结合动网格技术实现流场的及时更新。计算中，选择雷诺平均法求解 N-S 方程，湍流模型选择 SST $k$-$\omega$，对不同阻尼比条件下的浮式圆柱涡激运动进行模拟，并与第 7 章实验结果进行对比。在此基础之上对相同阻尼比条件下，不同质量比圆柱的涡激运动进行数值模拟，以研究浮式圆柱与其他低质量比圆柱涡激特性的异同，得出以下结论。

（1）通过与 Jauvtis 和 Williamson 在 2004 年的经典实验结果的对比，数值计算可以较好地模拟圆柱涡激运动，但在最大振幅方面有所低估。初始分支、上端分支和下端分支的运动轨迹与实验结果基本相似。数值模拟再现了实验中的 SS、2S、2T 和 2P 涡泄模式。

（2）浮式圆柱涡激运动上端分支所对应的频率比为 $f_y/f_n\approx1$，最大振幅出现在这一分支。随着阻尼比的增加，上端分支的约化速度范围有减小的趋势，最大振幅随之下降。

（3）浮式圆柱涡激运动的下端分支对应的频率比 $f_y/f_n$ 均大于 1，不随阻尼的变化而变化。上端分支与下端分支间，存在一过渡区域，该区域对应的 $St\approx0.17$，不随阻尼比的改变而改变。通过与第 7 章实验对比得出，实验中这一过渡区域 $St$ 数的变化是由于长径比 $L/D$ 的变化引起，与阻尼比无关。然而在其他低质量比涡激运动数值模拟中并没有出现这一过渡区域。

（4）在浮式圆柱涡激运动的初始分支、上端分支和去同步化分支中，升力-横流向位移间相位差对阻尼比的变化并不敏感；然而在下端分支中，升力-横流向位移间相位差受阻尼比的影响极为明显，相位差随着阻尼比的增加而减小。

（5）低阻尼比浮式圆柱涡激运动的初始分支，表现为两种不同的涡泄模式，分别为 P+S 模式和 2P 模式。而质量比为 2.6 的低阻尼比圆柱，在初始分支中涡泄表现为 SS 模式和 2S 模式。高阻尼比浮式圆柱涡激运动初始分支中，涡泄只表现为 2S 模式。

（6）对比相同阻尼比 $\zeta=0.01$ 条件下，不同质量比 $m^*=1$、2、3、4 的圆柱涡激特性发现：相同约化速度下，总体趋势是质量比越小其横流向振幅越大；然而在上端分支，$m^*=1$ 的浮式圆柱涡激运动横流向振幅反而小于 $m^*=2$ 的圆柱横流向振幅，是由于在这一阶段 $m^*=1$ 顺流向振幅显著大于 $m^*=2$ 的顺流向振幅，浮式圆柱的顺流向涡激运动"消耗"了横流向运动的能量。

# 参考文献

[1]    KHALAK A, WILLIAMSON C H K. Investigation of relative effects of mass and damping in vortex-induced vibration of a circular cylinder[J]. Journal of Wind Engineering and Industrial Aerodynamics, 1997, 69: 341-350.

[2]    KHALAK A, WILLIAMSON C H K. Fluid forces and dynamics of a hydroelastic structure with very low mass and damping[J]. Journal of Fluids and Structures, 1997, 11(8): 973-982.

[3]    KHALAK A, WILLIAMSON C H K. Motions, forces and mode transitions in vortex-induced vibrations at low mass-damping[J]. Journal of fluids and Structures, 1999, 13(7-8): 813-851.

[4]    RAGHAVAN K. Energy extraction from a steady flow using vortex induced vibration[D]. The University of Michigan, 2007.

[5]    JAUVTIS N, WILLIAMSON C H K. The effect of two degrees of freedom on vortex-induced vibration at low mass and damping[J]. Journal of Fluid Mechanics, 2004, 509: 23-62.

[6]    刘卓, 刘昉, 燕翔, 等. 高阻尼比低质量比圆柱涡激振动试验研究[J]. 实验力学, 2014, 29（6）: 737-743.

[7]    黄智勇, 潘志远, 崔维成. 两向自由度低质量比圆柱体涡激振动的数值计算[J]. 船舶力学, 2007, 11（1）: 1-9.

[8]    PAN Z Y, CUI W C, MIAO Q M. Numerical simulation of vortex-induced vibration of a circular cylinder at low mass-damping using RANS code[J]. Journal of Fluids and Structures, 2007, 23(1): 23-37.

[9]    MORSE T L, WILLIAMSON C H K. Prediction of vortex-induced vibration response by employing controlled motion[J]. Journal of Fluid Mechanics, 2009, 634: 5-39.

[10]   LEONTINI J S, STEWART B E, THOMPSON M C, et al. Wake state and energy transitions of an oscillating cylinder at low Reynolds number[J]. Physics of Fluids, 2006, 18(6): 067101.

[11]   SINGH S P, MITTAL S. Vortex-induced oscillations at low Reynolds numbers: hysteresis and vortex-shedding modes[J]. Journal of Fluids and Structures, 2005, 20(8): 1085-1104.

[12]   PAPAIOANNOU G G V. A numerical study of flow-structure interactions with application

to flow past a pair of cylinders[D]. Massachusetts Institute of Technology, 2004.

[13] 梁亮文. 低雷诺数下圆柱横向受迫振荡和涡激运动的数值分析[D]. 上海：上海交通大学，2009.

[14] 谷家扬，杨琛，朱新耀，等. 质量比对圆柱涡激特性的影响研究[J]. 振动与冲击，2016，35（4）：134-140.

[15] 吴浩，孙大鹏. 深海立管涡激振动被动抑制措施的研究[J]. 中国海洋平台，2009，24（4）：1-8.

[16] Gonçalves R T, Rosetti G F, Franzini G R, et al. Two-degree-of-freedom vortex-induced vibration of circular cylinders with very low aspect ratio and small mass ratio[J]. Journal of Fluids and Structures, 2013, 39: 237-257.

# 第 10 章　浮式多圆柱型海洋结构物涡激运动数值模拟研究

涡激振动问题是海洋工程领域常见的流固耦合现象，之前的研究主要集中在立管和海底管线的涡激振动现象。随着对浮式平台水动力性能的深入研究，发现大直径立柱后侧的旋涡泄放会引起平台的低频刚体运动，并经过现场实测证实了这一结论[1]。现阶段的涡激振动问题主要集中在长细比较大的柔性立管系统，以及单柱 Spar 平台的涡激运动问题的研究，对四立柱大尺度平台的涡激运动问题研究较少，况且各立柱之间的相互作用、相互影响也加大了研究的难度，目前国内外研究的方法主要集中在模型实验和数值仿真研究。

张力腿平台的涡激运动现象是十分复杂的非线性耦合问题，其立柱间的尾涡生成和脉动升阻力相互影响，研究过程相对复杂。本章将借助前面章节对单圆柱绕流、强迫运动和涡激运动的研究方法，在深入了解分析单圆柱涡激运动特性的基础上，对四立柱张力腿平台的涡激运动问题进行数值仿真研究。为验证数值方法的可行性，并探讨实验与数值计算结果的异同，本章的张力腿平台计算模型采用第 8 章中实验模型的数据进行建模，数值计算中的结构质量、刚度和系统阻尼均利用实验测得的数据，并对比实验和数值仿真结果，分析两种方法的异同、优劣，为研究其他问题提供参考。

本章的主要研究内容是通过计算流体力学方法进行张力腿平台涡激运动问题的研究，通过求解运动微分方程实现流体-结构的耦合作用，进而研究张力腿平台结构的旋涡脱落、运动轨迹特征、涡激受力以及单双向耦合运动对横向涡激响应的影响。

## 10.1　计算模型简介

在张力腿平台涡激运动问题的数值计算中，由于三维网格模型网格数量巨大（通常几百万至上千万），以及流固耦合计算中需要时时进行流场更新，因此三维数值模型的计算通常需要借助超级计算机计算。在本文的数值计算中忽略三维效应的影响，采用二维网格模型进行绕流、强迫运动及涡激运动问题的研究，大大减小了计算的工作量，同时又能给出涡激运动振幅大小、涡脱频率特性、尾流特征和涡激受力等关心的问题。

计算模型根据第 8 章实验模型进行建模，立柱直径为 0.05m，立柱间距为 0.15m。模型区域划分如图 10-1 所示，流场坐标 $x$ 方向为来流方向（纵向），$y$ 方向为横流向（横向），顺流向长为 $60D$，横向长 $40D$，以平台中心为原点，平台上游长 $20D$，下游长 $40D$，距离横向两侧边界各 20*D*。设置 16*D* 圆形范围的区域进行随体网格划分，随体网格与四圆柱一起作刚性运动。四个立柱分别以 C1、C2、C3、C4 来表示，来流方向与平台主轴的夹角 $\alpha$ 沿 *x* 轴逆时针方向为正[2-6]。

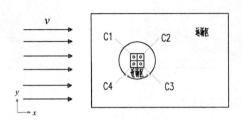

图 10-1 流场计算域几何模型示意

流场网格模型的划分采用混合型网格，随体网格全部采用结构化网格，使用较规则的四边形网格，用于动网格的计算，而远场网格则采用非结构化网格。在随体网格内将四圆柱相互分割划分，每个圆柱周围流场必须进行边界层网格划分，边界层第一层网格高度为0.00007m，划分 15~20 层边界层，满足 $y+<1$。

在网格划分中，为了模拟立柱边界层分离、计算涡激受力，将随体区域进行等分处理。主要是将各圆柱相互分割成大小相等的正方形，在小正方形内对单圆柱进行网格划分和边界层生成，在整个随体区域用四边形网格进行结构化网格划分。远场区采用三角形非结构化网格划分，近随体网格处进行细化，网格逐渐向边界部分增大，以此减小整体网格数量。按照此种网格划分方法，分别对 0°、15°、30° 和 45°流向的模型进行网格划分。先对 0°流向的模型进行网格划分，划分完成后，将随体部分网格进行整体旋转，以满足 15°、30° 和 45°流向，随体网格保持不变，远场区边界的网格等分数量也保持不变。因此，这种划分方法既能保证网格数量的基本不变又能进行不同流向网格的划分，方便结论中对数值计算结果进行对比。此时，0°流向网格单元总数为 53440，其中四边形单元 36000 个，三角形单元 17440 个。各流向下的计算域网格模型具体如图 10-2 所示。

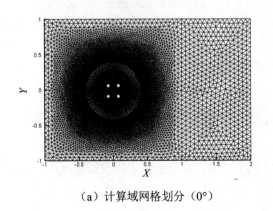

（a）计算域网格划分（0°）

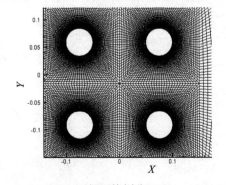

（b）近场网格划分（0°）

图 10-2 不同流向下计算域网格及近场网格划分

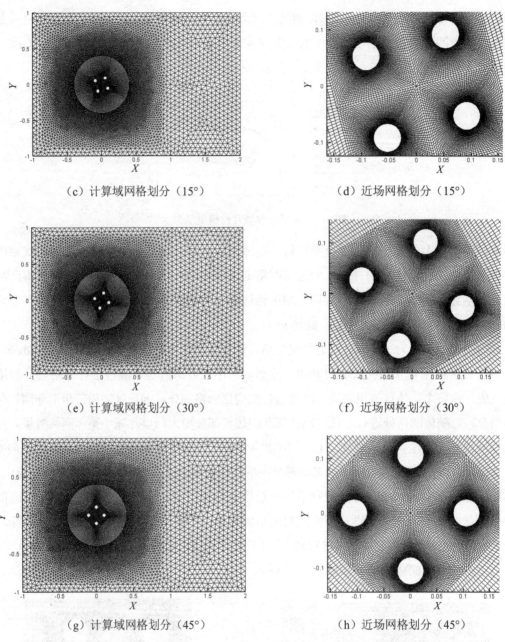

（c）计算域网格划分（15°）　　　　　　（d）近场网格划分（15°）

（e）计算域网格划分（30°）　　　　　　（f）近场网格划分（30°）

（g）计算域网格划分（45°）　　　　　　（h）近场网格划分（45°）

图 10-2　不同流向下计算域网格及近场网格划分（续）

## 10.2　TLP 涡激运动特性

张力腿平台（TLP）涡激运动的数值求解过程大致为：在每个时间步求解流体作用于结构上的外部激励并代入到运动微分方程中，通过对微分方程的求解得到模型的位移、速度和加速度，进而在 Fluent 进行流场更新，然后根据变化后的流场重新求解流体作用力，重复迭代上一过程，求解整个系统的流固耦合作用。

本节根据数值求解结果，给出了 0°来流方向的涡激运动响应振幅大小、运动轨迹、锁定特性以及流场特征等涡激特性，分析了不同约化速度下的涡激运动特性的不同，得到一些与实验结果相同的结论。

### 10.2.1 横流向涡激运动特性

图 10-3 给出了 0°流向下不同约化速度时的横向无量纲运动响应。由图可知，当流速较小时（$v_r \leqslant 2$），约化速度 1 和 2 时的运动响应约为 0.02$D$ 和 0.05$D$，横向运动振幅很小，几乎无涡激运动发生。随着流速的增加，横向运动振幅迅速增大，当约化速度达到 3 时横向运动振幅变化较大约 0.35$D$，此时在旋涡的作用下张力腿平台发生了涡激运动。当 $v_r$=4 时，横向涡激响应振幅达到最大约 0.7$D$，此时平台的涡激运动达到一个高峰，随约化速度的继续增大横向运动振幅开始变小，并且在一定约化速度范围内运动响应基本不变，进入锁定区间。在 $5 \leqslant v_r \leqslant 8$ 时，平台涡激运动响应不变约为 0.5$D$，运动变化曲线十分规则，此时发生了涡激共振现象，平台的运动响应不再随约化速度的变化而变化。当约化速度达到 9 时，横向运动响应曲线出现高低无序变化，涡激共振现象开始解锁，运动振幅约为 0.2$D$，在此以后涡激运动响应随流速的增加开始变小。当 $v_r \geqslant 10$ 以后，涡激运动响应已经不再明显，涡激共振不复存在，之后的涡激运动又达到一个新的平衡，运动响应约为 0.1$D$。

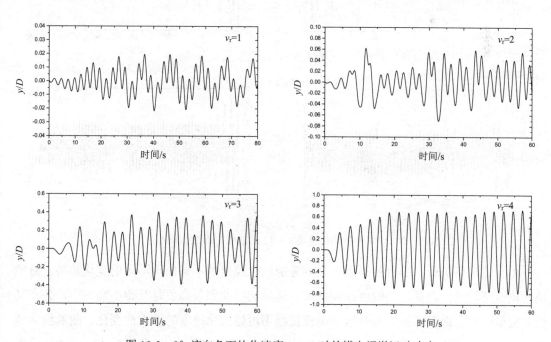

图 10-3　0°流向角下约化速度 1~12 时的横向涡激运动响应

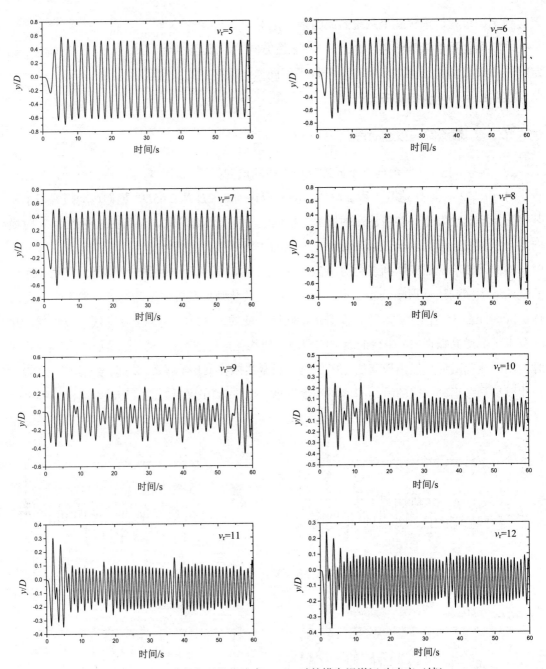

图 10-3　0°流向角下约化速度 1～12 时的横向涡激运动响应（续）

由上述分析可知，平台的涡激运动响应随约化速度的不同出现不同的变化趋势。开始随约化速度的增大涡激运动响应逐渐增大，运动响应达到最高值时开始小幅减小，并在某较大幅值处发生涡激共振，此时运动响应振幅不再随约化速度的增大而变化，随着约化速度的继续增大，达到某较大值时发生涡激解锁现象，涡激运动响应急剧减小。上述计算所得张力腿平台的涡激运动响应特征为一典型浮式平台的涡激共振现象。

图 10-4 给出了张力腿平台横向无量纲运动振幅随约化速度的变化曲线，可以明显看出涡激响应振幅首先随约化速度的增大而增大，到约化速度为 $5 \leqslant v_r \leqslant 8$ 时出现锁定现象，锁定区的响应振幅基本不变，跨过锁定区后响应振幅急剧减小，解锁后的涡激运动响应振幅也基本维持不变。

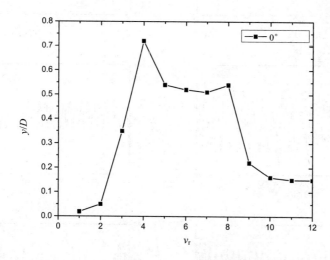

图 10-4　不同约化速度下横向无量纲运动振幅曲线

## 10.2.2　顺流向涡激运动特性

图 10-5 给出了 0°流入射时不同约化速度下的顺流向无量纲涡激运动振幅。由图可知，顺流向运动响应振幅相对较小，且与横向涡激运动响应随约化速度的变化趋势大致相同。当约化速度很小时（$v_r=1$），顺流向运动振幅很小，几乎无涡激运动发生；当约化速度继续增加至 $v_r=2\sim4$ 时，顺流向涡激响应振幅大幅增加，顺流向涡激运动响应振幅逐渐达到最大，且随着约化速度的继续增大顺流向运动振幅基本不变（约 $0.14D$）；当约化速度继续增大至 $v_r=4\sim8$ 时，横向达到涡激共振状态，顺流向响应振幅比 $v_r=2\sim4$ 时略小，但此时的涡激响应振幅保持不变，顺流向亦达到共振状态，响应振幅约 $0.11D$；当约化速度 $v_r \geqslant 9$ 时，顺流向运动振幅迅速减小，涡激共振解锁，在此之后张力腿平台顺流向运动随约化速度的继续增大出现高频、低振幅运动现象，在某些文献中给出此种越过锁定区的高频、低振幅运动为驰振现象。

图 10-6 给出了张力腿平台在 0°流入射时不同约化速度下的顺流向无量纲涡激运动振幅大小。图示表明顺流向涡激运动响应同横流向大致相同，亦会出现锁定区间，但顺流向涡激响应振幅远小于横流向运动，这也是大部分学者忽视顺流向涡激响应的关键所在。

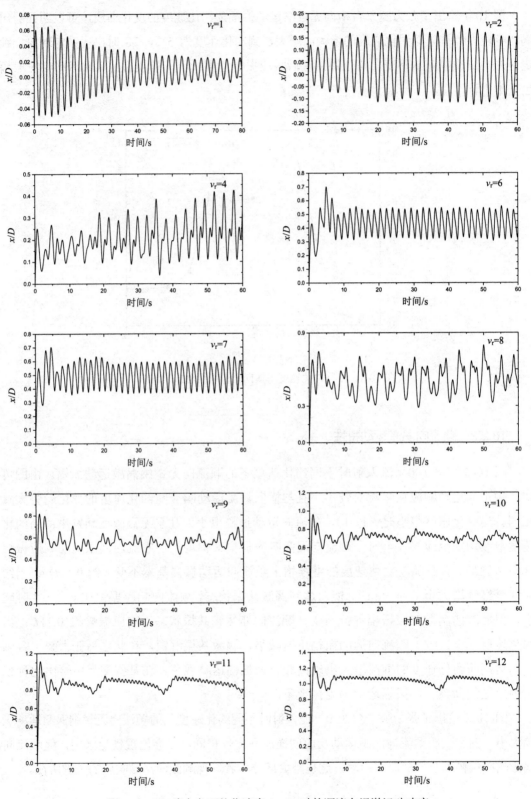

图 10-5　0°流向角下约化速度 1～12 时的顺流向涡激运动响应

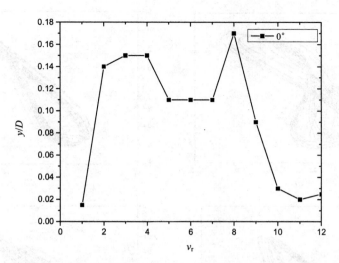

图 10-6　不同约化速度下顺流向无量纲运动振幅曲线

由此可见，顺流向涡激共振时的响应振幅大小约为 0.11$D$，而横流向涡激共振时的响应振幅大小约为 0.5$D$，在锁定区顺流向响应振幅约为横向的 20%，因此对张力腿平台的涡激运动研究中不应忽略顺流向的影响，特别是达到锁定范围的涡激运动响应。

### 10.2.3　涡激运动轨迹

图 10-7 所示为 0° 流入射时，平台在不同约化速度下的涡激运动轨迹。对比不同约化速度时的运动轨迹可知，在非锁定区 $v_r \leqslant 2$ 时，平台的运动振幅较小，基本无涡激运动；达锁定区 $3 \leqslant v_r \leqslant 8$ 时，运动振幅突然增大，横流向和顺流向运动振幅不再随约化速度增大而变化，且运动轨迹较规则，此时发生了涡激共振现象，横流向运动振幅远大于顺流向；当 $v_r > 8$，即越过锁定范围时，运动振幅急剧减小，运动混乱无序，横流向和顺流向运动振幅大体相等。

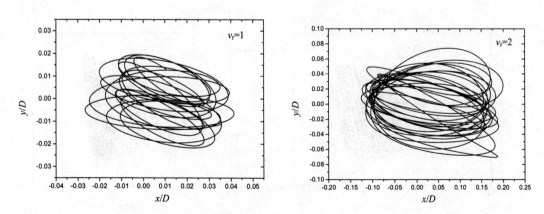

图 10-7　0° 流向角下不同约化速度时的张力腿平台涡激运动轨迹

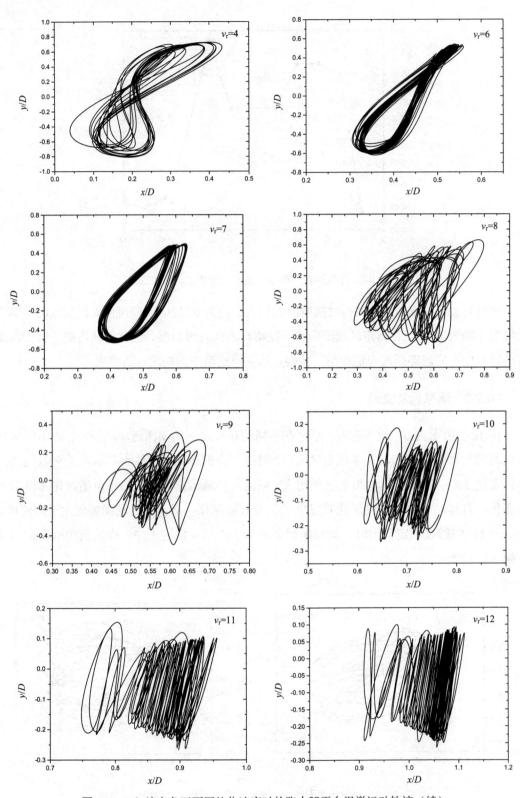

图 10-7　0°流向角下不同约化速度时的张力腿平台涡激运动轨迹（续）

由图 10-7 可得，张力腿平台在不同约化速度下的运动轨迹呈现不同的变化趋势。在起始上支中，运动轨迹呈现较不规则的椭圆形，变化无序；达到锁定区后涡激运动较规则，但运动轨迹在锁定区并不相同，而是呈一定的变化趋势，在约化速度为 4～6 时运动轨迹呈"8"字形，并由较规则八字向扁头"8"字形变化，而约化速度为 6～7 后，运动轨迹由"8"字形向椭圆形变化；当约化速度达到 8 时，此时即将跨过锁定区，运动变化无序；而到达解锁下支后，涡激运动迅速减小，但运动轨迹却呈较规则的斜"一字形"。

结果表明，在锁定区范围内横流向和顺流向振幅之比约为 5，横流向运动振幅远大于顺流向，因此在锁定区平台的横流向运动居主导地位，此时在锁定区发生了剧烈的涡激共振现象。

### 10.2.4  涡激力

图 10-8 为约化速度为 6 时平台四立柱的涡激升力系数。其中 C1 和 C4 为上游立柱，C2 和 C3 为下游立柱，由图示曲线可知，上游立柱升力系数曲线较平滑，而下游立柱升力系数有波动，而且 C1 和 C4 立柱升力系数大体相同，下游 C2 和 C3 立柱升力系数大致相同，C2 和 C3 立柱升力系数大于 C1 和 C4，因此可得上游立柱的尾部旋涡泄放对后柱旋涡泄放有一定的影响。

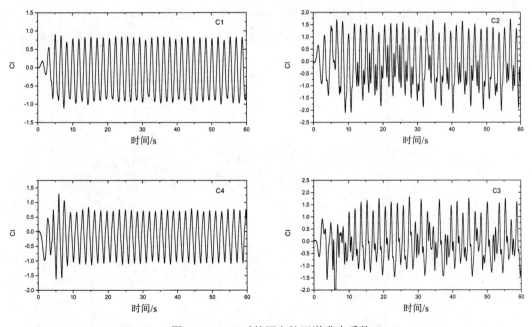

图 10-8  $v_r$=6 时的四立柱涡激升力系数

图 10-9 为四立柱总升力系数以及前后立柱脉动升力和总升力的频谱分析，由图可知，四立柱总升力仍然是以零点为平衡位置的简谐曲线，而且各立柱和平台脉动升力的频率相同。

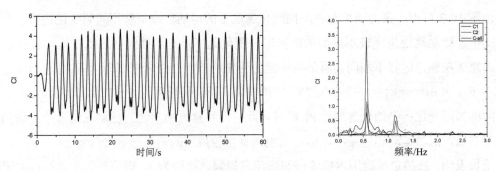

图 10-9　$v_r$=6 时的总升力系数和频谱分析

通过对脉动拖曳力系数的分析可知，拖曳力系数与升力系数的变化一致，也是前柱阻力曲线较光滑，而后柱阻力时有波动。因此由上述结果可知，上游立柱的尾涡对下游立柱的受力产生了一定的影响，所以在计算涡激受力时必须考虑立柱间尾流旋涡影响。

## 10.3　流向角对涡激运动特性的影响

图 10-10 给出了不同流向时张力腿平台随约化速度变化的横流向涡激响应，由图可知，不同流向角下平台的涡激响应振幅变化趋势基本一致，包括起始上支、锁定区和解锁下支。起始上支的过程基本相同（1～4），此时涡激响应随流速增加而增大，而当 $v_r$=4 时平台涡激响应达到最大；当 5≤$v_r$≤8 时达到锁定区，涡激响应振幅略有减小，各流向角下的响应振幅基本不变（仅 30°流向角略大）；而当 $v_r$≥9 时，振幅解锁，随约化速度的增大振幅减小。

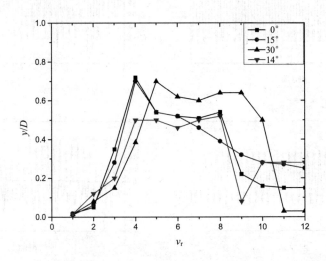

图 10-10　不同流向下的张力腿平台横流向无量纲运动振幅

图 10-11 分别给出在 0°、15°、30°和 45°流向时，张力腿平台在锁定区（约化速度 $v_r$=6）的涡激运动轨迹。由图可知，在锁定区，各流向下平台运动振幅较大且运动轨迹较规

则，说明此时发生了强烈的涡激共振现象；而且横流向和顺流向振幅之比为 4～6，因此在锁定区张力腿平台的横流向运动居主导地位。

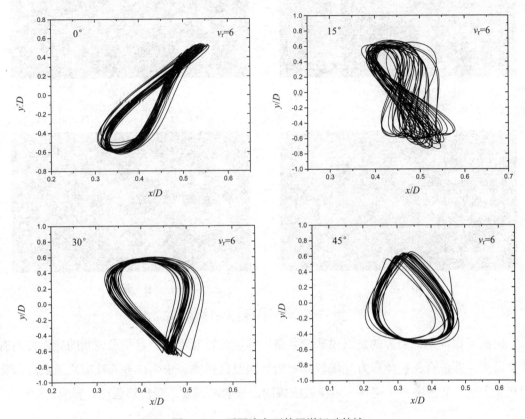

图 10-11　不同流向下的涡激运动轨迹

在锁定区，根据流向角的不同，平台的涡激运动轨迹亦呈不同趋势。当 0° 流入射时，涡激运动轨迹呈歪斜的"瓶形"；15° 时呈斜"8"字形；30° 时呈倒立的略扁"桃形"，而 45° 时呈正立的略扁"桃形"。

结果表明，在锁定区发生了剧烈的涡激共振现象，而且流向角是影响平台涡激运动轨迹的关键因素。此时，横流向运动振幅远大于顺流向，而且在横流向和顺流向的耦合作用下，平台的涡激运动轨迹具有较规则的形态，说明涡激运动具有一定的自限性。

图 10-12 给出不同流向下张力腿平台涡激运动时的涡量图，由图可知，不同流向下前柱的旋涡脱落比较规则，为上下方各有一个旋涡脱落；而对于后柱的旋涡脱落则受前柱旋涡的影响，在旋涡脱落过程中混合前柱旋涡而形成新的旋涡。在后柱旋涡脱落过程中，前方脱落旋涡受后柱新形成旋涡的影响，旋涡形态发现变化，前方旋涡逐渐向后柱新形成旋涡靠拢，混合成新的旋涡或逐渐消失，在尾流部分形成较复杂的旋涡泄放模式。

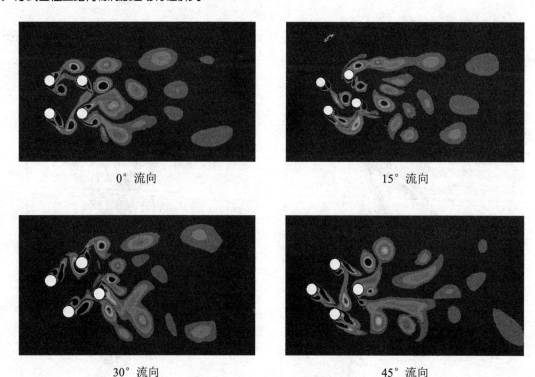

0°流向　　　　　　　　　　　15°流向

30°流向　　　　　　　　　　　45°流向

图 10-12　不同流向下的涡量图

由图可知，立柱后方的旋涡模式较复杂，各旋涡相互混合，有些形成新的旋涡，而有些则消失，并没有在柱体后方呈现较规则的旋涡脱落模式，说明在多立柱旋涡泄放时，旋涡相互影响，其形态并不遵守一定模式或规则，呈随机模式，受旋涡强度的影响。

## 10.4　涡激运动的耦合影响

图 10-13 为考虑单向耦合和双向耦合时张力腿平台横向涡激运动无量纲响应振幅。由图可知，单向耦合和双向耦合的横流向运动响应趋势基本一致，都出现起始上支、锁定横定区以及解锁下支。此时，考虑单向和双向耦合时的涡激响应振幅在起始上支和解锁下支均相对，但在锁定范围内单向耦合下的横流向涡激运动响应振幅比双向耦合时的响应振幅小，与裸圆柱的变化规律相同，但是差值比裸圆柱略小。

结合裸圆柱和张力腿平台涡激运动响应特性可知，考虑双向耦合时的横流向涡激运动振幅要比仅考虑单向耦合时的涡激响应振幅要大，因此许多学者在研究过程中忽略顺流向影响的计算结果普遍偏小，而由此计算得到的对立管和锚泊系统的损伤也会较小。

如图 10-14 所示，在约化速度为 2 时，横流向涡激运动处于起始上支，涡激运动开始后单向耦合下的横流向运动频率有加倍趋势，变化趋势较小，而双向耦合下横流向频率在此约化速度下完成加倍变化。

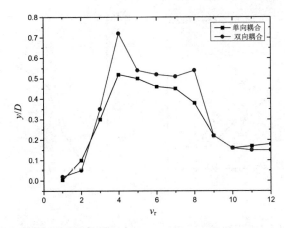

图 10-13　考虑单向和双向耦合作用的张力腿平台横向无量纲运动振幅

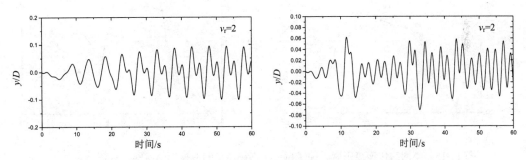

图 10-14　考虑单向和双向耦合 $v_r$=2 时的张力腿平台横向涡激运动响应

## 10.5　与实验结果的对比

图 10-15 为不同约化速度下张力腿平台涡激运动响应振幅的实验与数值模拟结果，由图可知，在 0°和 30°方向数值模拟结果跟实验结果基本吻合；而 15°和 45°方向实验值略大。

对比实验和数值模拟的结果可知，该张力腿平台在均匀流的作用下均出现了涡激运动现象，且整个运动过程可分为起始分支、锁定区和解锁下支。起始分支时运动响应随流速增加而增大；锁定区时运动响应基本不变（$0.5D \sim 0.7D$ 范围）；在解锁下支时运动响应随流速增大而减小。

图 10-16 和图 10-17 为实验和数值计算得到在锁定区 $v_r$=6 时张力腿平台横向涡激响应时历及频谱分析。结果显示，在锁定区实验和数值模拟结果基本相同，横流向涡激响应振幅均为 $0.6D$。数值模拟计算结果显示响应振幅具有明显的简谐运动特点，而实验值略有波动，主要是数值模拟中只考虑横向和纵向耦合，而实验中显示有艏摇现象，对横荡和纵荡结果略有影响。

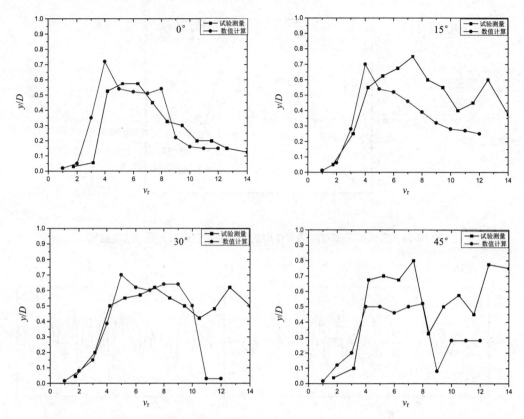

图 10-15　不同约化速度下张力腿平台横向涡激运动响应振幅的实验与数值结果对比

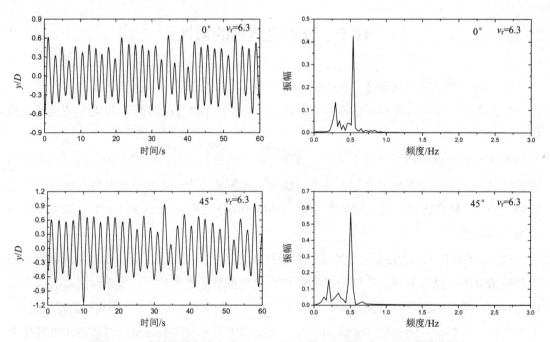

图 10-16　实验测量在锁定区 $v_r$=6.3 时平台横向涡激响应时历及频谱分析

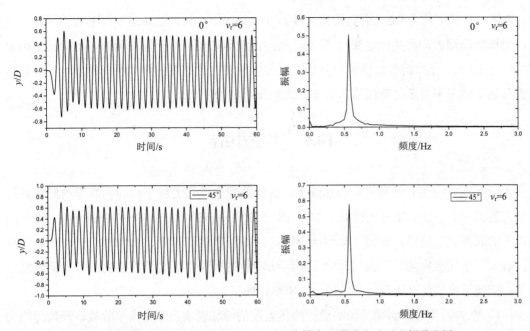

图 10-17　数值计算在锁定区 $v_r$=6 时平台横向涡激响应时历及频谱分析

由频谱分析结果可知，实验和数值计算的横向响应频率即涡泄频率都约为 0.52Hz，与实验模型和数值模型的固有频率大致相等。由此证明，在张力腿平台流固耦合问题中，结构的固有频率对涡泄频率有较大影响。结构达到锁定区后，横向运动响应频率在固有频率范围内产生较大运动。

图 10-18 给出了横向涡激运动频率与横荡固有频率的频率比 $f_v/f_n$ 以及斯托哈尔频率（固定圆柱绕流的涡泄频率）与横荡固有频率的频率比 $f_s/f_n$ 随约化速度的变化关系。

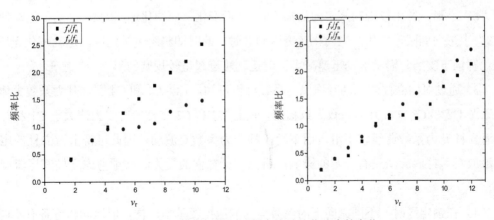

图 10-18　横向涡激运动频率比随约化速度的变化

由图 10-18 可知，实验和数值模拟获得的横向运动频率随约化速度的增加分 3 个典型阶段：当 $v_r$＜5 时，横向运动频率比与斯托哈尔频率比一致，同时随约化速度的增大而线性增加，斯托哈尔频率约为 0.2Hz；当约化速度为 $5 \leqslant v_r \leqslant 8$ 时，横向涡激运动频率比不再随约化速度的增加而增大，而是锁定在 1 附近，横向涡激运动频率等于固有频率，出现频率锁定现象；当 $v_r > 8$，频率解锁，横向涡激运动频率继续随约化速度的增加呈线性增大，但是横向涡激运动频率不再满足斯托哈尔频率，比斯托哈尔频率略小。

## 10.6 本章小结

本章在圆柱绕流和涡激运动的基础上，对传统四立柱张力腿平台的涡激运动问题进行了数值仿真研究。计算中分别计算了 0°、15°、30° 和 45° 流向，0～0.3m/s 内 12 个不同流速下的涡激运动特性，探讨了横流向和顺流向的涡激运动响应、涡激力、运动轨迹等特征，研究了不同流向角下涡激运动响应和运动轨迹的不同，对比了数值模拟和实验研究的结果，验证了数值仿真计算的准确性，主要结论如下。

（1）张力腿平台的涡激运动响应随约化速度的增加表现出 3 个典型阶段。开始随约化速度的增大涡激运动响应逐渐增大，此时处于起始上支状态；运动响应达到最高值时开始小幅减小，并在某较大振幅处发生涡激共振，此时运动响应振幅不再随约化速度的增大而变化，处于锁定状态；随约化速度的继续增大，达到某较大值时发生涡激解锁现象，涡激运动响应急剧减小，此时处于解锁下支。且横向涡激运动振幅远大于顺流向，横流向振幅大小为顺流向的 4～6 倍。

（2）在 0° 流向角下，张力腿平台在不同约化速度下的运动轨迹呈现不同的变化趋势。在起始上支中，运动轨迹呈现较不规则的椭圆形，变化无序；达到锁定区后涡激运动较规则，但运动轨迹在锁定区并不相同，而是呈一定的变化趋势，在约化速度为 4～6 时运动轨迹呈 "8" 字形，并由较规则八字向扁头 "8" 字形变化，而约化速度为 6～7 后，运动轨迹由 "8" 字形向椭圆形变化；当约化速度达到 8 时，此时即将跨过锁定区，运动变化无序；而到达解锁下支后，涡激运动迅速减小，但运动轨迹却呈较规则的斜 "一" 字形。

（3）通过对四立柱的脉动升拖曳力系数分析可知，上游 C1 和 C4 立柱升力系数大体相同，下游 C2 和 C3 立柱升力系数大致相同，而且 C2 和 C3 立柱的升阻力值大于 C1 和 C4，且上游立柱升力系数曲线较平滑，而下游立柱升力系数有波动，因此可得上游立柱的尾部旋涡泄放对后柱涡旋泄放有一定的影响，所以在计算涡激受力时必须考虑立柱间尾流旋涡影响。

（4）在锁定区时，不同流向下的涡激运动响应振幅基本一样，但运动轨迹各有不同。当 0° 流入射时，涡激运动轨迹呈歪斜的 "瓶形"；15° 时呈斜 "8" 字形；30° 时呈倒立的略扁 "桃形"，而 45° 流向时呈正立的略扁 "桃形"。旋涡泄放受各立柱影响比较混乱，上游立柱泄放旋涡在尾流中与下游逐渐合并消失。

（5）单向耦合和双向耦合的横向运动响应趋势基本一致，都出现起始上支、锁定横定区以及解锁下支，但是在锁定范围内单向耦合下的横向涡激运动响应振幅比双向耦合时的响应振幅小，与裸圆柱的变化规律相同，但是差值比裸圆柱略小。

通过对数值仿真和模型实验结果的对比得到，在锁定区实验和数值模拟结果基本相同，横向涡激响应振幅均为 0.6D，顺流向在 0.15D 左右。数值模拟结果显示响应振幅具有明显的简谐运动特点，而实验值略有波动，主要是数值模拟中只考虑横向和纵向耦合，而实验中显示有艏摇现象，对横荡和纵荡结果略有影响。由频谱分析结果可知，实验和数值计算的横向响应频率即涡泄频率都约为 0.52Hz，与实验模型和数值模型的固有频率大致相等。由此证明，张力腿平台结构的固有频率对涡泄频率有较大影响。

# 参考文献

[1] RIJKEN O, LEVERETTE S. Field measurements of vortex induced motions of a deep draft semisubmersible[C]//ASME 2009 28th International Conference on Ocean, Offshore and Arctic Engineering. American Society of Mechanical Engineers, Honolulu, Hawaii, OMAE 2009-79803: 739-746.

[2] ZOU L, Lin Y F, Hong L U. Flow patterns and force characteristics of laminar flow past four cylinders in diamond arrangement[J]. Journal of Hydrodynamics, 2011, 23(1): 55-64.

[3] LAM K, LI J Y, CHAN K T, et al. Flow pattern and velocity field distribution of cross-flow around four cylinders in a square configuration at a low Reynolds number [J]. Journal of Fluids and Structures, 2003, 17(5): 665-679.

[4] LAM K, LI J Y, SO R M C. Force coefficients and Strouhal numbers of four cylinders in cross flow[J]. Journal of Fluids and Structures, 2003, 18(3): 305-324.

[5] LAM K, ZOU L. Experimental study and large eddy simulation for the turbulent flow around four cylinders in an in-line square configuration[J]. International Journal of Heat and Fluid Flow, 2009, 30(2): 276-285.

[6] LAM K, ZOU L. Three-dimensional numerical simulations of cross-flow around four cylinders in an in-line square configuration[J]. Journal of Fluids and Structures, 2010, 26(3): 482-502.

# 第 11 章　考虑尾流影响的 TLP 涡激力计算模型

## 11.1　概述

研究发现，固定圆柱在海流作用下会产生涡激振动现象。主要原因是由于水的黏性作用，当海流流经结构时会在柱体两侧产生流动分离现象，从而在柱体后方产生周期性的旋涡脱落，旋涡脱落使柱体两侧的压力产生周期性的变化，由此对柱体产生周期性的作用力，顺流向的作用力称为脉动拖曳力，而横流向的作用力称为脉动升力。

现有涡激力的计算模型是在经典固定圆柱绕流的基础上建立起来的，跟流体密度、流速和圆柱直径成正比。然而弹性支撑圆柱体与固定圆柱体的边界条件不同，其尾涡泄放形式也不尽相同，因此现有涡激力计算模型和涡激振动理论并不能很好地解释弹性支撑圆柱体的涡激运动现象，计算结论有可能跟实际情况相差较远。

目前大多数科研学者的主要工作集中在涡激振动的数学模型研究中，包括尾流振子模型，如 Hartlen-Currie 模型、Skop-Griffin 模型、Iwan-Blevins 模型和 Landl 模型；弹性圆柱的如 Iwan 尾流振子模型、Skop-Griffin 尾流振子模型、Dowell 流体振子模型和 Krent-Nielsen 双振子模型，单自由度模型如 Bearman 模型和 Scanlan-Simiu-Billah 模型，以及力分解模型如 Sarpkaya 模型、Griffin-Koopman 模型和 Wang 模型[1]。而对涡激力模型的研究并不多，况且像 TLP 和半潜平台等浮式平台大多为四立柱结构形式，上游立柱形成的旋涡脱落会对下游立柱产生干扰，其涡激受力更为复杂，因此开展考虑尾流影响的 TLP 涡激力模型的研究对浮式平台的水动力计算具有非常好的实际意义，可以为预测平台在实际环境中的真实受力情况，保证工作的安全。

本章的主要内容就是提出考虑受尾流影响的 TLP 涡激力计算公式，建立求解 TLP 涡激运动的分析模型。首先根据固定圆柱涡激振动理论，增加结构流固耦合作用时的辐射阻尼力和惯性力，并考虑刚性连接立柱间距的影响，提出涡激升力和拖曳力计算公式，而后根据数值模拟数据进行公式拟合，确定公式中参数，最后将涡激力公式代入运动微分方程中，求解 TLP 的涡激运动响应，给出平台随时间变化的位移、速度和加速度，并与实验结果进行对比，验证该模型准确与否。

## 11.2　考虑尾流影响的涡激升力和拖曳力计算模型

### 11.2.1　涡激升力模型的提出

在定常流作用下，圆柱体两侧将产生横向的涡激升力，经典的涡激升力计算方法如下所示：

$$F_l = \frac{1}{2}C_l\rho Dv^2\cos\omega_s t \qquad (11\text{-}1)$$

式中，$\omega_s = \dfrac{2\pi Stv}{D}$，$St$ 为斯托哈尔数；$\rho$ 为流体密度；$v$ 为流速；$D$ 为圆柱直径；$C_l$ 为升力系数，通常取 $0.4\sim0.9$。

在工程应用中，大多数软件和船级社规范都应用式（11-1）进行涡激升力的计算，也有些根据尾流振子模型借助实验拟合的升力系数计算涡激升力。而由于升力系数的变化范围较大，因此计算求得的涡激振动响应有着较大的不确定性。鉴于以上情况，有些学者对涡激升力模型进行了修正，使涡激升力的表达式更为准确。

当考虑流体与结构的耦合作用时，涡激升力计算模型为

$$F_l = \frac{1}{2}C_l\rho D(v-x')^2\cos\omega_s' t \qquad (11\text{-}2)$$

式中，$\omega_s'$ 为涡泄频率，$\omega_s' = \dfrac{2\pi St(v-x')}{D}$；$x'$ 为圆柱体的顺流向振动速度。

当考虑流固耦合作用时，流体对结构横向将产生辐射阻尼力和惯性力。辐射阻尼力是由于结构的运动而使流体给结构的反作用力；惯性力即与流体加速度有关的反作用力。用式（11-3）表示，其中辐射阻尼力为非线性项。

$$f_y' = -\frac{1}{2}C_d\rho Dy'|y'| - C_m\rho\frac{\pi D^2}{4}y'' \qquad (11\text{-}3)$$

因此，考虑流固耦合时的圆柱体涡激升力计算模型如下所示：

$$f_y = \frac{1}{2}C_l\rho D(v-x')^2\cos\omega_s' t - \frac{1}{2}C_d\rho Dy'|y'| - C_m\rho\frac{\pi D^2}{4}y'' \qquad (11\text{-}4)$$

式中，$C_d$ 为拖曳力系数，通常取 $0.6\sim2.0$；$C_m$ 为附加质量系数，取 1.0；$y'$ 为圆柱体的横流向振动速度；$y''$ 为圆柱体的横流向振动加速度。

而当多个圆柱体顺流向排列时，上游圆柱的旋涡脱落在柱体后方形成涡街，从而对尾流圆柱体产生干扰。因此，尾流圆柱体的横流向涡激振动强度远大于孤立圆柱。这一现象

已被国内外学者所注意，并开展了一些相应的研究。图 11-1 为黄维平教授研究发现的尾流立管的涡激升力远大于单个孤立立管和上游立管，其中点线为尾流立管的涡激升力时程，虚线是单根立管的涡激升力时程，实线是上游立管的涡激升力时程。因此，尾流圆柱将产生大幅度的横向涡激振动，从而引起较大的疲劳损伤。但目前没有受尾流影响的圆柱体涡激升力的计算方法，因此计算结果偏不安全。

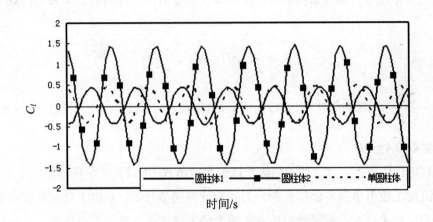

图 11-1　顺流向排列两根立管的涡激升力系数时程

本节根据单圆柱涡激升力的计算方法，提出一种考虑尾流影响的刚性连接圆柱体的涡激升力计算方法，即 TLP 涡激升力计算方法，该方法考虑流固耦合作用，考虑尾流涡街对脉动升力幅值的影响，其涡激升力时域模型为

$$F_l = \frac{C_l \rho D (v - x')^2}{2(1 - \lambda^{-q})} \cos \omega_{\text{s}}' t - \frac{1}{2} C_d \rho D y' |y'| - C_m \rho \frac{\pi D^2}{4} y'' \tag{11-5}$$

式中，$F_l$ 为脉动升力；$C_l$ 为升力系数；$C_d$ 为拖曳力系数；$\rho$ 为流体密度；$\lambda$ 为上下游立柱轴线之间的距离 $L$ 与直径之比 $L/D$；$v$ 为流速；$x'$ 为结构顺流向振动速度；$y'$ 为结构横流向振动速度；$y''$ 为结构横流向振动加速度；$t$ 为时间；$\omega_{\text{s}}'$ 为结构涡泄频率，$\omega_{\text{s}}' = \dfrac{2\pi St(v - x')}{D}$；$q$ 为待定系数。

式（11-5）中右端第一项为旋涡泄放引起的涡激升力，$(1 - \lambda^{-q})^{-1}$ 是考虑上游立柱涡街对涡激升力幅值的影响，是该公式的关键，主要取决于两立柱的间距；第二项为结构振动速度引起的黏性阻力；第三项为结构振动加速度引起的 Froude-Krylov 力。

### 11.2.2　拖曳力模型的提出

脉动拖曳力是圆柱体在流动方向上受到的一种交变流体载荷，对于弹性圆柱体来说，脉动拖曳力将使圆柱体产生沿着流动方向的振动。通常认为顺流向涡激力频率是横流向涡

激力频率的两倍，因此脉动拖曳力的表达式为

$$F_d = \frac{1}{2}C_d'\rho D v^2 \cos 2\omega_s t \qquad (11\text{-}6)$$

式中，$\omega_s = \dfrac{2\pi St v}{D}$，$St$ 为斯托哈尔数；$\rho$ 为流体密度；$v$ 为流速；$D$ 为圆柱直径；$C_d'$ 为顺流向脉动拖曳力系数。

当考虑流固耦合作用时，其拖曳力模型为

$$F_d = \frac{1}{2}C_d'\rho D(v-x')^2 \cos 2\omega_s' t \qquad (11\text{-}7)$$

式中，$\omega_s'$ 为涡泄频率，$\omega_s' = \dfrac{2\pi St(v-x')}{D}$；$x'$ 为圆柱体的顺流向振动速度。

当考虑流固耦合作用时，同时考虑辐射阻尼力和惯性力的影响，得到顺流向圆柱体拖曳力计算模型如下所示：

$$f_x = \frac{1}{2}C_d'\rho D(v-x')^2 \cos 2\omega_s' t + \frac{1}{2}C_d\rho D(v-x')|v-x'| - C_m\rho \frac{\pi D^2}{4}x'' \qquad (11\text{-}8)$$

式中，$\rho$ 为流体密度；$v$ 为流速；$D$ 为圆柱直径；$C_d'$ 为顺流向脉动拖曳力系数；$C_d$ 为拖曳力系数，通常取 0.6～2.0；$C_m$ 为附加质量系数，取 1.0；$x'$ 为圆柱体的顺流向振动速度；$x''$ 为圆柱体顺流向振动加速度。

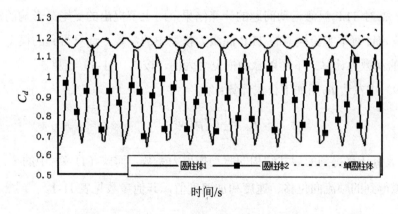

图 11-2　顺流向排列两根立管的拖曳力系数时程

而当多个圆柱体顺流向排列时，上游圆柱的旋涡脱落在尾流处形成涡街，从而对尾流圆柱体产生干扰。因此，尾流圆柱体的顺流向涡激振动强度远大于孤立圆柱体的情况。这一现象已被国内外专家学者所注意，并开展了一些相应的研究。图 11-2 所示为黄维平教授研究发现的尾流立管的脉动拖曳力远大于单个孤立立管和上游立管，其中点线为尾流立管

的脉动拖曳力时程，虚线是单根立管的脉动拖曳力时程，实线是上游立管的脉动拖曳力时程。从图上可知尾流立管的脉动拖曳力明显大于单根立管及上游立管。但目前没有计算尾流影响的圆柱体脉动拖曳力的计算方法，现行的计算模型都是采用单立柱的脉动拖曳力计算方法，因此计算结果偏不安全。

本节根据单圆柱脉动拖曳力的计算方法，提出一种考虑受尾流影响的刚性连接圆柱体的脉动拖曳力计算方法，即 TLP 拖曳力计算方法，该方法考虑流固耦合作用，着重考虑尾流涡街对拖曳力幅值的影响，其脉动拖曳力时域模型为

$$F_d = \frac{C'_d \rho D (v-x')^2}{2(1-\lambda^{-p})} \cos 2\omega'_s t + \frac{1}{2} C_d \rho D (v-x') |v-x'| - C_m \rho \frac{\pi D^2}{4} x'' \qquad (11-9)$$

式中，$F_d$ 为脉动拖曳力；$C'_d$ 为脉动拖曳力系数；$C_d$ 为拖曳力系数；$\rho$ 为流体密度；$\lambda$ 为上下游立柱轴线之间的距离 $L$ 与直径之比 $L/D$；$v$ 为流速；$x'$ 为结构顺流向振动速度；$x''$ 为结构顺流向振动加速度；$t$ 为时间；$\omega'_s$ 为结构涡泄频率，$\omega'_s = \dfrac{2\pi St(v-x')}{D}$；$p$ 为待定系数。

式（11-9）中右端第一项为旋涡泄放引起的脉动拖曳力，$(1-\lambda^{-p})^{-1}$ 是考虑上游立柱涡街对拖曳力幅值的影响；第二项为结构振动速度引起的黏性阻力；第三项为结构振动加速度引起的 Froude-Krylov 力。

## 11.3 涡激力模型的计算

借助上一章对 TLP 涡激运动问题的计算结果，对上节提出的受尾流影响的涡激力模型进行计算，确定针对本实验模型的 TLP 涡激力模型中的参数，计算得到的模型可用于该尺寸类型 TLP 的涡激力计算。下面以脉动拖曳力为例，按式（11-9）计算。

式（11-9）中左边 $F_d$ 用如下公式计算：

$$F_d = \frac{1}{2} C''_d \rho D v^2 \qquad (11-10)$$

式中，$C''_d$ 为数值计算得到的后柱结构的脉动拖曳力系数，而式（11-9）中的 $x$、$x'$、$x''$ 分别为数值模拟得到的顺流向位移、速度和加速度值，其他参数见表 11-1。

表 11-1 计算参数

| 参数 | $\rho$ | $\lambda$ | $St$ | $D$ | $C_m$ | $\pi$ | $L$ | $C'_d$ | $C_d$ |
|------|--------|-----------|------|-----|-------|-------|-----|--------|-------|
| 数值 | 998kg/m³ | 3 | 0.2 | 0.05m | 1 | 3.14 | 0.15m | 0.05 | 1.4 |

经 MATLAB 编程利用最小二乘法求得 $p=0.4$，因此该 TLP 的拖曳力模型为

$$F_d = \frac{3C_d'\rho D(v - x')^2}{2}\cos 2\omega_s' t + \frac{1}{2}C_d\rho D(v - x')|v - x'| - C_m\rho\frac{\pi D^2}{4}x'' \qquad (11\text{-}11)$$

同理可对涡激升力进行求解，求得 $q=0.6$，因此该 TLP 的涡激升力模型为

$$F_l = C_l\rho D(v - x')^2\cos\omega_s' t - \frac{1}{2}C_d\rho Dy'|y'| - C_m\rho\frac{\pi D^2}{4}y'' \qquad (11\text{-}12)$$

# 11.4　TLP 涡激运动的数值计算

根据上节计算得到的 TLP 涡激力计算公式，代入到张力腿平台的运动微分方程中，建立考虑受尾流影响的 TLP 涡激运动分析模型，利用数值计算方法求解 TLP 的横流向和顺流向位移时程，并与实验结果对比，验证该涡激力模型的准确性。

### 11.4.1　顺流向涡激运动响应

TLP 顺流向的涡激运动是在流体黏性引起的脉动拖曳力和系泊力共同作用下，使平台产生沿流向方向的往复运动，TLP 顺流向的运动方程为

$$mx'' + cx' + kx = F_d \qquad (11\text{-}13)$$

式中，$m$ 为 TLP 的质量，$c$ 为系统阻尼，$k$ 为系统的刚度，$F_d$ 即上节所得 TLP 受到的拖曳力。

对 TLP 运动方程的求解中，将平台看作刚体进行整体分析，研究了 TLP 包括横荡和纵荡在内的两自由度耦合分析。计算中运用 MATLAB 软件根据 Newmark-β 法编程完成涡激运动响应的求解。

Newmark-β 法中，根据拉格朗日中值定理可将 $t + \Delta t$ 时刻内的速度表示为

$$x_{i+1}' = x_i' + \overline{x_i''}\Delta t \qquad (11\text{-}14)$$

式中，$\overline{x_i''}$ 是加速度 $x''$ 在区间 $(t, \Delta t)$ 某点的值。Newmark-β 法近似假设为

$$\overline{x_i''} = (1 - \alpha)x_i'' + \alpha x_{i+1}'' \qquad (11\text{-}15)$$

于是 $t + \Delta t$ 时刻的速度

$$x_{i+1}' = x_i' + (1 - \alpha)x_i''\Delta t + \alpha x_{i+1}''\Delta t \qquad (11\text{-}16)$$

由泰勒级数导出

$$x_{i+1} = x_i + x_i'\Delta t + \left[\left(\frac{1}{2} - \beta\right)x_i'' + \beta x_{i+1}''\right]\Delta t^2 \qquad (11\text{-}17)$$

$\alpha$ 和 $\beta$ 是与精度和稳定性有关的参数。当 $\alpha > \frac{1}{2}$ 时会产生算法阻尼，从而导致振幅人为

衰减；当 $\alpha < \dfrac{1}{2}$ 时会产生负阻尼，此时积分计算时振幅逐步增大，通常取临界值 $\alpha = \dfrac{1}{2}$。在 $\alpha = \dfrac{1}{2}$ 的情况下，$\beta = 0$ 为常加速度法，也就是中心差分法；$\beta = \dfrac{1}{4}$ 为平均加速度法；$\beta = \dfrac{1}{6}$ 为线性加速度法。

Newmark-β 法每步积分满足 $t + \Delta t$ 时刻的运动方程：

$$mx''_{i+1} + cx'_{i+1} + kx_{i+1} = F_{i+1} \tag{11-18}$$

利用式（11-16）和式（11-17）写出 $t + \Delta t$ 时刻的速度和加速度的表达式：

$$x'_{i+1} = \frac{\alpha}{\beta \Delta t}(x_{i+1} - x_i) + \left(1 - \frac{\alpha}{\beta}\right)x'_i + \left(1 - \frac{\alpha}{2\beta}\right)x''_i \Delta t \tag{11-19}$$

$$x''_{i+1} = \frac{1}{\beta \Delta t^2}(x_{i+1} - x_i) - \frac{1}{\beta \Delta t}x'_i - \left(\frac{1}{2\beta} - 1\right)x''_i \tag{11-20}$$

把式（11-19）和（11-20）代入式（11-18）并消去 $x'_{i+1}$ 和 $x''_{i+1}$，得到关于 $x_{i+1}$ 的求解方程：

$$k^* x_{i+1} = F^*_{i+1} \tag{11-21}$$

其中，

$$k^* = k + \frac{1}{\beta \Delta t^2}m + \frac{\alpha}{\beta \Delta t}c \tag{11-22}$$

$$F^*_{i+1} = F_{i+1} + m\left[\frac{1}{\beta \Delta t^2}x_i + \frac{1}{\beta \Delta t}x'_i + \left(\frac{1}{2\beta} - 1\right)x''_i\right] + c\left[\frac{\alpha}{\beta \Delta t}x_i + \left(\frac{\alpha}{\beta} - 1\right)x'_i + \frac{\Delta t}{2}\left(\frac{\alpha}{\beta} - 2\right)x''_{i+1}\right]$$

$$\tag{11-23}$$

求解方程（11-21）得到 $x_{i+1}$，然后根据式（11-19）和（11-20）可求得 $x'_{i+1}$ 和 $x''_{i+1}$。

根据上面建立的迭代公式，可归纳出 Newmark-β 法的计算过程：第一步形成 $k^*$，第二步根据 $F^*_{i+1}$ 求解方程（11-21）得到位移响应 $x_{i+1}$，并按照式（11-19）和（11-20）求速度和加速度响应，逐步进行迭代即可得到整个事件段的响应情况，这是一种数值解的方法。在此计算中取 $\alpha = 0.5$，$\beta = \dfrac{1}{4}$，$\Delta t = 0.1$ [2]。

计算中运动微分方程中的 m、c、k 参数参考模型实验的数值，分别为 2.4kg、0.1、24N/m，$F_D$ 中参数为上节计算时所使用参数。计算所得 TLP 的顺流向涡激运动响应时历如图 11-3 所示。

由图 11-3 可知，在锁定区，平台在顺流向 $0.18D$ 上下作往复振荡，顺流向涡激响应幅值约 $0.12D$，与实验结果相同，略大于数值模拟结果。而随流速的增加，顺流向运动向下游偏移即向正向偏离，这与数值仿真结果相同。

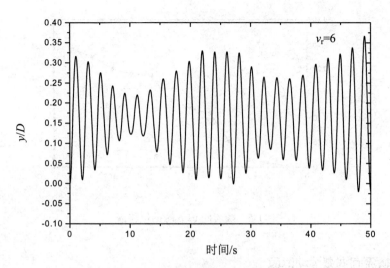

图 11-3　顺流向涡激运动响应时历

图 11-4 所示为约化速度为 6 时对顺流向涡激响应进行傅里叶变换（FFT）得到的位移谱。图示可知顺流向振动频率约 0.5Hz，与平台的固有周期大致相等。

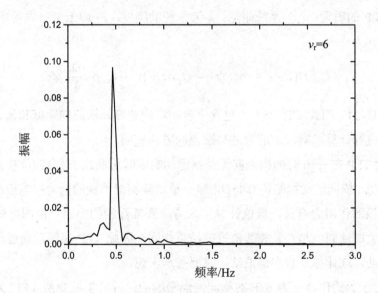

图 11-4　顺流向 $v_r$=6 时的位移谱

图 11-5 所示为 TLP 顺流向响应振幅随约化速度的变化曲线。由图可知，平台顺流向响应振幅随约化速度的增加而增大，在约化速度为 5~7 时横流向涡激响应振幅约 0.12D，与实验结果基本相同，但当 $v_r$≥8 时顺流向位移仍然增大，与实验结果相反。数值计算结果显示，在约化速度较小时与实验结果基本相同，但没有呈现出锁定区现象，而约化速度较大时与实验结果不同。

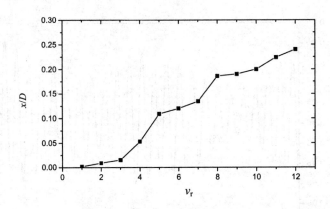

图 11-5　顺流向 $v_r=6$ 时的位移谱

### 11.4.2　横流向涡激运动响应

TLP 横流向涡激运动是由涡旋泄放对平台垂直于来流方向的脉动升力，导致平台产生垂直于来流方向的往复运动，TLP 横流向的振动方程为

$$my'' + cy' + ky = F_l \qquad (11\text{-}24)$$

式中，$m$ 为 TLP 的质量；$c$ 为系统阻尼；$k$ 为系统的刚度；$F_L$ 即上节所求得本文 TLP 所受的升力，表达式为

$$F_l = C_l \rho D (v - x')^2 \cos \omega_s' t - \frac{1}{2} C_d \rho D y' |y'| - C_m \rho \frac{\pi D^2}{4} y'' \qquad (11\text{-}25)$$

由于式（11-24）和式（11-25）中包含平台顺流向速度、横流向速度和加速度，因此必须采用迭代法进行计算求解，求解方法与顺流向方法相同。

图 11-6 为 TLP 在 $v_r=6$ 时的横流向无量纲运动响应时历曲线。平台在位移为 0 处往复振动，作简谐运动，横向运动振幅约 0.45$D$，略小于实验测量得到的横流向响应振幅，有可能与模型底部浮箱的作用力有关，数值计算中未考虑底部浮箱的影响。由图可知，横流向运动响应振幅远大顺流向，与实验和数值模拟结果相同，因此 TLP 涡激运动过程中的横流向运动是主要运动，在计算立管和锚泊结构时要着重考虑。

图 11-7 所示为约化速度为 6 时对横流向涡激响应进行傅里叶变换（FFT）得到的位移谱，由图可知平台横流向振动频率为 0.5Hz，与平台的固有频率相等，这与实验和数值仿真的结论也完全相同，达到锁定区时，制约横流向运动响应的因素不再是单一流速，TLP 的固有频率也是其中之一。由此可知，在实验中结构的固有频率对实验结果影响较大。

图 11-8 所示为 TLP 横流向响应振幅随约化速度的变化曲线，由图可知，在 $v_r \leqslant 4$ 时横流向运动幅值较小，且随约化速度的增加而增大；在 $5 \leqslant v_r \leqslant 8$ 时平台的横流向运动振幅较大，响应振幅在 0.45$D$ 左右，基本保持不变；当 $v_r \geqslant 9$ 时横流向响应振幅随约化速度的增大而减小。数值结果显示横流向涡激运动呈现与实验结果基本相同的趋势，但响应振幅比实验值略小。

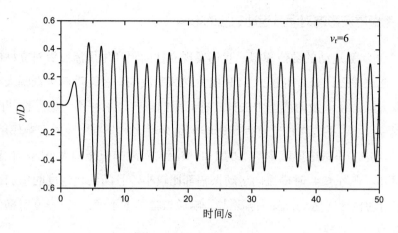

图 11-6　横流向涡激运动响应时历

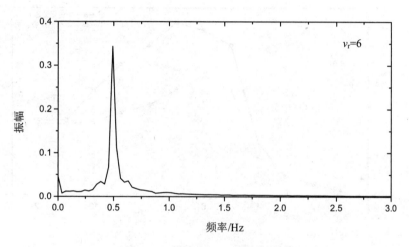

图 11-7　横流向 $v_r$=6 时的位移谱

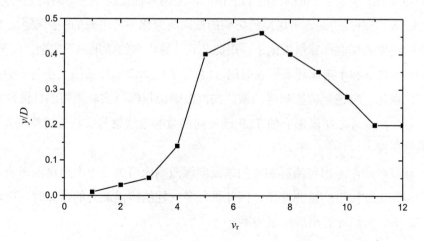

图 11-8　TLP 横流向涡激运动响应振幅随约化速度的变化曲线

### 11.4.3　考虑尾流影响对涡激运动响应的影响

通过对 TLP 涡激运动的数值模拟，我们发现立柱间距产生尾流旋涡对立柱的涡激力有一定的影响，通过编程计算，得到了 TLP 横流向和顺流向涡激运动响应振幅大小。本节采用同样的计算方法，在涡激力模型中去掉立柱间距的影响，求解不考虑立柱间距影响的平台涡激响应振幅大小，并与考虑立柱间距影响的结果对比，分析尾流的影响作用。

图 11-9 为考虑和不考虑尾流影响下的 TLP 横流向涡激响应振幅大小随约化速度的变化曲线，由图可知，在 $v_r \leqslant 4$ 时横流向运动振幅都比较小，且随约化速度的增加而增大；在 $5 \leqslant v_r \leqslant 8$ 时平台的横流向运动振幅大幅增加，响应振幅基本不变；当 $v_r \geqslant 9$ 时横流向响应振幅随约化速度的增大而减小。

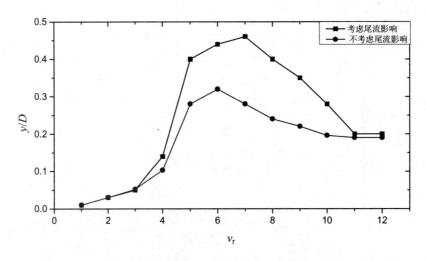

图 11-9　考虑和不考虑尾流影响的 TLP 横流向涡激响应振幅变化曲线

由图 11-9 可知，考虑尾流影响时的 TLP 横向涡激响应幅值与不考虑时的趋势基本一致，但在 $4 \leqslant v_r \leqslant 8$ 时差距较明显，考虑尾流影响的横向响应比不考虑时的响应要大，因此未考虑尾流影响的涡激力模型计算结果偏小，用此公式计算出来的结果偏不安全。

图 11-10 为考虑和不考虑尾流影响时的 TLP 横流向涡激响应振幅大小与实验结果的对比。通过对比可知，考虑尾流影响时的横流向涡激响应振幅与实验测得的横流向涡激响应振幅基本相等，而未考虑尾流影响的 TLP 横流向涡激响应结果与实验值相差较大，未考虑尾流影响的结果偏小。

由以上计算可知，考虑尾流影响时的横流向涡激响应略大于不考虑尾流影响时，横流向涡激响应振幅更加接近实验测量值。因此进行多立柱结构涡激力的计算时，应增加前柱尾流效应的影响，否则计算出的结果偏不安全。

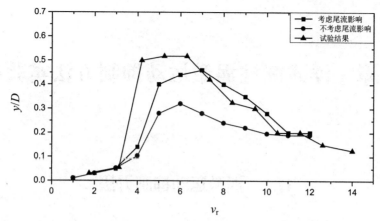

图 11-10　考虑和不考虑尾流影响的 TLP 横流向涡激响应振幅与实验结果对比

## 11.5　本章小结

通过上一章计算结果可知，受尾流影响的 TLP 后柱受力略大，本章即根据这一结论提出了一考虑尾流影响的涡激力计算模型。根据现有涡激振动理论，增加结构流固耦合作用时的辐射阻尼力和惯性力，并考虑刚性连接立柱间距的影响，提出涡激升力和拖曳力计算模型，并根据本文对 TLP 模拟的数值结果进行验证。结果表明，考虑尾流影响的涡激力模型的计算结果更符合实验结果，而未考虑尾流影响的涡激力模型的计算结果偏小，用于结构计算时结果偏不安全。

## 参考文献

[1] 黄维平，刘娟，唐世振. 考虑流固耦合的大柔性圆柱体涡激振动非线性时域模型[J]. 振动与冲击，2012，31（9）：140-143.

[2] 周阳. 考虑辐射阻尼的 Spar 平台涡激运动分析方法研究[D]. 青岛：中国海洋大学, 2015.

# 第 12 章　浮式圆柱涡激运动抑制方法实验研究

## 12.1　涡激运动抑制方法

由于涡激运动，Spar 平台、Monocolumn 平台、浮式风电基础等立柱式海洋结构物会在水平方向产生大幅位移，增加其上锚链与立管等的疲劳损伤，降低总体疲劳寿命，因此有必要对涡激运动的抑制方法进行研究。

浮式立柱结构的涡激运动和立管的涡激振动都是由旋涡脱落的激振力所引起，首先对立管等细长柔性结构物的涡激振动抑制方法进行阐述。立管是连接海底钻采设备与海洋平台的重要设施，在涡激振动作用下由于同步或锁定现象会产生大幅振动，导致结构失稳或疲劳破坏。因此，各国学者对抑制立管涡激振动的课题展开了大量研究。总体来说，涡激振动的抑制方法大体可以分为主动和被动两种方式[1]。主动方法是利用计算机进行自动控制，在流场中引入外部扰动以改变旋涡脱落过程，从而实现对流场及结构受力的实时调控，如抽吸及喷吹等。被动方法是通过改造结构物的外表面特征或者安装附加装置来扰乱流场，间接控制旋涡的生成，从而实现振动幅值的抑制作用。

图 12-1 给出了几种常见的被动抑制涡激振动方法，其中图 12-1（a）为螺旋侧板法，由于其结构简单、成本较低，在涡激振动抑制中应用最为普遍。Baarholm 等对不同形状参数的螺旋侧板抑制效率进行了系统研究，所有螺旋侧板均能够抑制立管的涡激振动，但彼此之间效率相差极大，影响效率最主要的参数是螺旋侧板的高度[2]。J. Vandiver 等通过多次实验对不同螺旋侧板覆盖率的立管进行研究，表明螺旋侧板不仅能够抑制振动幅值，而且会对高阶振动频率造成影响[3]。T. Zhou 等在风洞中对直径为 80mm 的刚性圆柱进行涡激振动抑制实验，并利用烟丝法获得了 $Re \approx 300$ 时有、无螺旋侧板立管的涡旋泄放图片[4]。苑健康、黄维平对二维光滑和安装了不同高度螺旋侧板的立管进行数值模拟并与实验结果对比分析，发现螺旋侧板改变了立管的升力、拖曳力及流场结构[5]。L.K. Quen 等对长径比为 162 的柔性立管进行涡激振动抑制实验研究，对比不同高度、不同螺距的螺旋侧板的抑涡效率，并发现安装相同参数螺旋侧板情况下，刚性圆柱结构比柔性圆柱结构的抑涡效果更加明显[6]。

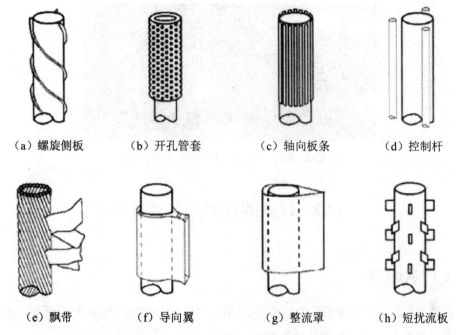

| （a）螺旋侧板 | （b）开孔管套 | （c）轴向板条 | （d）控制杆 |
| （e）飘带 | （f）导向翼 | （g）整流罩 | （h）短扰流板 |

图 12-1　常见涡激振动的被动抑制方法

由此可见，关于立管的涡激振动抑制已经有了比较全面的研究，而对于海洋浮式结构涡激运动的抑制研究则相对较少。目前，涡激运动的抑制方法主要从以下两个方面考虑[7]：第一，从流体力学的边界层理论出发，通过控制旋涡的形成及泄放过程，降低涡旋泄放造成的流体激振力，以达到抑制涡激运动的目的；第二，从浮式结构的运动控制角度出发，通过调整系泊等参数改变结构的固有频率，以避开涡激运动的共振频率范围。

在改变边界层方面，与抑制涡激振动的方式类似，同样有主动方法和被动方法。Korpus 等通过数值模拟对这两种抑涡方法进行评估：主动方法是在结构沿来流方向的切线注入流体以整流减涡，这种方法效果非常明显，甚至可以完全消除涡激运动，但在实际应用中费用高昂，难以实施；被动方法是在结构外部安装抑涡装置，虽然效果不及主动方法，但由于安装方便、可操作性强、成本较低等特点受到了工程界的青睐[8]。其中，在浮式结构物的外表面安装螺旋侧板来抑制涡激运动是现阶段应用最广的抑涡措施，图 12-2 所示为 Spar 平台上正在施工安装的螺旋侧板。Y. Wang 等利用模型实验与数值模拟相结合的方式对一新概念 Cell-Truss Spar 平台的减涡螺旋侧板进行设计，通过分析不同参数下的抑制效果，获得最佳参数组合[9]。魏泽等通过正交设计和数值模拟方法研究了螺旋侧板螺距、侧板高度和来流速度等对抑涡效果的影响，并对数据应用极差分析法和方差分析法得到侧板参数及交互作用对抑制涡激运动效率的影响[10]。叶舟等对有、无螺旋侧板的浮式风机在风浪流联合作用下的水动力特征进行了系列研究，得出风机安装螺旋侧板后垂荡和纵摇幅值及所受波浪力均得到显著抑制[11-13]。

图 12-2　Spar 平台上施工安装中的螺旋侧板

## 12.2　浮式圆柱抑涡实验简介

### 12.2.1　实验模型

实验模型为有、无螺旋侧板的两座浮式圆柱，可以视为 Truss Spar 平台硬舱的缩尺比模型。主要参数见表 12-1。模型照片如图 12-3 所示。

表 12-1　浮式圆柱及螺旋侧板主要参数

| 主要参数 | 数据 |
| --- | --- |
| 圆柱高度/m | 0.35 |
| 圆柱吃水/m | 0.25 |
| 圆柱直径/m | 0.1 |
| 圆柱排水量/kg | 1.96 |
| 螺旋侧板根数 | 3 |
| 螺旋侧板间隔/（°） | 120 |
| 单根侧板覆盖率 | 112% |
| 螺旋侧板高度/m | 0.005 |
| 螺距比 | 2.5 |

图 12-3　有、无螺旋侧板浮式圆柱模型

由于涡激运动主要表现在水平方向，与第 7 章实验相似，本章实验采用了水平等效系泊系统，模拟平台的水平刚度。系泊系统为间隔90°的 4 根弹性系缆，一端固定在模型上，另一端固定在特制实验框架上。应用该实验框架可以快捷更换实验模型。在模型顶部安装加速度传感器，将加速度两次积分可以获得模型位移。如图 12-4 和图 12-5 所示。

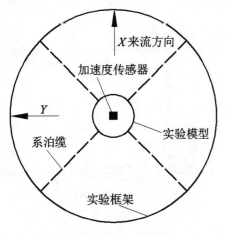

图 12-4　水平系泊示意

图 12-5　模型固定于实验框架

### 12.2.2　实验工况

为获得多种结构固有周期，实验中选择了两种弹性系数的系缆。实验前，分别对有、无螺旋侧板的浮式圆柱进行静水自由衰减实验，获得运动固有周期，横荡周期与纵荡周期相等。实验采用波流水槽模拟均匀流，在水流稳定后开始采样，采样频率为100Hz，采样时间为110s。相关工况数据见表 12-2，其中工况 1、3 的单根系缆弹性系数相同，工况 2、4 的单根系缆弹性系数相同。图 12-6 给出工况 1 无螺旋侧板和工况 3 有螺旋侧板浮式圆柱横荡运动的自由衰减曲线及对应的快速傅里叶变换。

表 12-2　实验工况表

| 工况序号 | 浮式圆柱类型 | 固有频率 $f_n$/Hz | 固有周期 $T_n$/s | 来流速度 $v_C$/(m·s$^{-1}$) | 约化速度 $v_r$ | 雷诺数 $Re$ |
|---|---|---|---|---|---|---|
| 1 | 无螺旋侧板 | 0.38 | 2.6 | 0.05～0.37 | 1.3～9.6 | 5000～37000 |
| 2 | 无螺旋侧板 | 0.42 | 2.4 | 0.05～0.37 | 1.2～8.8 | 5000～37000 |
| 3 | 有螺旋侧板 | 0.35 | 2.9 | 0.05～0.37 | 1.4～10.2 | 5250～38850 |
| 4 | 有螺旋侧板 | 0.45 | 2.2 | 0.05～0.37 | 1.0～7.8 | 5250～38850 |

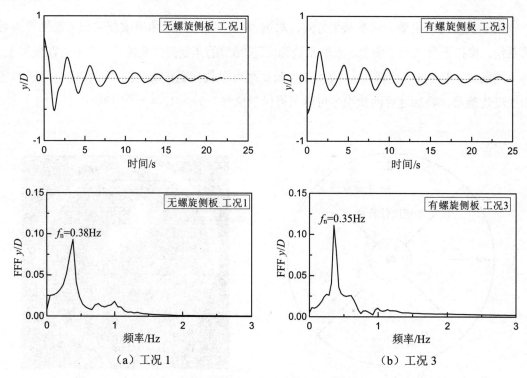

（a）工况 1　　　　　　　　　　　　（b）工况 3

图 12-6　有、无螺旋侧板浮式圆柱衰减曲线及快速傅里叶变换（工况 1、3）

## 12.3　螺旋侧板对涡激运动响应的影响

### 12.3.1　涡激运动响应幅值

本节对有、无螺旋侧板的浮式圆柱涡激运动响应幅值进行了研究，图 12-7 给出了工况 1（无螺旋侧板浮式圆柱）和工况 3（有螺旋侧板浮式圆柱）的无量纲涡激运动响应的统计值随约化速度的变化规律，包括最大值和标准差。从图中可以明显看出加装螺旋侧板后，无论横流向还是顺流向的涡激运动幅值都有大幅的降低。

图 12-7（a）中，无螺旋侧板浮式圆柱横流向涡激运动在锁定区阶段（$5 < v_r < 8$）始终保持着较高幅值，在 $v_r = 7.3$ 时达到最大幅值 $1.29D$。安装螺旋侧板后，横流向涡激运动幅值在 $v_r = 3.6$ 和 $v_r = 4.4$ 之间有一个跳跃式的增加，在 $v_r = 5$ 时达到最大幅值 $0.57D$，随后开始下降，并随约化速度增加基本呈线性减小趋势。通过两者对比，加装螺旋侧板后横流向最大幅值的降幅达到 56%，最大幅值出现的约化速度位置有所提前。

图 12-7（b）中，无螺旋侧板浮式圆柱的顺流向涡激运动幅值，随着约化速度的增加逐步增大，在 $v_r = 8.1$ 时达到最大幅值 $0.68D$。安装螺旋侧板后，顺流向涡激运动幅值同样在 $v_r = 3.6$ 和 $v_r = 4.4$ 之间有一个跳跃式的增加，并达到最大值 $0.39D$；随后在 $v_r = 4.4$ 和 $v_r = 7.7$ 之

间始终保持在较高位置，但在研究中并没有观察到顺流向涡激运动频率锁定的现象。加装螺旋侧板后，顺流向最大幅值的降幅为 43%，较横流向减涡效率略低。

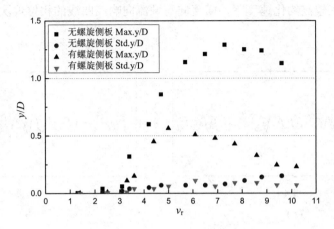

（a）横流向涡激运动响应

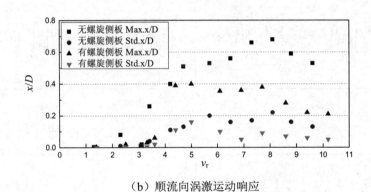

（b）顺流向涡激运动响应

图 12-7　有、无螺旋侧板浮式圆柱无量纲涡激运动响应统计值随 $v_r$ 的变化（工况 1、3）

### 12.3.2　涡激运动响应时历曲线

无螺旋侧板浮式圆柱涡激运动的响应时历曲线在第 7 章中已经有所论述，本节只给出安装螺旋侧板后不同约化速度下的响应时历曲线，如图 12-8 所示。

在 $v_r$=2.5 时，与无螺旋侧板浮式圆柱相似，同样表现出顺流向幅值大于横流向幅值，如图 12-8（a）所示。在 $v_r$=3.3 时，相比于无螺旋侧板浮式圆柱涡激运动，其响应曲线的跨零周期波动变大，规律性降低，这与减涡螺旋侧板改变了旋涡的脱落周期有关，如图 12-8（b）所示。随着流速增加，在 $v_r$=3.6 时，横流向涡激运动响应曲线表现出明显的"拍"现象，在第 9 章数值模拟中同样观察到这一现象；而且在此约化速度下横流向与顺流向的响应曲线几乎同相，两者的波峰与波谷出现的位置十分相近，如图 12-8（c）所示。在 $v_r$=4.4、$v_r$=5.0 时，横流向、顺流向涡激运动幅值均处于较高位置，两者响应曲线的周期十分规律且表现出明显的 2 倍频率关系，"拍"现象随之消失，如图 12-8（d）、（e）所示。随着流速增加，顺流向响应曲线相对于横流向响应曲线，周期的规律性变差，且两者之间的 2 倍频率关系随之减弱。在较高约化速度下，横流向与顺流向响应曲线的相位再次相近，如图 12-8（i）所示。

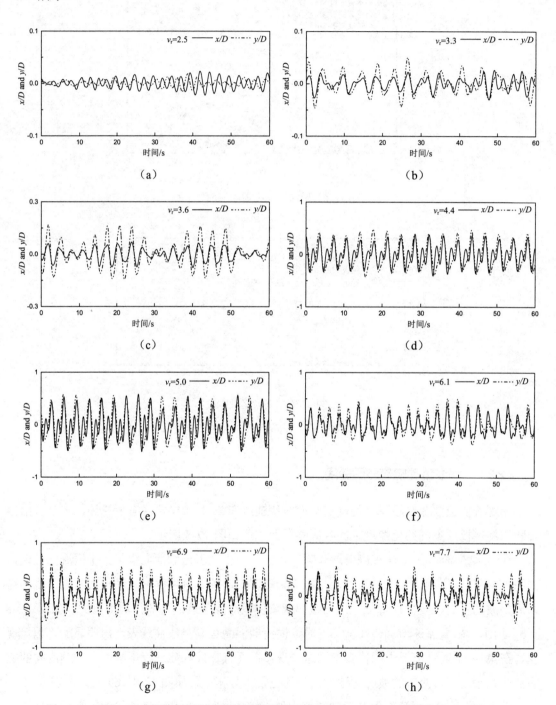

图 12-8 不同 $v_r$ 下有螺旋侧板浮式圆柱涡激运动无量纲位移 $x/D$、$y/D$ 时历曲线（工况 3）

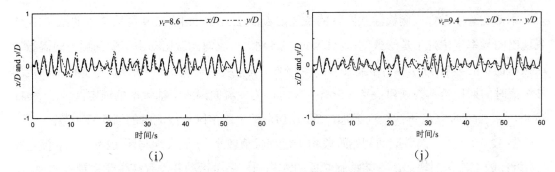

图 12-8　不同 $v_r$ 下有螺旋侧板浮式圆柱涡激运动无量纲位移 $x/D$、$y/D$ 时历曲线（工况 3）（续）

## 12.4　螺旋侧板对涡激运动频率的影响

为了更好地研究螺旋侧板对涡激运动频率的影响，实验中选取了两种不同弹性系数的系缆以获得不同的结构固有频率。图 12-9、图 12-10 分别给出无螺旋侧板和安装螺旋侧板后的浮式圆柱横流向涡激运动频率比 $f_y/f_n$ 随 $v_r$ 的变化规律。

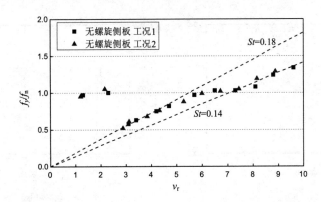

图 12-9　无螺旋侧板浮式圆柱横流向涡激运动频率比 $f_y/f_n$ 随 $v_r$ 的变化（工况 1、2）

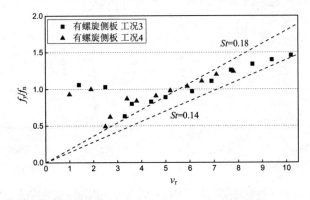

图 12-10　有螺旋侧板浮式圆柱横流向涡激运动频率比 $f_y/f_n$ 随 $v_r$ 的变化（工况 3、4）

本章实验中无螺旋侧板浮式圆柱的长径比 $L/D$=2.5，因此图 12-9 与第 7 章的图 7-23 所表现出的频率规律几乎是一致的：当 $0<v_r<2.5$ 时，横流向涡激运动由于受到顺流向涡激运动频率锁定的影响，$f_y/f_n \approx 1$；当 $2.5<v_r<5.5$ 时，$f_y/f_n$ 线性增加，$St \approx 0.18$，基本符合固定圆柱绕流时的斯托哈尔数规律；当 $5.5<v_r<8$ 时，为横流向涡激运动频率的锁定区，$f_y/f_n \approx 1$；当 $8<v_r \leqslant 9.6$ 时，$f_y/f_n$ 再次线性增加，$St \approx 0.14$，低于固定圆柱绕流时的斯托哈尔数。

图 12-10 中，在涡激运动初始阶段由于运动幅值较小，$f_y/f_n$ 表现与图 12-9 相同，锁定在 1 附近；随着流速的增加，安装螺旋侧板的浮式圆柱涡激运动并没有产生频率锁定的现象，这导致了其运动幅值的大幅降低；而且，没有出现 $St$ 数相对固定的速度范围，横流向运动频率也不再符合固定圆柱绕流时斯托哈尔频率的相关规律。

图 12-11 以工况 3 为例给出安装螺旋侧板的浮式圆柱在不同 $v_r$ 下 $x/D$、$y/D$ 的涡激运动响应谱。在所有约化速度下，顺流向涡激运动响应谱中始终存在一个与横流向运动频率相同的频率峰值，且随着流速的增加这一频率逐渐成为顺流向涡激运动的主峰频率；甚至在 $v_r$=3.6 和 $v_r$=8.6 时，两向涡激运动响应谱曲线几乎重合。这说明增加螺旋侧板后，由于流场的极大改变，横流向和顺流向运动的相互影响加剧，流固耦合效应更加突出。

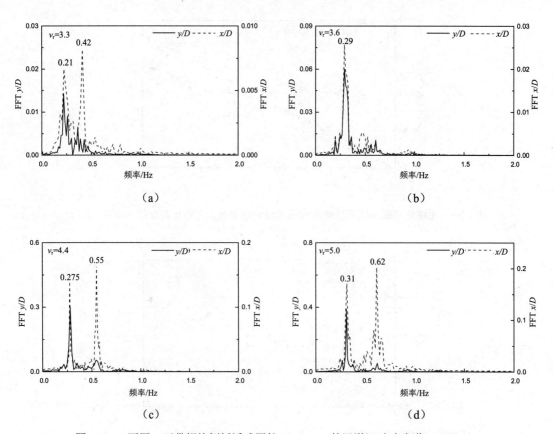

图 12-11　不同 $v_r$ 下带螺旋侧板浮式圆柱 $x/D$、$y/D$ 的涡激运动响应谱（工况 3）

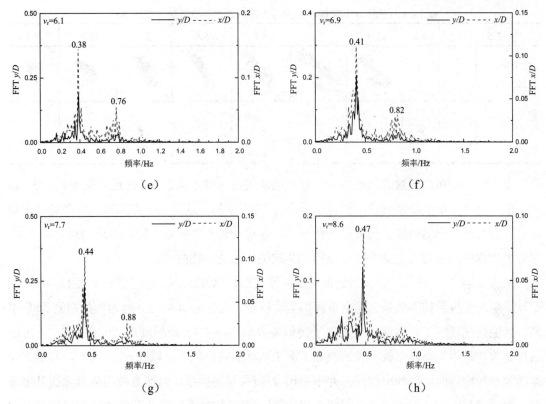

图 12-11　不同 $v_r$ 下带螺旋侧板浮式圆柱 $x/D$、$y/D$ 的涡激运动响应谱（工况 3）（续）

## 12.5　螺旋侧板对涡激运动轨迹的影响

表 12-3 和表 12-4 分别给出了有、无螺旋侧板的浮式圆柱涡激运动轨迹，为了更好地研究螺旋侧板对涡激运动的影响，表中也同时给出了单个周期的运动轨迹。

表 12-3　不同 $v_r$ 下无螺旋侧板浮式圆柱涡激运动轨迹（工况 1）

| $v_r$ | 2.3 | 3.1 | 3.4 | 4.2 | 4.7 | 5.7 | 6.5 | 7.3 | 8.1 | 8.8 | 9.6 |
|---|---|---|---|---|---|---|---|---|---|---|---|
| 运动轨迹 | | | | | | | | | | | |
| 单个周期轨迹 | | | | | | | | | | | |

表 12-4　不同 $v_r$ 下有螺旋侧板浮式圆柱涡激运动轨迹（工况 3）

| $v_r$ | 2.5 | 3.3 | 3.6 | 4.4 | 5.0 | 6.1 | 6.9 | 7.7 | 8.6 | 9.4 |
|---|---|---|---|---|---|---|---|---|---|---|
| 运动轨迹 | | | | | | | | | | |
| 单个周期轨迹 | - | | | | | | | | | |

表 12-3 中，虽然无螺旋侧板浮式圆柱运动轨迹在 $v_r$=3.4、4.2、4.7 时运动轨迹表现出"新月"形，但从其单个周期轨迹中仍可以看出为"8"字形，这是由于在顺流向涡激运动中始终存在着与横流向运动成 2 倍关系的频率。随着运动进入"锁定"阶段，运动轨迹的"8"字形更为规则，这与论文第 7 章以及相关文献的描述是一致的[14]。

从表 12-4 可以看出，安装螺旋侧板后的浮式圆柱涡激运动幅值明显低于表 12-3，再次验证了螺旋侧板的抑涡效果。观察单周期运动轨迹，仅在 $v_r$=4.4、5.0 时为较规则的"8"字形。其他约化速度下，运动轨迹出现了类似香蕉形（$v_r$=7.7）或椭圆形（$v_r$=8.6）[15]。出现这种现象，是因为螺旋侧板极大地改变了涡激运动的响应频率。以 $v_r$=8.6 为例，其顺流向运动频率与横流向运动频率相同，并不存在 2 倍关系的频率，且两者的响应谱曲线几乎重合，如图 12-11（h）所示。同时由于螺旋侧板的存在打破了旋涡脱落的周期规律性和对称性，导致了表 12-4 运动轨迹的规律性降低，而且也不再沿流向对称。

## 12.6　本章小结

本章进行浮式圆柱涡激运动的抑制研究，对涡激运动的抑制方法及国内外的研究现状进行了概述；设计了浮式圆柱涡激运动抑制实验；研究了安装抑涡螺旋侧板后，浮式圆柱涡激运动幅值、频率及运动轨迹的变化。得出以下结论。

（1）在相同系泊条件下，安装螺旋侧板可以有效抑制浮式圆柱的涡激运动幅值，且相对于顺流向涡激运动，横流向的抑涡效果更为突出。本章实验中，横流向最大幅值降幅为 56%，而顺流向最大幅值降幅为 43%。

（2）安装螺旋侧板后，浮式圆柱涡激运动响应幅值曲线有一个幅值跳跃的现象，运动幅值突然变大。随后，横流向涡激运动幅值随着约化速度的增加逐渐降低；而顺流向涡激运动在一个较大约化速度范围内保持在较高幅值。

（3）安装螺旋侧板的浮式圆柱涡激运动没有出现频率"锁定"的现象，这导致了其运动幅值的大幅降低；而且没有出现 $St$ 数相对固定的速度范围，横流向运动频率也不再符合固定圆柱绕流时斯托哈尔频率的相关规律。

（4）安装螺旋侧板后，浮式圆柱横流向与顺流向涡激运动的相互影响加剧，流固耦合效应更加突出，甚至在 $v_r$=3.6 和 $v_r$=8.6 时，两向涡激运动的时历曲线几乎同相，响应谱曲线峰值基本重合。这导致了有螺旋侧板浮式圆柱涡激运动轨迹主要表现为香蕉形或椭圆形。

# 参考文献

[1]  吴浩，孙大鹏. 深海立管涡激振动被动抑制措施的研究[J]. 中国海洋平台，2009，24（4）：1-8.

[2]  BAARHOLM R J, LIE H. Systematic investigation of efficiency of helical strakes[J]. Marintek Review, 2005 (1): 5.

[3]  VANDIVER J K, SWITHENBANK S, JAISWAL V, et al. The effectiveness of helical strakes in the suppression of high-mode-number VIV[C]//Offshore Technology Conference. Offshore Technology Conference, 2006.

[4]  ZHOU T, RAZALI S F M, HAO Z, et al. On the study of vortex-induced vibration of a cylinder with helical strakes[J]. Journal of Fluids and Structures, 2011, 27(7): 903-917.

[5]  苑健康，黄维平. 二维立管 Helical Strakes 绕流场的 ANSYS-CFD 分析[J]. 船海工程，2010，39（4）：151-155.

[6]  QUEN L K, ABU A, KATO N, et al. Investigation on the effectiveness of helical strakes in suppressing VIV of flexible riser[J]. Applied Ocean Research, 2014, 44: 82-91.

[7]  王颖. Spar 平台涡激运动关键特性研究[D]. 上海：上海交通大学，2010.

[8]  KORPUS R A, LIAPIS S. Active and passive control of Spar vortex-induced motions[J]. Journal of Offshore Mechanics and Arctic Engineering, 2007, 129(4): 290-299.

[9]  WANG Y, YANG J, PENG T, et al. Strake design and VIM-suppression study of a cell-truss spar[C]//ASME 2010 29th International Conference on Ocean, Offshore and Arctic Engineering. American Society of Mechanical Engineers, 2010: 507-513.

[10]  魏泽，吴乘胜，倪阳. 基于正交设计和 CFD 模拟的 Spar 平台螺旋侧板水动力优化设计研究[J]. 船舶力学，2013，17（10）：1133-1139.

[11]  叶舟，成欣，周国龙，等. 螺旋侧板和水深对浮式风机动态响应的影响[J]. 计算力学学报，2016，33（1）：51-58.

[12]  成欣，叶舟，丁勤卫，等. 螺旋侧板对漂浮式风力机动态响应的影响研究[J]. 太阳能学报，2016，37（5）：1139-1147.

[13]  叶舟，成欣，周国龙，等. 漂浮式风力机平台动态响应的优化方法探讨[J]. 振动与冲击，2016，35（3）：20-26.

[14]   DAHL J M, HOVER F S, TRIANTAFYLLOU M S, et al. Resonant vibrations of bluff bodies cause multivortex shedding and high frequency forces[J]. Physical review letters, 2007, 99(14): 144503.

[15]   DIJK R, MAGEE A, PERRYMAN S, et al. Model test experience on vortex induced vibrations of truss spars[C]. Offshore Technology Conference. Offshore Technology Conference, 2003.